"1+X"职业技能等级证书配套系列教材

"1+X"职业技能等级认证培训教材

特殊焊接技术
（中级）

中船舰客教育科技（北京）
有限公司　　　组织编写

Special

Welding

Technology

高等教育出版社·北京

内容简介

　　本书是为落实教育部启动的"1+X"特殊焊接技术职业技能等级中级证书培训与考核而编写的。本书分为实操篇和应用篇两部分。实操篇包括焊条电弧焊技能训练、二氧化碳气体保护焊技能训练、钨极氩弧焊技能训练、火焰钎焊技能训练、埋弧焊技能训练、激光焊技能训练以及机器人焊接技能训练等7个项目和32个任务；应用篇通过17个任务介绍了7种焊接方法在实际生产中的应用。本书以特殊焊接技术职业技能等级标准为依据，内容反映特殊焊接技术职业岗位能力要求，同时与学校专业相关课程有机衔接，实现书证融通，以满足"教、学、考合一"的需要。

　　本书既可作为"1+X"特殊焊接技术职业技能等级中级证书的培训与考核用书，也可作为高等职业学校焊接技术及自动化等相关专业教材，还可作为各类成人教育焊接技术方面的教材和相关工程技术人员的参考用书。

图书在版编目（CIP）数据

　　特殊焊接技术：中级 ╱ 中船舰客教育科技（北京）有限公司组织编写. -- 北京：高等教育出版社，2021.6
　　"1+X"职业技能等级认证培训教材
　　ISBN 978-7-04-055809-8

　　Ⅰ.①特… Ⅱ.①中… Ⅲ.①焊接-职业技能-鉴定-教材 Ⅳ.①TG456

　　中国版本图书馆 CIP 数据核字（2021）第 036457 号

"1+X"职业技能等级认证培训教材——特殊焊接技术（中级）
"1+X" Zhiye Jineng Dengji Renzheng Peixun Jiaocai——Teshu Hanjie Jishu（Zhongji）

| 策划编辑 | 吴睿韬 | 责任编辑 | 吴睿韬 | 封面设计 | 王 琰 | 版式设计 | 于 婕 |
| 插图绘制 | 黄云燕 | 责任校对 | 张 薇 | 责任印制 | 赵义民 | | |

出版发行	高等教育出版社	网　　址	http：//www.hep.edu.cn
社　　址	北京市西城区德外大街4号		http：//www.hep.com.cn
邮政编码	100120	网上订购	http：//www.hepmall.com.cn
印　　刷	北京盛通印刷股份有限公司		http：//www.hepmall.com
开　　本	787mm×1092mm　1/16		http：//www.hepmall.cn
印　　张	21		
字　　数	500 千字	版　　次	2021年6月第1版
购书热线	010-58581118	印　　次	2021年6月第1次印刷
咨询电话	400-810-0598	定　　价	68.80 元

本书如有缺页、倒页、脱页等质量问题，请到所购图书销售部门联系调换

"1+X" 特殊焊接技术职业技能等级证书
教材编写委员会名单

前　言

　　按照《国家职业教育改革实施方案》部署，为全面落实《关于在院校实施"学历证书+若干职业技能等级证书"制度试点方案》要求，中船舰客教育科技（北京）有限公司作为经国务院职业教育部际联系会议批复的"1+X"职业教育培训评价组织，组织行业龙头企业焊接专家、院校焊接专业教学专家，按照在"1+X"特殊焊接技术职业技能等级标准要求，进行活页式教材开发。

　　该系列培训与考核教材由《"1+X"职业技能等级认证培训教材——特殊焊接技术（基础知识）》《"1+X"职业技能等级认证培训教材——特殊焊接技术（初级）》《"1+X"职业技能等级认证培训教材——特殊焊接技术（中级）》和《"1+X"职业技能等级认证培训教材——特殊焊接技术（高级）》四本组成。

　　本教材分为实操篇和应用篇。实操篇包括焊条电弧焊技能训练、二氧化碳气体保护焊技能训练、钨极氩弧焊技能训练、火焰钎焊技能训练、埋弧焊技能训练、激光焊技能训练和机器人焊接技能训练；应用篇列举了实际生产中焊条电弧焊、二氧化碳气体保护焊、钨极氩弧焊、火焰钎焊、激光焊、埋弧焊技能训练的应用实例。本教材在编写过程中力求体现以下特色：

　　1. 体现"书证融通"。教材编写以特殊焊接技术职业技能等级标准为依据，教材内容反映特殊焊接技术职业岗位能力要求，并与学校专业的相关课程有机衔接，实现书证融通，以满足"教、学、考合一"的需要。

　　2. 体现实用性和先进性。教材内容以实用性和先进性为原则选取，以教、学、考必须、够用为度，同时注重知识的先进性，体现焊接新技术、新工艺、新方法、新标准、新技能，以适应职业和岗位的变化，有利于提高学生可持续发展能力和职业迁移能力。

　　3. 突出理论与实践一体化。教材编写突出理论与实践的紧密结合，注重从理论与实践结合的角度阐明基本理论以及指导实践。书中除详细介绍了7种焊接方法的基础知识与基本操作技能外，还精选了7种焊接方法在生产实际中的应用案例，有利于培养学生发现问题、分析问题与解决问题的能力。

　　4. 教材形态新。教材采用项目—任务式结构，每种焊接方法为一个项目，每一个项目下根据由易到难原则列举了若干个技能操作任务，符合学生学习的认知规律和技能形成规律。此外，书中还对易混淆、难理解的知识点和技能点，用"师傅点拨"或"小提示"等加以提醒或提示，同时做到简明扼要，图文并茂，通俗易懂。

　　5. 校企互补的编审队伍。编审队伍除职业院校的骨干教师外，还邀请了实际经验丰富的企业高级工程师或技能专家参与编写相关内容或审阅稿件，因此本教材是校企合作的结晶。

在本教材编写过程中，参阅了大量的国内外出版的有关教材和资料，吸收了国内高职院校近年来的教学改革经验及行业龙头企业的相关技术创新，得到了院校教授、相关企业技能专家以及高等教育出版社的大力支持和帮助，在此，谨向为编写本教材付出艰辛劳动的全体人员表示衷心的感谢，也向本教材所引文献的作者表示诚挚的谢意！

由于编者水平有限，教材中难免存在疏漏和不妥之处，敬请相关专家和广大读者批评指正。

编　者
2020 年 7 月

扫一扫
了解更多

目 录

实 操 篇

应 用 篇

实操篇

项目一 焊条电弧焊技能训练

▶ **任务一　低合金高强度钢板 T 形接头立角焊焊条电弧焊**

 学习目标及重点、难点

◎ 学习目标：能正确选择低合金高强度钢 T 形接头立角焊焊条电弧焊的焊接参数，掌握 T 形接头立角焊焊条电弧焊的操作方法。

◎ 学习重点：T 形接头立焊的装配定位焊、T 形接头立角焊的操作方法。

◎ 学习难点：运条方法、T 形接头立角焊熔池金属的控制。

▶ **焊接试件图（图 1-1）**

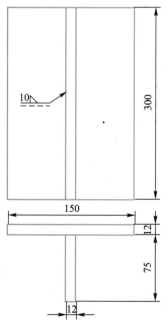

技术要求
1. 试件材料为Q355B。
2. I形坡口。
3. 根部间隙为0~1mm。

图 1-1　钢板 T 形接头立角焊试件图

工艺分析

T形接头立角焊时,由于在重力的作用下,焊条熔化所形成的熔滴及熔池中的熔化金属会下淌,造成焊缝成形困难。因此,立角焊时选用的焊条直径和焊接电流均小于平焊,并应采用短弧焊接。T形接头立角焊(向上焊)容易产生的缺陷是角顶不易焊透,而且焊缝两旁容易咬边。为了避免这种缺陷,焊条在焊缝两侧应稍做停留,电弧长度应尽可能缩短,焊条摆动幅度应不大于焊缝宽度。为获得质量良好的焊缝,要根据焊缝的具体情况,选择合适的运条方法。

▶ 焊接操作

一、焊前准备

(1)试件材料 Q355B钢板两块,底板尺寸为300 mm×150 mm×12 mm,立板尺寸为300 mm×75 mm×12 mm。

(2)焊接材料 E5015焊条,直径分别为3.2 mm、4.0 mm,烘干温度为350 ℃~400 ℃,保温2 h,随取随用。

(3)焊机 ZX7-400型焊机,直流反接。

(4)焊前清理 采用角磨机或钢丝刷清理试件坡口及坡口两侧各20 mm范围内的油污、铁锈及其他污染物,直至露出金属光泽。

(5)装配定位 将试件装配成T形接头,不留间隙,在焊件角焊缝的背面两端进行定位焊,定位焊焊缝长度为10~15 mm,装配完毕后应找正焊件,保证立板与底板间的垂直度,如图1-2所示。

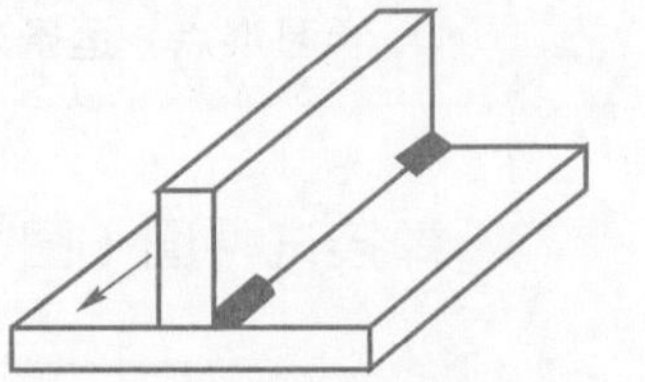

图1-2 定位焊缝位置图

二、焊接参数

Q355B钢板T形接头立角焊焊条电弧焊焊接工艺卡见表1-1。

表1-1 Q355B钢板T形接头立角焊焊条电弧焊焊接工艺卡

焊接工艺卡		编号:			
材料牌号	Q355B	接头简图 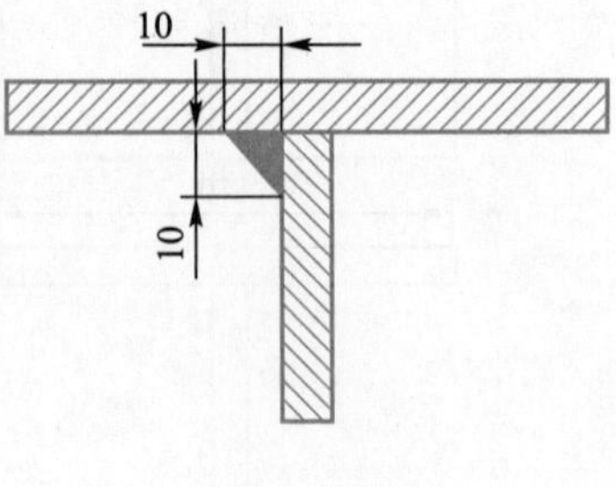			
材料规格/mm	底板:300×150×12;立板:300×75×12				
接头种类	T形				
坡口形式	I形				
坡口角度	—				
钝边高度	—				
根部间隙/mm	0~1				
焊接方法	SMAW				
焊接设备	ZX7-400				
电源种类	直流	焊后热处理	种类	—	保温时间	—
电源极性	反接		加热方式	—	层间温度	—
焊接位置	3F		温度范围	—	测量方法	—

4

续表

		焊接参数			
焊层	焊材型号	焊材直径 /mm	焊接电流 /A	焊接电压 /V	焊接速度 /(cm/min)
打底层	E5015	$\phi3.2$	80～100	20～24	8～12
盖面层		$\phi4.0$	110～130	20～24	8～12

三、焊接过程

1. 打底层焊接

T 形接头立角焊采取两层两道焊,焊道分布如图 1-3 所示。打底层焊接采用挑弧法或连续焊,焊条与左右试件之间的夹角为 45°,与焊接方向之间的夹角为 60°～70°,焊条角度如图 1-4 所示。采用挑弧法焊接时,熔滴从焊条末端过渡到熔池后,在熔池金属有下淌趋势时立即将电弧熄灭,使熔化金属有瞬间凝固的机会;随后重新在灭弧处引弧,当形成新的熔池且熔合良好后,再立即灭弧,使燃弧-灭弧交替进行,灭弧的长短根据熔池温度的高低做相应调节,燃弧时间根据熔池的熔合情况灵活掌握。采用连续焊时,运用三角形运条法横向向上摆动,如图 1-5 所示,短弧连续施焊,保持熔孔形状大小均匀一致,焊接过程中应始终控制熔池形状为椭圆形或扁圆形。

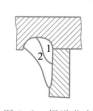

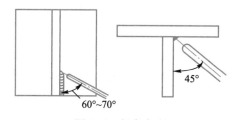

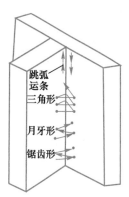

图 1-3　焊道分布　　　　图 1-4　焊条角度　　　　图 1-5　运条方法

2. 盖面层焊接

在焊接第二道焊时,保持每个熔池均成扁平圆形,即可获得平整的焊道。电弧要控制得短些,采用锯齿形或月牙形运条法,在三角形角顶和试件两侧稍做停留,保证角顶熔合良好,防止试件两侧产生咬边,保持熔池外形下部分边缘平直,熔池宽度一致,厚度均匀,从而获得良好的焊缝,如图 1-6 所示。焊接至焊缝末端 10 mm 左右处时,应反复灭弧施焊,以防止因温度过高而造成下塌或弧坑不饱满。

四、试件及现场清理

① 将焊好的试件用敲渣锤清理焊渣,用钢丝刷进一步将焊渣、飞溅物清理干净。清理过程中严禁破坏焊缝原始表面,禁止

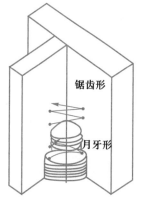

图 1-6　盖面层焊接

用水冷却。

② 对焊缝表面质量进行目视检验,使用 5 倍放大镜观察表面是否存在缺陷,并使用焊接检验尺对焊缝进行测量,试件外观检查的结果应满足各项要求,然后截面做宏观金相检验。

③ 焊接结束后,关闭焊接电源。清扫场地,按规定摆放工具,整理焊接电缆,确认无安全隐患,并做好使用记录。

师傅点拨

T 形接头立焊在工艺允许的情况下,可采用适度的小电流焊接,往往运用"倒月牙形"运条法,将电弧能量转移到熔池的前端,降低熔池的温度,缩短熔池存在的时间,从而达到大电流操作的效果。T 形接头立焊时,角顶不易焊透,所以打底层焊接时眼睛要紧盯角顶的熔合情况,电弧长度应尽可能缩短,可以采用灭弧法或者三角形运条法。焊趾附近易产生咬边,焊接运条时,焊条应在焊缝两侧稍做停留,其摆动幅度应不大于焊缝宽度。

▶ 任务评价

Q355B 钢板 T 形接头立角焊焊条电弧焊评分表见表 1-2。

表 1-2　Q355B 钢板 T 形接头立角焊焊条电弧焊评分表

试件编号		评分人			合计得分			
检查项目	评判标准及得分	评判等级				测量数值	实际得分
		I	II	III	IV		
焊脚尺寸/mm	尺寸标准	10	>10,≤11	>11,≤12	<10 或>12		
	得分标准	12 分	8 分	4 分	0 分		
焊缝凸度/mm	尺寸标准	≤1	>1,≤2	>2,≤3	>3		
	得分标准	12 分	8 分	4 分	0 分		
咬边/mm	尺寸标准	无咬边	深度≤0.5 且长度≤15	深度≤0.5 长度>15,≤30	深度>0.5 或长度>15		
	得分标准	12 分	8 分	4 分	0 分		
焊脚差/mm	尺寸标准	1	1.5	2	>2		
	得分标准	4 分	2 分	1 分	0 分		
焊道层数	标准	两层两道	其他				
	得分标准	4 分	0 分				
垂直度/mm	尺寸标准	0	<1	>1,≤2	>2		
	得分标准	8 分	6 分	4 分	0 分		
焊缝成形	标准	优	良	中	差		
	得分标准	8 分	6 分	4 分	0 分		
宏观金相/mm	根部熔深 尺寸标准	>1	0.5,≤1	0 ~ 0.5	未熔		
	根部熔深 得分标准	16 分	8 分	4 分	0 分		
	条状缺陷 尺寸标准	无	<1	1 ~ 1.5	>1.5		
	条状缺陷 得分标准	12 分	8 分	4 分	0 分		
	点状缺陷 标准	无	<φ1 数目:1 个	<φ1 数目:2 个	>φ1 或 数目:>2 个		
	点状缺陷 得分标准	12 分	8 分	4 分	0 分		

续表

检查项目	评判标准及得分	评判等级				测量数值	实际得分
		I	II	III	IV		
合计		100 分					
焊缝外观成形评判标准							

优	良	中	差
成形美观,焊缝均匀、细密,高低宽窄一致	成形较好,焊缝均匀、平整	成形尚可,焊缝平直	焊缝弯曲,高低、宽窄相差明显

注:试件焊接未完成的,表面修补及焊缝正反面有裂纹、夹渣、气孔、未熔合缺陷的,按 **0** 分处理。

任务二　低碳钢板对接横焊焊条电弧焊

学习目标及重点、难点

◎ 学习目标:能正确选择低碳钢板对接横焊焊条电弧焊的焊接参数,掌握低碳钢板对接横焊焊条电弧焊的操作方法。

◎ 学习重点:板对接横焊的装配定位焊、板对接横焊的操作方法。

◎ 学习难点:焊接接头操作技术、运条方法和焊条角度的掌握。

▶ 焊接试件图(图1-7)

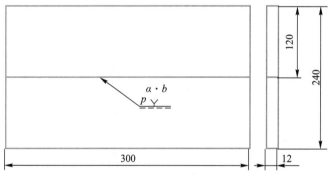

技术要求
1. 单面焊双面成形。
2. 试件材料为Q235B,60°V形坡口。
3. 根部间隙、钝边为0~1mm。
4. 接头形式为板对接,焊接位置为横焊。

图 1-7　钢板对接横焊试件图

工艺分析

板对接横焊时,熔滴和熔池中熔化的金属受重力作用容易下淌,焊缝成形较困难,如果焊接参数选择不当或运条操作不当,则容易产生焊缝上侧咬边、焊缝下侧金属下坠、焊瘤、夹渣、焊不透等缺陷。为避免上述缺陷的产生,应采用短弧、多层多道焊接,并根据焊道的不同位置,及时调整焊条的角度和焊接速度,控制熔池和熔孔的尺寸,保证正反面焊缝成形良好。

▶ **焊接操作**

一、焊前准备

（1）试件材料　Q235B 钢板两块，尺寸为 300 mm×120 mm×12 mm，钢板单边开 30°V 形坡口。

（2）焊接材料　E4315 焊条，直径分别为 3.2 mm，烘干温度为 350 ℃ ~ 400 ℃，保温 2 h，随取随用。

（3）焊机　ZX7-400 型焊机，直流反接。

（4）焊前清理　采用角磨机或钢丝刷清理试件坡口及坡口两侧各 20 mm 范围内的油污、铁锈及其他污染物，直至露出金属光泽。

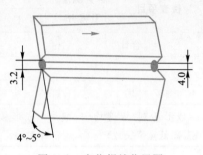

图 1-8　定位焊缝位置图

（5）装配定位　将两块钢板放于水平位置，使两端头平齐，在两端头进行定位焊，定位焊焊缝长度为 10 ~ 15 mm。装配间隙始焊处为 3.2 mm，终焊处为 4 mm，反变形量为 4° ~ 5°，错边量 ≤1 mm，如图 1-8 所示。

二、焊接参数

低碳钢板对接横焊焊条电弧焊焊接工艺卡见表 1-3。

表 1-3　低碳钢板对接横焊焊条电弧焊焊接工艺卡

焊接工艺卡		编号：			
材料牌号	Q235B	接头简图			
材料规格/mm	300×120×12，两件				
接头种类	对接				
坡口形式	V 形				
坡口角度	60°				
钝边高度/mm	0 ~ 1				
根部间隙/mm	始端 3.2，终端 4.0				
焊接方法	SMAW				
焊接设备	ZX7-400				
电源种类	直流	焊后热处理	种类	—	保温时间	—
电源极性	反接		加热方式	—	层间温度	—
焊接位置	2G		温度范围	—	测量方法	—

焊接参数					
焊层	焊材型号	焊材直径/mm	焊接电流/A	焊接电压/V	焊接速度/(cm/min)
打底层		3.2	100 ~ 110	20 ~ 24	6 ~ 8
填充层	E4315	3.2	145 ~ 150	20 ~ 24	8 ~ 12
盖面层		3.2	130 ~ 140	20 ~ 24	8 ~ 12

三、焊接过程

1. 打底层焊接

板对接横焊采取三层六道焊，焊道分布如图 1-9 所示。

① 横板直流反接灭弧打底。焊接打底层时，由于过渡液态金属受重力作用，容易偏离焊条轴线而向下倾斜。因此，在短弧施焊的基础上，除保持一定的下倾角 80°～90°外，还须与焊件的水平轴线倾斜 30°～40°，如图 1-10 所示。

② 在定位焊缝前 10～15 mm 处的坡口面上划擦引弧，然后将电弧迅速回拉到定位焊缝中心部位处加热坡口。当坡口两侧金属即将熔化时，将熔滴金属送至坡口根部，并压一下电弧，使熔滴与熔化的定位焊缝和母材金属熔合成第一个熔池。当听到背面电弧的穿透声时，表明已形成了明显可见的熔孔，这时使焊条与焊件保持一定的倾角，依次在下坡口面和上坡口面上接近钝边处击穿施焊，熔孔如图 1-11 所示。

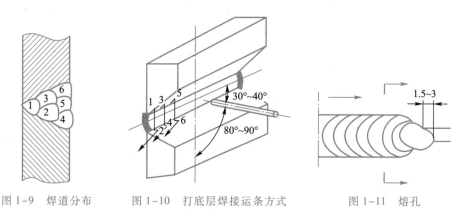

图 1-9　焊道分布　　图 1-10　打底层焊接运条方式　　图 1-11　熔孔

③ 横焊打底层在使用碱性焊条灭弧焊法施焊时，不能像酸性焊条那样靠长弧预热或跳弧控制熔池温度，必须采用短弧焊，否则容易产生气孔，焊件背面弧长应保持约 1/2 弧柱长度。

2. 填充层焊接

（1）填充第一道

填充层采用两道，自下往上焊，在坡口内引弧，将电弧拉到起焊处下坡口熔合线处并使一部分电弧外露于试板，待熔渣向外流时，向焊接方向倾斜焊条并向前运动约 3～5 mm，然后压低电弧向上、向右运动到起焊处上方熔合线处并稍作停留，待上方充分熔合并填满后再压低电弧以 45°向下运动，至下熔合线后焊条再沿下熔合线向前运动 1～3 mm，不停留，然后快速向上运动。

注意：随焊接的进行，电弧偏吹程度减小，焊条向前倾斜的程度也渐减小，焊接至最后时电弧会向左侧偏吹，同样焊条应向左倾。

（2）填充第二道

焊条与下方母板约成 70°角，如图 1-12 所示，与前方母板夹角视电弧偏吹及熔渣流动情况而定。在坡口内起焊，引弧位置要离开起焊处大约 10 mm，引燃电弧后拉至起焊处，一部分电弧稍外露于试件，待熔渣稍外流时压低电弧，倾斜焊条以直线法向前运动，要保证一少部分电弧熔化下熔合线及下坡口，大部分电弧位于前一层焊道上。

3. 盖面层焊接

盖面层焊接时，与填充层一样采用多道焊。最下方一道焊接时焊条稍向下倾斜 85°～

90°,如图 1-13 所示,焊条电弧的下边缘与下坡口边平齐,采用短弧直线运条法。焊条与焊接方向的夹角要随熔渣的流动而改变,应始终使熔渣紧跟电弧,控制熔渣不向下流淌,以获得与下坡口过渡圆滑的焊道。最上方一道的预留位置应稍小一些,这样可以压低电弧快焊,熔池体积小,易控制成形质量,不会产生咬边。

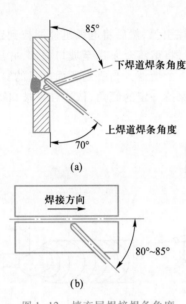

图 1-12 填充层焊接焊条角度

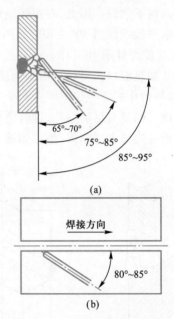

图 1-13 盖面层焊接焊条角度

在实践中,很多焊工在横焊的多道焊时采用带渣焊,其优点是焊接速度快且过渡平滑,不咬边,但前提是采用大电流热焊。这样会使焊道长时间处于高温状态,从而导致晶粒粗大、力学性能降低,因此采用清渣焊为好。

四、试件及现场清理

① 将焊好的试件用敲渣锤清理焊渣,用钢丝刷进一步将焊渣、飞溅物清理干净。清理过程中严禁破坏焊缝原始表面,禁止用水冷却。

② 对焊缝表面质量进行目视检验,使用 5 倍放大镜观察表面是否存在缺陷,并使用焊接检验尺对焊缝进行测量,试件外观检查的结果应符合各项要求,然后进行无损检测,试件内部质量按标准 GB/T 3323.1—2019 评定。

③ 焊接结束后,关闭焊接电源。清扫场地,按规定摆放工具,整理焊接电缆,确认无安全隐患,并做好使用记录。

师傅点拨

横焊操作时,由于熔融金属的重力作用,熔滴在向焊件过渡时容易偏离焊条轴线而向下偏斜,为避免熔池金属下溢过多,操作中焊条除保持一定的下倾角外,还可采用左焊法,即从右边向左边焊接。焊条的前倾角应大于后倾角,以使电弧热量转移到前边未焊坡口处(同时预热前边未焊坡口,提高焊接速度和效率),减小输入熔池的电弧热量,加快熔池冷却,避免熔池存在时间过长而导致熔滴下淌,形成焊瘤等缺陷。

10

▶ 任务评价

低碳钢板对接横焊焊条电弧焊评分表见表1-4。

表1-4　低碳钢板对接横焊焊条电弧焊评分表

试件编号		评分人			合计得分		
检查项目	评判标准及得分	评判等级				测量数值	实际得分
		I	II	III	IV		
焊缝余高/mm	尺寸标准	0~2	>2,≤3	>3,≤4	<0或>4		
	得分标准	4分	3分	2分	0分		
焊缝高度差/mm	尺寸标准	≤1	>1,≤2	>2,≤3	>3		
	得分标准	8分	4分	2分	0分		
焊缝宽度/mm	尺寸标准	17~19	≥16,<17或>19,≤20	≥15,<16或>20,≤22	<15或>22		
	得分标准	4分	2分	1分	0分		
焊缝宽度差/mm	尺寸标准	≤1.5	>1.5,≤2	>2,≤3	>3		
	得分标准	8分	4分	2分	0分		
咬边/mm	尺寸标准	无咬边	深度≤0.5		深度>0.5		
	得分标准	12分	每5mm长扣2分		0分		
正面成形	标准	优	良	中	差		
	得分标准	8分	4分	2分	0分		
背面成形	标准	优	良	中	差		
	得分标准	6分	4分	2分	0分		
背面凹/mm	尺寸标准	0~0.5	>0.5,≤1	>1,≤2	>3		
	得分标准	2分	1分	0分	0分		
背面凸/mm	尺寸标准	0~2	>2,≤3	>3			
	得分标准	2分	1分	0分			
角变形/(°)	尺寸标准	0~1	>1,≤3	>3,≤5	>5		
	得分标准	4分	2分	1分	0分		
错边量/mm	尺寸标准	0~0.5	>0.5,≤1	>1			
	得分标准	2分	1分	0分			
外观缺陷记录							
内部质量评分标准							
考核项目	考核要求		评分要求		配分	得分	备注
焊缝内部质量检查	试件的射线检测按GB/T 3323.1—2019标准评定		I级片无缺陷不扣分；I级片有缺陷扣5分；II级片扣10分；III级片扣20分；IV级片扣40分		40		

续表

检查项目	评判标准及得分	评判等级				测量数值	实际得分
		I	II	III	IV		
焊缝外观(正、背)成形评判标准							

优	良	中	差
成形美观,焊缝均匀、细密,高低宽窄一致	成形较好,焊缝均匀、平整	成形尚可,焊缝平直	焊缝弯曲,高低、宽窄相差明显

注:1. 试件焊接未完成的,表面修补及焊缝正反面有裂纹、夹渣、气孔、未熔合缺陷的,按0分处理。

2. 试件两端20 mm处的缺陷不计。

任务三　低碳钢板对接立焊焊条电弧焊

 学习目标及重点、难点

　　◎ 学习目标:能正确选择低碳钢板对接立焊焊条电弧焊的焊接参数,掌握低碳钢板对接立焊焊条电弧焊的操作方法。

　　◎ 学习重点:板对接立焊的装配定位焊、板对接立焊的操作方法。

　　◎ 学习难点:焊接接头操作要领、焊接熔池金属的控制。

 焊接试件图(图1-14)

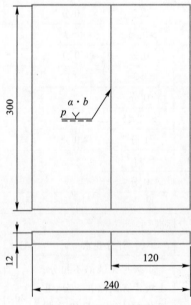

技术要求

1. 单面焊双面成形。
2. 试件材料为Q235B,60°V形坡口。
3. 根部间隙及钝边高度自定。
4. 接头形式为板对接,焊接位置为立焊。

图1-14　钢板对接立焊试件图

12

工艺分析

　　板对接立焊单面焊双面成形是试件和焊缝都垂直于水平面的焊接位置,焊条熔化的液态金属和熔渣受重力作用容易下淌,加上熔渣的熔点低、流动性强,熔池金属和熔渣易分离,会造成熔池部分脱离熔渣的保护,当焊接电流选择不当或操作方法不当时,易产生焊瘤、未焊透和气孔等缺陷,且成形差。因此,焊接时须采用较小的焊接参数、短弧焊,适当地调整焊条倾角并采用相应的运条方法,控制熔池和熔孔的尺寸,保证正反面焊缝成形良好。

▶ 焊接操作

一、焊前准备

　　(1)试件材料　Q235B 钢板两块,尺寸为 300 mm×120 mm×12 mm,钢板单边开 30°V 形坡口。

　　(2)焊接材料　E4303 焊条,直径为 3.2 mm,烘干温度为 100 ℃ ~ 150 ℃,保温 1 ~ 2 h,随取随用。

　　(3)焊机　ZX7-400 型焊机,直流反接。

　　(4)焊前清理　采用角磨机或钢丝刷清理试件坡口及坡口两侧各 20 mm 范围内的油污、铁锈及其他污染物,直至露出金属光泽。

　　(5)装配定位　将两块钢板放于水平位置,使两端头平齐,在两端头进行定位焊,定位焊焊缝长度为 10 ~ 15 mm。装配间隙始焊处为 3 mm,终焊处为 4 mm,反变形量为 2° ~ 3°,错边量≤1 mm,如图 1-15 所示。

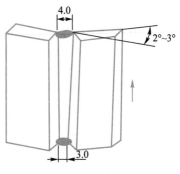

图 1-15　定位焊缝示意图

二、焊接参数

　　Q235B 板对接立焊焊条电弧焊焊接工艺卡见表 1-5。

表 1-5　Q235B 板对接立焊焊条电弧焊焊接工艺卡

焊接工艺卡		编号:
材料牌号	Q235B	接头简图
材料规格/mm	300×120×12,两块	
接头种类	对接	
坡口形式	V 形	
坡口角度	60°	
钝边高度/mm	1 ~ 1.5	
根部间隙/mm	3 ~ 4	
焊接方法	SMAW	
焊接设备	ZX7-400	

续表

电源种类	直流		种类	—	保温时间	—
电源极性	反接	焊后热处理	加热方式	—	层间温度	—
焊接位置	1G		温度范围	—	测量方法	—

焊接参数					
焊层	焊材型号	焊材直径 /mm	焊接电流 /A	焊接电压 /V	焊接速度 /(cm/min)
打底层		3.2	90~100	20~24	6~10
填充层	E4303	3.2	120~135	20~24	8~12
盖面层		3.2	115~125	20~24	8~12

三、焊接过程

1. 打底层焊接

① 将装配好的试件垂直固定在离地面一定距离的工装上,间隙小的一端在下,从间隙小的一端向上施焊,焊条与水平方向的夹角为90°,与垂直方向的夹角为60°~80°,如图1-16所示。开始焊接时,由于试件两侧温度较低,可将焊条与垂直方向的夹角提高到85°。

② 打底层焊接采用断弧焊法,在试件下端定位焊缝上面引燃电弧,电弧稍做停顿,预热1~2 s后,开始摆动并向上运动,到定位焊缝前沿时,稍加大焊条角度,同时下压电弧并稍做摆动,当听到击穿声形成熔孔时,注意控制熔孔和熔池的大小,合适的熔孔大小如图1-17所示。立焊熔孔可以比平焊时稍大些,熔池表面呈水平的椭圆形,焊接电弧应控制得短些,使焊条药皮熔化时产生的气体和熔渣能可靠地保护熔池,防止产生气孔。焊条末端离坡口底边1.5~2 mm,使电弧的1/2对着坡口间隙,电弧的1/2覆盖在熔池上,大约有一半电弧在熔池的上部坡口间隙中燃烧。

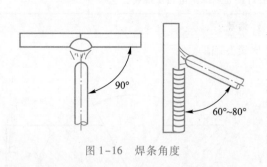

图1-16 焊条角度

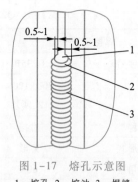

图1-17 熔孔示意图

1—熔孔;2—熔池;3—焊缝

③ 焊缝接头。每当焊完一根焊条收弧时,应将焊条向焊接反方向拉回10~15 mm,并将电弧迅速拉长直至熄灭,这样可避免弧坑处出现缩孔,并使冷却后的熔池形成一个缓坡,有利于接头。当采用热接法时,更换焊条要迅速,在熔池上方约10 mm的一侧坡口面上引弧,引燃后立即拉回到原来的弧坑上进行预热,焊条角度比正常焊接角度大约10°,压低电弧向焊

道根部背面压送,稍做停留,等焊缝根部被击穿并形成熔孔时,焊条倾角恢复正常角度,不宜急于熄弧,最好连弧锯齿形摆动几下之后,再恢复正常的断弧焊法。冷接法施焊前,应先清理接头处的焊渣并将收弧处焊缝打磨成缓坡状,然后按热接法的引弧位置、操作方法进行焊接。

2. 填充层焊接

① 填充层采用连弧焊法,在施焊前,应将打底层的熔渣和飞溅清理干净,将焊接接头过高处打磨平整。焊条与试件的下倾角为 70°~80°,比打底层焊接时稍小些,以防熔化金属由于重力作用而下淌,造成焊缝成形困难和形成焊瘤。采用月牙形或锯齿形横向摆动(图 1-18),由于焊缝的增宽,焊条摆动的幅度应比打底层宽,在坡口两侧稍做停顿,焊条从坡口一侧摆至另一侧时应稍快些,以防止焊缝形成凸形。电弧应控制得短些,保证焊缝与母材熔合良好并避免产生夹渣。填充层焊接的运条方法如图 1-19 所示。

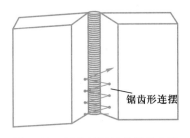

图 1-18　填充层焊接的运条方法

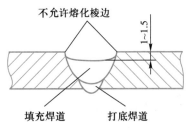

图 1-19　填充层焊道

② 填充层焊完后的焊缝应比坡口边缘低 1~1.5 mm,如图 1-19 所示。焊缝应平整或呈凹形,便于盖面层焊接时看清坡口边缘,为盖面层的施焊打好基础。接头时,应先在弧坑上方10 mm 处引弧,再将电弧拉至弧坑处将弧坑填满,然后转入正常焊接。

3. 盖面层焊接

盖面层施焊前,应将前一层的熔渣和飞溅清除干净,施焊时的焊条角度、运条方式和接头方法与填充层相同,但焊条水平摆动幅度比填充层更大。施焊时应注意运条速度要均匀,宽窄要一致,焊条摆动到坡口两侧时应将电弧进一步压低并稍做停顿,以避免产生咬边;从一侧摆至另一侧时应稍快些,以防止产生焊瘤。运条时应使每个新熔池覆盖前一个熔池的 2/3~3/4,始终控制电弧熔化母材棱边 1 mm 左右内的金属,这样可有效地获得宽度一致的平直焊缝,如图 1-20 所示。盖面层焊接接头时,在何处收弧则在何处接弧,以使接头圆滑过渡。

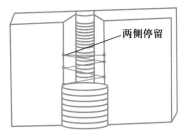

图 1-20　盖面层焊接的
运条方法

四、试件及现场清理

① 将焊好的试件用敲渣锤清理焊渣,用钢丝刷进一步将焊渣、飞溅物清理干净。清理过程中严禁破坏焊缝原始表面,禁止用水冷却。

② 对焊缝表面质量进行目视检验,使用 5 倍放大镜观察表面是否存在缺陷,并使用焊接检验尺对焊缝进行测量,试件外观检查的结果应符合各项要求,然后进行无损检测,试件内部质量按 GB/T 3323.1—2019 标准评定。

③ 焊接结束后关闭焊接电源,清扫场地,按规定摆放工具,整理焊接电缆,确认无安全隐患,并做好使用记录。

师傅点拨

立焊时,应密切观察熔池形状,发现椭圆形熔池下部边缘从比较平直的轮廓逐步变为"鼓肚"圆时,表示熔池温度已稍高或过高,应立即灭弧,降低熔池温度,以避免产生焊瘤。打底层焊接在正常焊接时,熔孔直径约为所用焊条直径的1.5倍,将坡口钝边熔化0.8~1.0 mm,可保证焊缝背面焊透,同时不出现焊瘤。当熔孔直径过小或没有熔孔时,就有可能产生未焊透的缺陷。盖面层焊接焊条横向摆动以焊芯到达坡口边缘为止,使坡口边缘熔化1~2 mm,并且横向摆动的频率应比平位焊稍快,前进的速度也要均匀一致,以保证焊缝平整。

▶ **任务评价**

Q235B 板对接立焊焊条电弧焊评分表见表 1–6。

表 1–6 Q235B 板对接立焊焊条电弧焊评分表

试件编号		评分人			合计得分		
检查项目	评判标准及得分	评判等级				测量数值	实际得分
		I	II	III	IV		
焊缝余高/mm	尺寸标准	0~2	>2,≤3	>3,≤4	<0 或>4		
	得分标准	4 分	3 分	2 分	0 分		
焊缝高度差/mm	尺寸标准	0~1	>1,≤2	>2,≤3	>3		
	得分标准	8 分	4 分	2 分	0 分		
焊缝宽度/mm	尺寸标准	17~19	≥16,<17 或>19,≤20	≥15,<16 或>20,≤22	<17 或>22		
	得分标准	4 分	2 分	1 分	0 分		
焊缝宽度差/mm	尺寸标准	0~1.5	>1.5,≤2	>2,≤3	>3		
	得分标准	8 分	4 分	2 分	0 分		
咬边/mm	尺寸标准	无咬边	深度≤0.5		深度>0.5		
	得分标准	12 分	每5 mm 长扣2分		0 分		
正面成形	标准	优	良	中	差		
	得分标准	8 分	4 分	2 分	0 分		
背面成形	标准	优	良	中	差		
	得分标准	6 分	4 分	2 分	0 分		
背面凹/mm	尺寸标准	0~0.5	>0.5,≤1	>1,≤2	长度>30		
	得分标准	2 分	1 分	0 分			
背面凸/mm	尺寸标准	0~2	>2,≤3	>3			
	得分标准	2 分	1 分	0 分			
角变形/(°)	尺寸标准	0~1	>1,≤3	>3,≤5	>5		
	得分标准	4 分	2 分	1 分	0 分		

续表

检查项目	评判标准及得分	评判等级				测量数值	实际得分
		I	II	III	IV		
错边量/mm	尺寸标准	0~0.5	>0.5,≤1	>1			
	得分标准	2分	1分	0分			
外观缺陷记录							

内部质量评分标准

考核项目	考核要求	评分要求	配分	得分	备注
焊缝内部质量检查	试件的射线检测按GB/T 3323.1—2019标准评定	I级片无缺陷不扣分；I级片有缺陷扣5分；II级片扣10分；III级片扣20分；IV级片扣40分	40		

焊缝外观(正、背)成形评判标准

优	良	中	差
成形美观,焊缝均匀、细密,高低宽窄一致	成形较好,焊缝均匀、平整	成形尚可,焊缝平直	焊缝弯曲,高低、宽窄相差明显

注:1. 试件焊接未完成的,表面修补及焊缝正反两面有裂纹、夹渣、气孔、未熔合缺陷的,按0分处理。

2. 试件两端20 mm处的缺陷不计。

 ## 任务四 低碳钢管对接垂直固定焊条电弧焊

学习目标及重点、难点

◎ 学习目标：能正确选择低碳钢管对接垂直固定焊条电弧焊的焊接参数，掌握低碳钢管对接垂直固定焊条电弧焊的操作方法。

◎ 学习重点：管对接垂直固定焊的装配定位焊、管对接垂直固定焊多层多道焊的操作方法。

◎ 学习难点：管对接垂直固定焊单面焊双面成形的操作技术。

▶ 焊接试件图（图1-21）

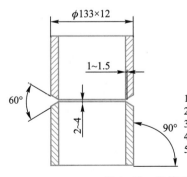

技术要求

1. 单面焊双面成形。
2. 试件材料为20钢，60°V形坡口。
3. 钝边高度为1~1.5mm，根部间隙为2~4mm。
4. 试件空间位置符合垂直固定焊要求。
5. 错边量不大于1mm。

图1-21 钢管对接垂直固定焊试件图

🔧 工艺分析

　　垂直固定管的焊接位置和板对接横焊基本相似,只是在焊接过程中,要不断地沿着钢管圆周调整焊条角度。由于焊缝处于空间位置,液态金属受重力影响,易下淌形成焊瘤或下坡口边缘熔合不良,坡口上侧则易产生咬边等缺陷,因此,操作时应以小规范进行操作,焊接过程中应始终保持短弧焊接,根据熔池温度的变化情况,及时调整焊条的角度、摆动幅度和焊接速度,控制熔池形状和熔孔的尺寸,保证正反面焊缝成形良好。

▶ 焊接操作

一、焊前准备

　　(1)试件材料　20钢管,尺寸为 $\phi133$ mm×12 mm,钢管平边开30°V形坡口。

　　(2)焊接材料　E4315焊条,直径为3.2 mm,烘干温度为350 ℃~400 ℃,保温2 h,随取随用。

　　(3)焊机　ZX7-400型焊机,直流反接。

　　(4)焊前清理　采用角向磨光机及内磨机清理试件坡口及其两侧各20 mm范围内的油污、铁锈及其他污染物,至露出金属光泽。

　　(5)装配定位　装配间隙为2~4 mm,错边量不大于0.5 mm;两点定位,焊缝长度约10 mm,定位焊点两端应先打磨成斜坡,以利于接头,如图1-22所示。

图 1-22　定位焊缝位置图

二、焊接参数

　　$\phi133$ mm×12 mm 的 20 钢管对接垂直固定焊条电弧焊焊接工艺卡见表1-7。

表 1-7　20 钢管对接垂直固定焊条电弧焊焊接工艺卡

焊接工艺卡		编号:
材料牌号	20钢	接头简图
材料规格/mm	$\phi133\times12$	
接头种类	对接	
坡口形式	V形	
坡口角度	60°	
钝边高度/mm	1~1.5	
根部间隙/mm	2~4	
焊接方法	SMAW	
焊接设备	ZX7-400	

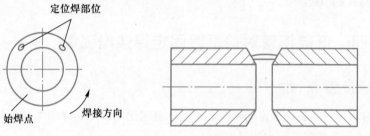

续表

电源种类	直流	焊后热处理	种类	—	保温时间	—
电源极性	反接		加热方式	—	层间温度/℃	≤100
焊接位置	2G		温度范围	—	测量方法	—

焊接参数						
焊层	焊材型号	焊材直径 /mm	焊接电流 /A	焊接电压 /V	焊接速度 /(cm/min)	
打底层		3.2	90～100	20～24	10～12	
填充层	E4315	3.2	100～120	20～24	10～12	
盖面层		3.2	100～130	20～24	10～12	

三、焊接过程

低碳钢管对接垂直固定焊采用三层六道焊,焊道分布如图1-23所示。

1. 打底层焊接

① 采用直流反接,连弧焊操作。焊接方向为从左到右,先选定始焊处,焊接起弧点选择在下管坡口面上,起弧后迅速向左回退5～10 mm拉长电弧预热坡口,待坡口处接近熔化状态时压低电弧,形成熔池,再向上斜拉熔化上侧管形成熔孔,如图1-24所示。正常形成熔孔后,采用斜圆圈形或斜锯齿形运条法向右连续前进,始终保持短弧焊接。焊接过程中,为防止熔池金属流淌,电弧在上坡口侧停留的时间应略长些,同时要有1/3的电弧通过坡口间隙在管内燃烧。电弧在下坡口侧只是稍加停留,有2/3的电弧通过坡口间隙在管内燃烧。打底层焊接道应在坡口正中偏下,焊缝上部不要有尖角,下部不允许有熔合不良等缺陷。

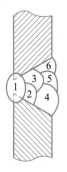

图1-23　焊道分布

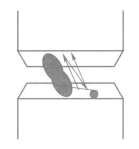

图1-24　打底层焊接起弧

② 操作时的焊条角度。焊条下倾角为5°～10°,如图1-25所示,焊条与钢管切线方向(焊接方向)的夹角为80°～85°。随着焊接向右进行,电弧深度逐渐减小,焊条角度逐渐增大,如图1-26所示。

③ 接头操作时,换焊条的速度要快,趁熔孔还处于红色状态时,在熔孔的1/2处起弧,听到击穿声稍做斜锯齿形运条动作,正常向前连续焊接。

④ 收弧操作时焊条下压,熔孔稍有增大后,缓慢地将电弧带至熔孔上方坡口内侧10 mm左右处熄灭,防止产生冷缩孔。

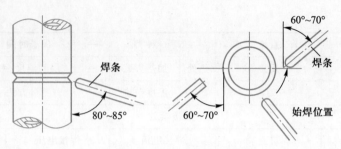

图 1-25　打底层焊接焊条角度

⑤ 打底层操作的关键在于控制好熔池的温度和熔孔的大小。熔孔过小,容易造成未焊透,应在压低电弧的同时增大焊条角度,适当减慢运条速度。熔孔过大,会出现背面焊缝超高及焊瘤缺陷,应减小焊条角度,加快运条速度。操作过程中,只有控制好熔孔大小和熔池温度,才能焊出成形美观的根部焊缝。

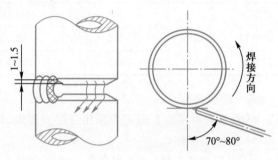

图 1-26　焊接角度及电弧轨迹

2. 填充层焊接

填充层焊接分两道进行,采用直流反接,斜锯齿形或斜圆圈形运条法。第一道操作时,电弧在根部焊缝两侧适当停留,以防止焊道两侧产生死角。第二道操作时,电弧在坡口上侧的停留时间稍长于下侧,焊接速度要均匀,使填充层焊道圆滑、平整。填充焊过程中,应控制好熔池的形状和温度,始终保持熔池处于近似水平的状态,防止出现根部焊缝烧穿和铁液下坠现象;控制填充层焊道距离坡口表面 1 ~ 1.5 mm,避免熔化坡口边缘,为盖面层的焊接打好基础;收尾时应注意填满弧坑,如图 1-27 所示。

3. 盖面层焊接

盖面层焊接分三道进行,采用直流反接,斜锯齿形或斜圆圈形运条法。操作时应掌握好焊条角度,尽量压低电弧,控制好熔池温度和形状;操作过程中,电弧在坡口上侧稍做停留,防止产生咬边、超高和焊瘤等缺陷。接头操作时,要确保准确、到位,避免出现脱节和超高现象。焊缝宽度以坡口两边各熔化 1 mm 左右为宜,余高控制在 0 ~ 3 mm 之间,如图 1-28 所示。

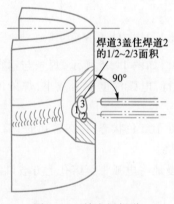

图 1-27　填充层焊道

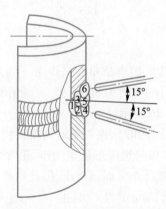

图 1-28　盖面层焊道

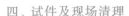

四、试件及现场清理

① 将焊好的试件用敲渣锤清理焊渣,用钢丝刷进一步将焊渣、飞溅物清理干净。清理过程中严禁破坏焊缝原始表面,禁止用水冷却。

② 对焊缝表面质量进行目视检验,使用 5 倍放大镜观察表面是否存在缺陷,并使用焊接检验尺对焊缝进行测量,试件外观检查的结果应符合各项要求,然后进行无损检测,试件内部质量按 GB/T 3323.1—2019 标准评定。

③ 焊接结束后关闭焊接电源,清扫场地,按规定摆放工具,整理焊接电缆,确认无安全隐患,并做好使用记录。

师傅点拨

管对接垂直固定单面焊双面成形实际上是横焊位置,只是焊缝是沿圆周进行焊接的。上、下两管的坡口角度应有所不同,上管坡口角度要大些。装配间隙按所用焊条直径 $d\pm0.5$ mm 选取。由于焊缝为圆形,因此操作过程中操作者要移动位置,从而适应圆形焊缝。因此,焊接前应将焊件固定在一个最适合自己的高度,同时定好自己的位置,尽可能地减少移动次数。焊接时,利用手腕进行操作。打底层焊接一般采用灭弧焊法,每次引燃电弧的位置要准确,给送熔滴要均匀,断弧要果断,控制好熄弧和再引燃的时间。操作中手臂和手腕转动要灵活,运条速度应保持均匀。

▶ 任务评价

20 钢管对接垂直固定焊条电弧焊评分表见表 1-8。

表 1-8　20 钢管对接垂直固定焊条电弧焊评分表

试件编号		评分人		合计得分			
检查项目	评判标准及得分	评判等级				测量数值	实际得分
		I	II	III	IV		
焊缝余高/mm	尺寸标准	0 ~ 2	>2,≤3	>3,≤4	<0 或 >4		
	得分标准	4 分	2 分	1 分	0 分		
焊缝高度差/mm	尺寸标准	0 ~ 1	>1,≤2	>2,≤3	>3		
	得分标准	8 分	4 分	2 分	0 分		
焊缝宽度/mm	尺寸标准	17 ~ 19	≥16,<17 或 >19,≤20	≥15,<16 或 >20,≤22	<17 或 >22		
	得分标准	4 分	2 分	1 分	0 分		
焊缝宽度差/mm	尺寸标准	0 ~ 1.5	>1.5,≤2	>2,≤3	>3		
	得分标准	8 分	4 分	2 分	0 分		
咬边/mm	尺寸标准	无咬边	深度≤0.5		深度>0.5		
	得分标准	12 分	每 5 mm 长扣 2 分		0 分		

续表

检查项目	评判标准及得分	评判等级				测量数值	实际得分
		I	II	III	IV		
正面成形	标准	优	良	中	差		
	得分标准	8分	4分	2分	0分		
背面成形	标准	优	良	中	差		
	得分标准	4分	2分	1分	0分		
背面凹/mm	尺寸标准	0	>0,≤1	>1,≤2	长度>30		
	得分标准	2分	1分	0分	0分		
背面凸/mm	尺寸标准	0~1	>1,≤3	>3			
	得分标准	2分	1分	0分			
角变形/(°)	尺寸标准	0~1	>1,≤3	>3,≤5	>5		
	得分标准	6分	4分	2分	0分		
错边量/mm	尺寸标准	0~0.5	>0.5,≤1	>1			
	得分标准	2分	1分	0分			
外观缺陷记录							

内部质量评分标准

考核项目	考核要求	评分要求	配分	得分	备注
焊缝内部质量检查	试件的射线检测按GB/T 3323.1—2019 标准评定	I 级片无缺陷不扣分；I 级片有缺陷扣 5 分；II 级片扣 10 分；III 级片扣 20 分；IV 级片扣 40 分	40		

焊缝外观（正、背）成形评判标准

优	良	中	差
成形美观，焊缝均匀、细密，高低宽窄一致	成形较好，焊缝均匀、平整	成形尚可，焊缝平直	焊缝弯曲，高低、宽窄相差明显

注：试件焊接未完成的，表面修补及焊缝正反面有裂纹、夹渣、气孔、未熔合缺陷的，按 0 分处理。

 任务五　低碳钢管对接水平固定焊条电弧焊

学习目标及重点、难点

◎ 学习目标：能正确选择低碳钢管对接水平固定焊条电弧焊的焊接参数，掌握低碳钢管对接水平固定焊条电弧焊的操作方法。

◎ 学习重点：管对接水平固定焊的装配定位焊、焊缝位置变化时手臂和手腕的转动方法。

◎ 学习难点：管对接水平固定焊单面焊双面成形的操作技术。

▶ 焊接试件图（图1-29）

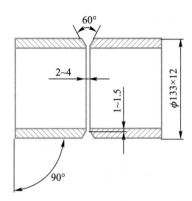

技术要求
1. 单面焊双面成形。
2. 试件材料为20钢，60°V形坡口。
3. 钝边高度为1~1.5mm，根部间隙为2~4mm。
4. 试件空间位置符合水平固定焊要求。

图1-29　钢管对接水平固定焊试件图

工艺分析

　　管对接水平固定焊又称为全位置焊接，在焊接过程中经历了仰焊、立焊和平焊三个过程，在这三个过程中，会出现不同的焊接缺陷和焊接问题，所以在焊接过程当中，应当在不同的焊接位置采用不同的焊接手法，以满足不同位置的焊接需要。随着焊接位置的变化，焊条角度要随之变化，应始终与钢管切线方向成80°~ 90°角，控制熔池和熔孔的尺寸，保证正反面焊缝成形良好。

▶ 焊接操作

一、焊前准备

（1）试件材料　20钢管，尺寸为 ϕ133 mm×12 mm×200 mm，钢管平边开30°V形坡口。

（2）焊接材料　E4315焊条，直径为3.2 mm，烘干温度为350 ℃ ~400 ℃，保温2 h，随取随用。

（3）焊机　ZX7-400型焊机，直流反接。

（4）焊前清理　采用角向磨光机及内磨机清理试件坡口及其两侧各20 mm范围内的油污、铁锈及其他污染物，直至露出金属光泽。

（5）装配定位　装配间隙为2 ~4 mm，错边量不大于0.5 mm；两点定位，焊缝长度约10 mm，定位焊点两端应先打磨成斜坡，以利于接头，如图1-30所示。

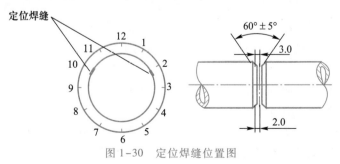

图1-30　定位焊缝位置图

二、焊接参数

ϕ133 mm×12 mm 的 20 钢管对接水平固定焊条电弧焊焊接工艺卡见表 1–9。

表 1–9 20 钢管对接水平固定焊条电弧焊焊接工艺卡

焊接工艺卡		编号:			
材料牌号	20	接头简图			
材料规格/mm	ϕ133×12 ×200				
接头种类	对接				
坡口形式	V 形				
坡口角度	60°				
钝边高度/mm	1~1.5				
根部间隙/mm	2~4				
焊接方法	SMAW				
焊接设备	ZX7–400				
电源种类	直流	焊后热处理	种类	—	保温时间	—
电源极性	反接		加热方式	—	层间温度/℃	≤100
焊接位置	5G		温度范围	—	测量方法	—

焊接参数

焊层	焊材型号	焊材直径 /mm	焊接电流 /A	焊接电压 /V	焊接速度 /(cm/min)
打底层		3.2	90~110	20~24	6~10
填充层	E4315	3.2	100~120	20~24	6~10
盖面层		3.2	100~130	20~24	6~10

三、焊接过程

1. 打底层焊接

把钢管的横断面看成钟表面,焊接开始时,以 6 点、12 点分为两个半周,分别进行焊接。从正仰焊位置由下向上分左右两半周进行焊接,先焊前半周,引弧和收弧部位要超过中心线 5~10 mm,如图 1–31 所示。

（1）前半周的焊接

① 在仰焊部位 6 点的位置前 10 mm 处坡口内采用划擦法引弧,用长弧进行预热,经 2~3 s 后,坡口两侧接近熔化状态时,立即压低电弧。坡口内形成熔池后,随即抬起焊条熄弧,使熔池降温,待熔池变暗时,重新引弧并压低电弧向上给送,形成第二个熔池,如此反复,向前施焊。

② 运条到定位焊缝时,必须用电弧击穿根部间隙,使其充分熔合,在焊接过程中,焊条角度也必须相应改变,如图 1–32 所示。

③ 收弧操作时,焊条下压,待熔孔稍增大后,缓慢地将电弧带至熔孔上方坡口内侧 10 mm 左右处熄灭,防止产生冷缩孔。接头操作时,在收弧处后方约 15 mm 处引弧,待电弧

24

稳定后迅速移至收弧熔孔的1/2处,听到击穿声稍做斜锯齿形运条动作,向前灭弧焊接。

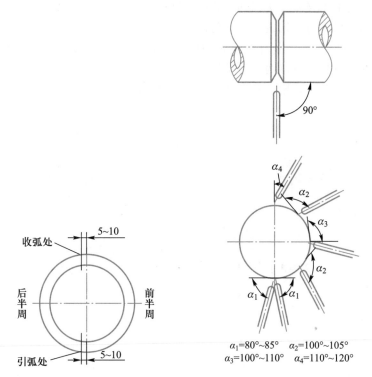

图 1-31　前半周焊缝引弧与收弧位置　　图 1-32　打底层焊接焊条角度

$\alpha_1=80°\sim85°$　$\alpha_2=100°\sim105°$
$\alpha_3=100°\sim110°$　$\alpha_4=110°\sim120°$

（2）后半周的焊接

后半周焊缝焊接的操作方法与前半周相似,但上下接头一定要接好。仰焊接头时,应用工具将起头焊缝端头修磨成斜口,这样既可去除可能存在的缺陷,又有利于接头。接头处焊接时要使原焊缝充分熔化,并使之形成熔孔,以保证根部焊透;平焊接头时,应压低电弧,焊条前后摆动,推开熔渣,并击穿根部以保证焊透,熄弧前填满弧坑。

打底层操作的关键在于控制好熔池温度和熔孔的大小,打点要准确。熔孔过小,容易造成未焊透,应在压低电弧的同时增大焊条角度,适当延长电弧燃烧时间。熔孔过大,则会出现背面焊缝超高及焊瘤缺陷,应减小焊条角度,加快灭弧频率。操作过程中,只有控制好熔孔大小和熔池温度,才能焊出成形美观的根部焊缝。

2. 填充层焊接

填充层的焊接分两层进行,从仰焊位置开始、平焊位置终止,焊条角度与焊接打底层时相同,分前、后两半周进行。焊接时,通常将打底层焊接前半周作为填充焊的后半周,目的是将上、下接头错开,如图1-33所示。采用横向锯齿形运条,在坡口两侧稍加停顿,但中间过渡应稍快,以保证焊道与母材的良好熔合又不咬边,避免熔化坡口边缘;焊条前进速度要均匀一致,以保证焊道高低平整,为盖面层的焊接打好基础。填充焊道的高度控制:仰焊部位及平焊部位距母材表面约0.5 mm,立焊部位距母材表面约1 mm。

接头时,更换焊条要迅速,在弧坑上方10~15 mm处引燃电弧,把焊条拉至收弧处焊道中间,压住2/3熔池稍加停顿,形成熔池后横向摆动,当看到收弧处完全熔化时,即可转入正常焊接。

3. 盖面层焊接

盖面层的焊接采用直流反接，分前、后两半周进行，运用锯齿形或圆圈形运条法，操作手法与填充焊相同。焊条与管切线的前倾角比打底层焊接时大5°左右，焊条与钢管焊接方向之间的夹角如图1-34所示。操作时应掌握好焊条角度，尽量压低电弧，控制好熔池温度和形状；操作过程中，电弧在坡口两侧稍做停留，以防止产生咬边、超高和焊瘤等缺陷。接头时要确保准确、到位，避免出现脱节和超高现象。焊缝宽度以坡口两边各熔化1 mm左右为宜，余高控制在0~3 mm之间。

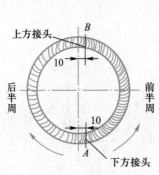

图1-33 填充焊接头位置图　　图1-34 焊条与钢管焊接方向之间的夹角

焊接过程中，熔池应始终保持椭圆形状且大小一致，在前半周收弧时，要对弧坑稍填些熔化金属，使弧坑呈斜坡状，为后半周的焊缝收尾创造条件。焊接后半周之前，应把前半周起头焊缝的焊渣敲掉10~15 mm，焊缝收尾时应注意填满弧坑。

四、试件及现场清理

① 将焊好的试件用敲渣锤清理焊渣，用钢丝刷进一步将焊渣、飞溅物清理干净。清理过程中严禁破坏焊缝原始表面，禁止用水冷却。

② 对焊缝表面质量进行目视检验，使用5倍放大镜观察表面是否存在缺陷，并使用焊接检验尺对焊缝进行测量，试件外观检查的结果应符合各项要求，然后进行无损检测，试件内部质量按GB/T 3323.1—2019标准评定。

③ 焊接结束后关闭焊接电源，清扫场地，按规定摆放工具，整理焊接电缆，确认无安全隐患，并做好使用记录。

师傅点拨

仰焊部位是管对接水平固定焊的关键部位，一定要控制焊条的送进深度，如果焊条送进深度不够，则钢管背面会出现内凹，随着焊条的逐渐退出，角度将逐渐变大。焊接过程中，熔池应始终保持椭圆形状且大小一致，熔池应明亮清晰。前半周收弧时，要对弧坑稍填些熔化金属，使弧坑成斜坡状，为后半周焊缝收尾创造条件。焊接后半周之前，应把前半周起头部位焊缝的焊渣敲掉10~15 mm，焊缝收尾时注意填满弧坑。用碱性焊条焊接盖面层时，应始终用短弧预热、焊接，引弧方法采用划擦法。

▶ **任务评价**

20钢管对接水平固定焊条电弧焊评分表见表1-10。

表 1–10　20 钢管对接水平固定焊焊条电弧焊评分表

试件编号		评分人			合计得分		
检查项目	评判标准及得分	评判等级				测量数值	实际得分
		I	II	III	IV		
焊缝余高/mm	尺寸标准	0～2	>2,≤3	>3,≤4	<0 或>4		
	得分标准	4 分	2 分	1 分	0 分		
焊缝高度差/mm	尺寸标准	≤1	>1,≤2	>2,≤3	>3		
	得分标准	8 分	4 分	2 分	0 分		
焊缝宽度/mm	尺寸标准	17～19	≥16,<17 或 >19,≤20	≥15,<16 或 >20,≤22	<17 或>22		
	得分标准	4 分	2 分	1 分	0 分		
焊缝宽度差/mm	尺寸标准	0～1.5	>1.5,≤2	>2,≤3	>3		
	得分标准	8 分	4 分	2 分	0 分		
咬边/mm	尺寸标准	无咬边	深度≤0.5		深度>0.5		
	得分标准	12 分	每 5mm 长扣 2 分		0 分		
正面成形	标准	优	良	中	差		
	得分标准	8 分	4 分	2 分	0 分		
背面成形	标准	优	良	中	差		
	得分标准	4 分	2 分	1 分	0 分		
背面凹/mm	尺寸标准	0	>0～1	>1～2	长度>30		
	得分标准	2 分	1 分	0 分			
背面凸/mm	尺寸标准	0～1	>1～3	>3			
	得分标准	2 分	1 分	0 分			
角变形/(°)	尺寸标准	0～1	>1～3	>3～5	>5		
	得分标准	6 分	4 分	2 分	0 分		
错边量/mm	尺寸标准	0～0.5	>0.5～1	>1			
	得分标准	2 分	1 分	0 分			
外观缺陷记录							

内部质量评分标准

考核项目	考核要求	评分要求	配分	得分	备注
焊缝内部质量检查	试件的射线检测按 GB/T 3323.1—2019 标准评定	I 级片无缺陷不扣分；I 级片有缺陷扣 5 分；II 级片扣 10 分；III 级片扣 20 分；IV 级片扣 40 分	40		

焊缝外观(正、背)成形评判标准

优	良	中	差
成形美观,焊缝均匀、细密,高低宽窄一致	成形较好,焊缝均匀、平整	成形尚可,焊缝平直	焊缝弯曲,高低、宽窄相差明显

注:试件焊接未完成的,表面修补及焊缝正反面有裂纹、夹渣、气孔、未熔合缺陷的,按 0 分处理。

任务六　低碳钢管板水平固定焊条电弧焊

学习目标及重点、难点

◎ 学习目标：能正确选择低碳钢管板水平固定焊条电弧焊的焊接参数，掌握低碳钢管板水平固定焊条电弧焊的操作方法。

◎ 学习重点：管板水平固定焊的装配定位焊、管板水平固定焊的操作方法。

◎ 学习难点：管板水平固定全位置焊时焊条角度变化。

▶ 焊接试件图（图1–35）

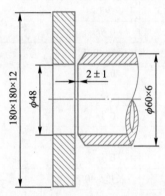

技术要求
1. 单面焊双面成形。
2. 试件材料为20钢管、Q235B钢板，钢管开45°±2.5°V形坡口。
3. 根部间隙、钝边高度自定。
4. 试件空间位置为水平固定焊接。

图1–35　管板水平固定焊试件图

工艺分析

　　管板骑坐式水平固定单面焊双面成形操作难于管板骑坐式的其他位置。焊接过程中，当焊接参数选择得不合适或操作角度不当时，会导致焊缝在管侧出现凸度过大、孔板侧出现咬边等缺陷。在仰焊位焊接时，如果运条速度过快、焊条角度不正确或焊接电流过小，会使熔渣与熔池混淆不清，熔渣来不及浮出，容易产生夹渣或未熔合缺陷。在立焊位置爬坡焊时，如果焊接电流过大或运条速度过慢，则容易形成焊瘤。

▶ 焊接操作

一、焊前准备

（1）试件材料　20钢管，尺寸为 ϕ60 mm×6 mm，L = 100 mm；Q235B钢板，尺寸为180 mm×180 mm×12 mm。

（2）焊接材料　E4303焊条，直径为3.2 mm，烘干温度为100 ℃～150 ℃，保温1～2 h，随取随用。

（3）焊机　ZX7–400型焊机，直流反接。

（4）焊前清理　采用角向磨光机及内磨机清理试件坡口及其两侧各20 mm范围内的油

污、铁锈及其他污染物,直至露出金属光泽。

（5）装配定位　将管件与板件中心对正,根部间隙为 2 mm 左右,错边量不大于 0.5 mm。定位焊时,在 10 点和 2 点位置处进行定位焊接,如图 1-36 所示,定位焊缝的长度为 10 mm,焊缝厚度控制在 2 mm 左右。定位焊后,将定位焊缝的两端加工成斜坡形,以便于接头操作。

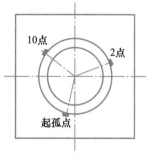

图 1-36　定位焊位置

二、焊接参数

管板骑坐式水平固定焊条电弧焊焊接工艺卡见表 1-11。

表 1-11　管板骑坐式水平固定焊条电弧焊焊接工艺卡

焊接工艺卡		编号:			
材料牌号	20、Q235B	接头简图			
材料规格/mm	$\phi60\times100\times6$、180×180×12				
接头种类	管板骑坐式				
坡口形式	单 V 形				
坡口角度	45°±2.5°				
钝边高度/mm	1±0.5				
根部间隙/mm	2±1				
焊接方法	SMAW				
焊接设备	ZX7-400				
电源种类	直流	焊后热处理	种类	—	保温时间	—
电源极性	反接		加热方式	—	层间温度	—
焊接位置	5FG		温度范围	—	测量方法	—

焊接参数					
焊层	焊材型号	焊材直径/mm	焊接电流/A	焊接电压/V	焊接速度/(cm/min)
打底层	E4303	3.2	70~80	20~24	6~10
填充层		3.2	100~120	20~24	6~10
盖面层		3.2	90~100	20~24	6~10

三、焊接过程

管板骑坐式水平固定焊中,由于焊缝是环形的,在焊接过程中需要经过仰焊、立焊、平焊等位置,可将水平固定管的横截面看作钟表面,划分成 3 点、6 点、9 点、12 点等时钟位置,通常定位焊缝在 2 点、10 点位置,长度为 10~15 mm,厚度为 2~3 mm。焊接开始时,在 6 点位置处起弧,把环焊缝分成两个半周完成,焊条与焊接方向切线间的夹角不断变化,具体焊接过程如下。

1. 打底层焊接

焊接打底层时,将管板焊缝分为左、右两个半周,如图 1-37 所示,即 7 点-3 点-11 点为后半周;5 点-9 点-1 点为前半周。采用划擦法引弧,引弧点在定位焊缝上的管板一侧,电弧引燃后,拉长电弧在定位焊缝上预热 1.5～2 s,然后再压低电弧进行焊接。焊接开始时,电弧的 2/3 处在管板侧根部,1/3 处在管件坡口侧,这样的分配焊接电弧方式,可以确保管板和钢管两侧坡口的热量平衡。当板件与管件出现液态金属珠后,焊条上顶击穿钝边;听到击穿声,形成熔孔后灭弧。当熔池颜色变为暗红色时,在熔池金属的 2/3 部位起弧并稍做斜锯齿形摆动,打开熔孔,向前灭弧焊接。操作过程中,在板件上的停留时间控制在 2 s 左右,在管件上的停留时间控制在 1 s 左右。

在仰焊部位操作时,为防止出现内凹,几乎全部电弧在坡口背面燃烧,熔孔大小约为焊条直径的 1.5 倍左右。仰爬坡和立焊位置焊接时,电弧长度的 1/2 在坡口内燃烧,熔孔大小约为焊条直径的 1.2 倍左右,同时控制熔池温度,以防止背面焊缝超高。上爬坡位置焊接时,电弧长度的 1/3 左右在坡口背面燃烧,熔孔大小约为焊条直径的 1 倍左右,焊接过程中熔孔不能过大,以防止背面焊缝出现焊瘤缺陷。

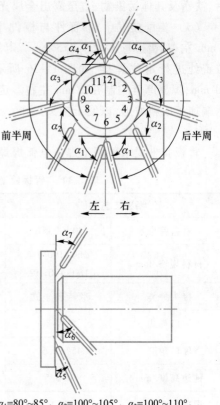

$\alpha_1=80°\sim85°$, $\alpha_2=100°\sim105°$, $\alpha_3=100°\sim110°$, $\alpha_4=120°$, $\alpha_5=30°$, $\alpha_6=45°$, $\alpha_7=35°$

图 1-37　焊接位置及焊条角度

收弧操作时,焊条下压,待熔孔稍增大后,缓慢地将电弧带至熔孔后方的坡口内侧熄灭,以使熔池温度缓慢冷却,防止产生冷缩孔。接头操作时,更换焊条动作要快,可直接在熔孔处起弧并下压,听到击穿声,打开熔孔后,再行灭弧焊接。灭弧频率要均匀,熔孔大小应保持一致,使焊道高低平整,操作过程中应避免损坏坡口边线。

2. 填充层焊接

焊接填充层时,焊条与管外壁的夹角同打底层的角度,但锯齿形和斜锯齿形运条的摆动幅度比打底层焊接时大,运条轨迹如图 1-38 所示。电弧的主要热量集中在管板上,使管外壁熔透 1/3～2/5 管壁厚即可。焊接过程中,应控制焊条角度,防止夹渣、过烧缺陷出现,焊条的摆动幅度要比打底层焊接时大些,填充层的焊道要薄些,钢管一侧坡口要填满,与板一侧的焊道形成斜面,使盖面层焊道能够圆滑过渡。

3. 盖面层焊接

焊接盖面层时,施焊时分右侧和左侧两部分焊接。右侧焊时的引弧方法与打底层焊接时基本相同,焊条角度如图 1-39 所示。在仰焊、仰爬坡及上爬坡部位采用斜锯齿形运条法,立焊部位采用锯齿形运条法,控制好焊条角度,焊接速度保持均匀,电弧在板侧的停留时间要稍长于在管侧的停留时间,以防止在管件处产生咬边缺陷。当焊条摆动到焊缝两端时,要稍做停留,以防止产生咬边缺陷。仰焊及仰爬坡部位操作时,应尽量压低电弧,控制好熔池温度和形状,焊接速度不宜过快,以保证焊道层间熔合良好,避免产生焊瘤、咬边和焊缝超高等缺陷。

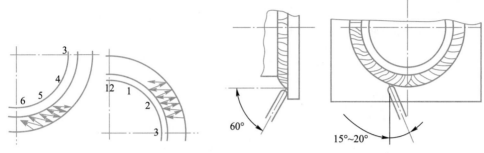

图 1-38　仰焊位置和斜平焊位置的运条轨迹　　　图 1-39　右侧盖面层焊接时的焊条角度

四、试件及现场清理

① 将焊好的试件用敲渣锤清理焊渣,用钢丝刷进一步将焊渣、飞溅物清理干净。清理过程中严禁破坏焊缝原始表面,禁止用水冷却。

② 对焊缝表面质量进行目视检验,使用 5 倍放大镜观察表面是否存在缺陷,并使用焊接检验尺对焊缝进行测量,试件外观检查的结果应符合各项要求,然后截面做宏观金相检验。

③ 焊接结束后关闭焊接电源,清扫场地,按规定摆放工具,整理焊接电缆,确认无安全隐患,并做好使用记录。

> **师傅点拨**
>
> 打底层操作的关键在于打点要准确,控制好熔池温度和熔孔大小。熔孔的大小直接影响到背面焊缝的成形质量。熔孔过小时,容易造成未焊透,应压低电弧,同时增大焊条角度,打开熔孔;熔孔过大时,则说明熔池温度过高,如果处理不及时,会产生烧穿及焊瘤缺陷,这时应减小焊条角度或停止操作,待温度降低后再行焊接。填充、盖面层连弧焊操作时,在仰焊、仰爬坡及上爬坡部位采用斜锯齿形运条,在立焊部位采用锯齿形运条,控制好焊条角度,焊接速度保持均匀,电弧在板侧的停留时间要稍长于在管侧的停留时间,以防止在管件处产生咬边缺陷。

▶ 任务评价

管板骑坐式水平固定焊条电弧焊评分表见表 1-12。

表 1-12　管板骑坐式水平固定焊条电弧焊评分表

试件编号		评分人			合计得分		
检查项目	评判标准及得分	评判等级				测量数值	实际得分
		I	II	III	IV		
焊脚尺寸/mm	尺寸标准	8	>8,≤9	>9,≤10	<8 或>10		
	得分标准	12 分	8 分	4 分	0 分		

续表

检查项目		评判标准及得分	评判等级				测量数值	实际得分
			I	II	III	IV		
焊缝凸度/mm		尺寸标准	0～1	>1,≤2	>2,≤3	>3		
		得分标准	12分	8分	4分	0分		
咬边/mm		尺寸标准	无咬边	深度≤0.5且长度≤15	深度≤0.5长度>15～30	深度>0.5或长度>15		
		得分标准	12分	8分	4分	0分		
焊脚差/mm		尺寸标准	0～1	>1,≤1.5	>1.5,≤2	>2		
		得分标准	4分	2分	1分	0分		
焊道层数		标准	三层三道	其他				
		得分标准	4分	0分				
垂直度/mm		尺寸标准	0	<1	>1,≤2	>2		
		得分标准	8分	6分	4分	0分		
焊缝成形		标准	优	良	中	差		
		得分标准	8分	6分	4分	0分		
宏观金相/mm	根部熔深	尺寸标准	>1	>0.5,≤1	>0,≤0.5	未熔		
		得分标准	16分	8分	4分	0分		
	条状缺陷	尺寸标准	无	≤1	>1,≤1.5	>1.5		
		得分标准	12分	8分	4分	0分		
	点状缺陷	标准	无	<φ1数目:1个	<φ1数目:2个	>φ1或数目>2个		
		得分标准	12分	8分	4分	0分		
合计			100分					

焊缝外观成形评判标准

优	良	中	差
成形美观,焊缝均匀、细密,高低宽窄一致	成形较好,焊缝均匀、平整	成形尚可,焊缝平直	焊缝弯曲,高低、宽窄相差明显

注:试件焊接未完成的,表面修补及焊缝正反面有裂纹、夹渣、气孔、未熔合缺陷的,按0分处理。

 任务七　低碳钢管板垂直固定焊条电弧焊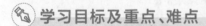

学习目标及重点、难点

◎ 学习目标:能正确选择低碳钢管板垂直固定焊条电弧焊的焊接参数,掌握低碳钢管板垂直固定焊条电弧焊的操作方法。

◎ 学习重点:管板垂直固定焊的装配定位焊、管板垂直固定焊的操作方法。

◎ 学习难点:管板垂直固定焊焊条角度的调整、多层多道焊操作技术。

▶ **焊接试件图（图1-40）**

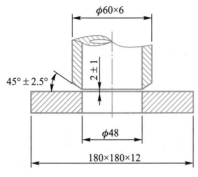

技术要求

1. 单面焊双面成形。
2. 试件材料：20钢管、Q235B钢板，钢管开45°±2.5°V形坡口。
3. 根部间隙、钝边高度自定。
4. 试件空间位置为垂直固定焊接。

图1-40　管板垂直固定焊试件图

 工艺分析

　　管板骑坐式垂直固定焊时要求根部焊透，保证背面成形良好、正面焊脚对称。由于板厚与管壁厚相差较大，若焊条角度或运条操作不当，会使焊件受热不均匀，打底层焊接时容易造成管的孔壁烧穿，填充盖面时在管侧易产生咬边和焊缝偏下缺陷，在板侧易产生夹渣、未焊透和未熔合等缺陷。因此，焊接时需要合理选择焊接参数和调整焊条角度，不断地转动手臂和手腕的位置，以防止钢管咬边和焊脚不对称。

▶ **焊接操作**

一、焊前准备

　　（1）试件材料　20钢管，尺寸为 $\phi60$ mm×6 mm，$L=100$ mm；Q235B钢板，尺寸为180 mm×180 mm×12 mm。

　　（2）焊接材料　E4303焊条，直径为2.5 mm、3.2 mm，烘干温度为100 ℃~150 ℃，保温1~2 h，随取随用。

　　（3）焊机　ZX7-400型焊机，直流反接。

　　（4）焊前清理　采用角向磨光机及内磨机清理试件坡口及其两侧各20 mm范围内的油污、铁锈及其他污染物，直至露出金属光泽。

　　（5）装配定位　将管件与板件中心对正，根部间隙为2 mm左右，错边量不大于0.5 mm。定位焊时，在10点和2点位置处进行定位焊接，如图1-41所示，定位焊缝的长度为10 mm，焊缝厚度控制在2 mm左右。定位焊后，将定位焊缝的两端加工成斜坡形，以便于接头操作。

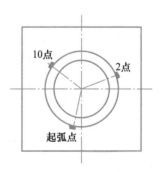

图1-41　定位焊位置

二、焊接参数

管板骑坐式垂直固定焊条电弧焊焊接工艺卡见表1-13。

表1-13　管板骑坐式垂直固定焊条电弧焊焊接工艺卡

焊接工艺卡		编号：		
材料牌号	20、Q235B	接头简图 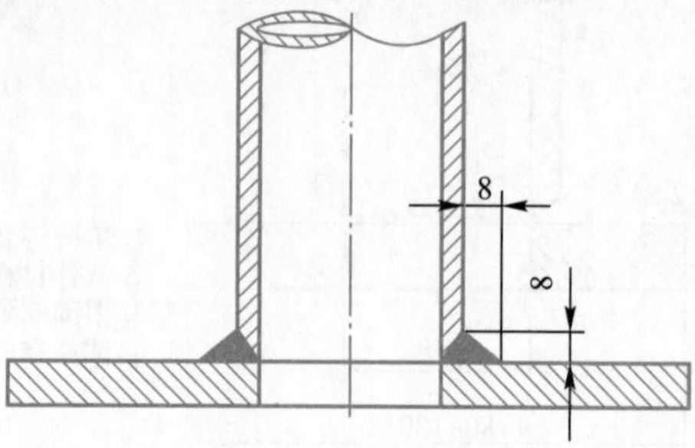		
材料规格/mm	$\phi60\times100\times6$、$180\times180\times12$			
接头种类	管板骑坐式			
坡口形式	单V形			
坡口角度	$45°\pm2.5°$			
钝边高度/mm	1 ± 0.5			
根部间隙/mm	2 ± 1			
焊接方法	SMAW			
焊接设备	ZX7-400			
电源种类	直流	焊后热处理	种类 —	保温时间 —
电源极性	反接		加热方式 —	层间温度 —
焊接位置	2FG		温度范围 —	测量方法 —

焊接参数					
焊层	焊材型号	焊材直径/mm	焊接电流/A	焊接电压/V	焊接速度/(cm/min)
打底层		2.5	60~80	20~24	6~10
填充层	E4303	3.2	110~130	20~24	8~12
盖面层		3.2	100~120	20~24	8~12

三、焊接过程

1. 打底层焊接

管板骑坐垂直固定单面焊双面成形,焊缝为三层四道,焊道分布如图1-42所示。

焊接打底层时,焊条与板件之间的夹角为25°~30°,与焊接方向的夹角为60°~70°,如图1-43所示。从6点位置起焊,从右边半圆施焊到12点位置停止,然后从12点位置经过左边半圆施焊到6点位置停止,整个过程中试件处于垂直固定不动状态,焊钳围绕试件转动。因此,在焊接过程中,应根据实际位置不断地转动手腕和手臂,使焊缝成形良好。在定位焊缝起弧后,采用短弧施焊,小幅度锯齿形摆动,当焊条摆动到坡口两侧时要稍做停留,以防止产生咬边缺陷。注意控制焊接电弧、焊缝熔池金属与熔渣之间的相互位置,及时调节焊条角度,防止熔渣超前流动,造成夹渣、未熔合、未焊透等缺陷。

2. 填充焊

焊接前先将前道焊缝的熔渣清理干净。焊接时,焊条与板件的夹角为45°~50°,与焊接方向之间的夹角为80°~85°,如图1-44所示。采用月牙形或斜椭圆形运条,用短弧焊,可一层填满,注意上、下两侧的熔化情况,保证温度均衡,使管板坡口处熔合良好。填充层的焊接要平整,不能凸出过高,焊缝不能过宽,为盖面层的施焊打下基础,焊接过程中应控制焊条角度,防止产生夹渣、过烧缺陷。

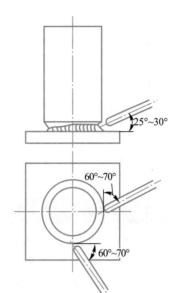

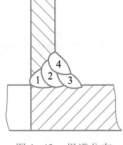

图 1-42 焊道分布

图 1-43 打底层焊接的焊条夹角

接头时,焊条应在弧坑位置后 10 mm 处引燃电弧,然后拉至弧坑位置多停留一会儿,填满弧坑后即可转入正常焊接。当填充焊焊接收尾位置时,要压低电弧,将其焊点充分熔合,并向后继续焊接,与焊缝重叠 3 ~ 5 mm,以保证接头质量。填充层焊完后用敲渣锤和钢丝刷把焊缝清理干净。

3. 盖面层焊接

焊接盖面层时,要保证钢管不咬边和焊脚对称,其焊条夹角如图 1-45 所示。焊接时要保证熔合良好,掌握好两道焊道的位置,避免形成凹槽或凸起,第 4 条焊道应覆盖第 3 条焊道上面的 1/2 或 2/3。必要时还可以在上面用 $\phi2.5$ mm 焊条再盖一圈,以免产生咬边。

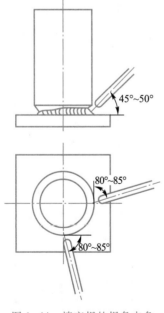

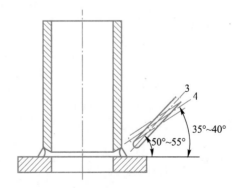

图 1-44 填充焊的焊条夹角

图 1-45 盖面层焊接的焊条夹角

四、试件及现场清理

① 将焊好的试件用敲渣锤清理焊渣,用钢丝刷进一步将焊渣、飞溅物清理干净。清理过程中严禁破坏焊缝原始表面,禁止用水冷却。

② 对焊缝表面质量进行目视检验,使用 5 倍放大镜观察表面是否存在缺陷,并使用焊接检验尺对焊缝进行测量,试件外观检查的结果应符合各项要求,然后截面做宏观金相检验。

③ 焊接结束后关闭焊接电源,清扫场地,按规定摆放工具,整理焊接电缆,确认无安全隐患,并做好使用记录。

师傅点拨

打底层焊接时,要注意观察熔池形状,熔池体积过大,容易形成焊瘤,保持打底层焊接过程中熔池形状一致,则背面成形一致。焊缝中间的接头尽量采用热接,更换焊条前,电弧回焊并熄弧,使气体彻底逸出并使弧坑处形成斜坡。热接时,换焊条速度要快,在熔池还处于红热状态时引燃电弧(戴面罩观察时熔池呈一个亮点)。在弧坑前 10~15 mm 处引弧,并拉到弧坑前沿,重新形成熔孔后继续焊接。若采用冷接,应将前面焊缝的尾部用砂轮打磨成斜面后,再接头并实施后续焊接。

▶ 任务评价

管板垂直固定焊条电弧焊评分表见表1-14。

表1-14 管板垂直固定焊条电弧焊评分表

试件编号		评分人			合计得分			
检查项目	评判标准及得分	评判等级				测量数值	实际得分	
		I	II	III	IV			
焊脚尺寸/mm	尺寸标准	8	>8,≤9	>9,≤10	<8 或>10			
	得分标准	12 分	8 分	4 分	0 分			
焊缝凸度/mm	尺寸标准	0~1	>1,≤2	>2,≤3	>3			
	得分标准	12 分	8 分	4 分	0 分			
咬边/mm	尺寸标准	无咬边	深度≤0.5 且长度≤15	深度≤0.5 长度>15,≤30	深度>0.5 或长度>15			
	得分标准	12 分	8 分	4 分	0 分			
电弧擦伤	标准	无	有					
	得分标准	4 分	0 分					
焊道层数	标准	两层四道	其他					
	得分标准	4 分	0 分					
垂直度/mm	尺寸标准	0	<1	>1,≤2	>2			
	得分标准	8 分	6 分	4 分	0 分			

续表

检查项目		评判标准及得分	评判等级				测量数值	实际得分
			I	II	III	IV		
焊缝成形		标准	优	良	中	差		
		得分标准	8 分	6 分	4 分	0 分		
宏观金相/mm	根部熔深	尺寸标准	>1	>0.5,≤1	>0,≤0.5	未熔		
		得分标准	16 分	8 分	4 分	0 分		
	条状缺陷	尺寸标准	无	<1	>1,≤1.5	>1.5		
		得分标准	12 分	8 分	4 分	0 分		
	点状缺陷	标准	无	<φ1 数目:1 个	<φ1 数目:2 个	>φ1 或 数目>2 个		
		得分标准	12 分	8 分	4 分	0 分		
合计			100 分					

焊缝外观成形评判标准

优	良	中	差
成形美观,焊缝均匀、细密,高低宽窄一致	成形较好,焊缝均匀、平整	成形尚可,焊缝平直	焊缝弯曲,高低、宽窄相差明显

注:试件焊接未完成的,表面修补及焊缝正反面有裂纹、夹渣、气孔、未熔合缺陷的,按 0 分处理。

项目二　二氧化碳气体保护焊技能训练

▶ **任务一　低碳钢板对接横焊二氧化碳气体保护焊**

学习目标及重点、难点

◎ 学习目标：能正确选择板对接横焊二氧化碳气体保护焊的焊接参数，掌握板对接横焊二氧化碳气体保护焊的操作方法。

◎ 学习重点：安全文明生产操作规程，焊接图样的识读，板对接横焊的操作方法。

◎ 学习难点：板对接横焊时焊接速度及焊枪角度。

▶ 焊接试件图（图 2-1）

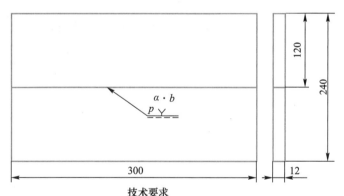

技术要求
1. 单面焊双面成形。
2. 试件材料为Q235B，60°V形坡口。
3. 根部间隙，钝边为0~1mm。
4. 接头形式为板对接，焊接位置为横焊。

图 2-1　钢板对接横焊试件图

工艺分析

　　板对接横焊二氧化碳气体保护单面焊双面成形时，一般采用直线运枪左焊法，采用摆动运枪难度较大。熔滴和熔池中熔化的金属受重力的作用容易下淌，焊缝成形困难。如果焊接参数选择不当或焊丝角度不合适，则容易产生焊缝上侧咬边、焊缝下侧金属下坠、焊瘤、未焊透等缺陷。为避免上述缺陷的产生,应采用短弧、多层多道焊接,并根据焊道的不同位置调整焊丝角度。焊接打底层时,应保持较小的熔池和熔孔尺寸,适当提高焊接速度,采用较小的焊接电流和短弧焊接。板对接横焊也要注意采用反变形法,防止角变形。

▶ 焊接操作

一、焊前准备

(1)试件材料 Q235B 钢板两块,尺寸为 300 mm×120 mm×12 mm,坡口角度为(60°±5°),如图 2-1 所示。

(2)焊接材料 ER50-6 焊丝,直径为 1.2 mm;CO_2 纯度要求达到 99.5%。

(3)焊机 NB-350 型焊机,直流反接。

(4)焊前清理 检查钢板平直度,并修复平整。将坡口两侧至少 20 mm 范围内的油污、铁锈及其他污染物清理干净,直至露出金属光泽。

(5)装配定位 将两块钢板放于水平位置,使两端头平齐,在两端头进行定位焊,定位焊缝长度为 10~15 mm,如图 2-2 所示。装配间隙始焊处为

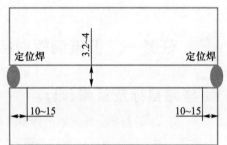

图 2-2 板对接横焊装配图

3.2 mm,终焊处为 4 mm,反变形量为 3°~5°,错边量不大于 1.2 mm。其定位焊焊接参数见表 2-1。

表 2-1 板对接横焊定位焊焊接参数

焊材型号	焊材直径/mm	焊接电流/A	焊接电压/V	保护气体流量/(L/min)	焊丝伸出长度/mm
ER50-6	ϕ1.2	90~100	19~21	12~15	12~18

二、焊接参数

板对接横焊二氧化碳气体保护焊焊接工艺卡见表 2-2。

表 2-2 板对接横焊二氧化碳气体保护焊焊接工艺卡

焊接工艺卡		编号:			
材料牌号	Q235B	接头简图			
材料规格/mm	300×120×12				
接头种类	对接				
坡口形式	V 形				
坡口角度	60°±5°				
钝边高度/mm	0.5~1				
根部间隙/mm	3.2~4				
焊接方法	GMAW				
焊接设备	NB-350				
电源种类	直流	焊后热处理	种类	—	保温时间	—
电源极性	反接		加热方式	—	层间温度	—
焊接位置	2G		温度范围	—	测量方法	—

焊接参数						
焊层	焊材型号	焊材直径 /mm	焊接电流 /A	焊接电压 /V	保护气体流量 /(L/min)	焊丝伸出 长度/mm
打底层			100~110	18~20	12~15	12~18
填充层	ER50-6	ϕ1.2	110~120	20~22	12~15	12~18
盖面层			130~150	22~24	12~15	12~18

三、焊接过程

焊接层数可根据焊件厚度确定,焊件越厚,焊接层数越多。12 mm 厚开坡口 Q235B 板对接横焊二氧化碳气体保护焊的焊接层(道)数如图 2-3 所示。各层各道焊缝焊接时的焊枪角度如图 2-4 所示。

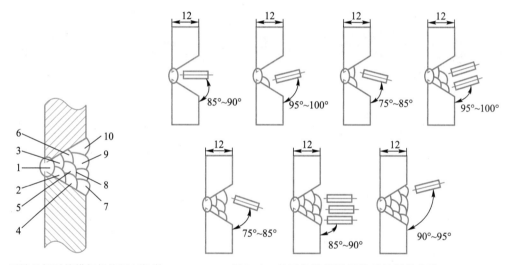

图 2-3　开坡口板对接横焊焊接层(道)数　　　　图 2-4　各层各道焊缝焊接时的焊枪角度

1. 打底层焊接

打底层焊接时,按图 2-4 所示控制焊枪角度。把焊丝送入坡口根部,为保证焊缝成形,电弧主要作用在上面板的坡口根部,如图 2-5 所示,以保证坡口两侧钝边完全熔化。焊接过程中采用小幅度锯齿形摆动,自右向左焊接,并应认真观察熔池的温度、形状和熔孔的大小。

若打底层焊接时电弧中断,则应将接头的焊渣清除干净,并将接头处焊道打磨成斜坡。在打磨了的焊道最高处引弧,并以小幅度锯齿形摆动,当接头区前端形成熔孔后,继续焊完打底层焊道。焊完打底层焊缝后,先清除焊渣,然后用角向打磨机将局部凸起的焊道磨平。

2. 填充焊

填充层的焊接分为两层,共五道,由下向上依次焊接,焊枪角度按图 2-4 所示随时进行调整,电弧上下摆动的幅度视坡口宽度的增加而加大,并在坡口侧壁和前层焊道的焊趾处做短时间停留,使每一道焊缝压在前一道焊缝的最高点。最后一层填充层焊完后,应保证填充层焊缝下边缘比母材表面低 1~2 mm,上边缘比母材表面低 0.5 mm;注意不能熔化坡口两侧的棱边,以便焊接盖面层时能够看清坡口,如图 2-6 所示。每焊完一道焊缝,都要进行彻底清渣。

 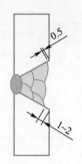

图 2-5　打底层焊接时电弧的作用点　　图 2-6　最后一层填充层焊缝与母材表面的位置关系

3. 盖面层焊接

盖面层焊接与填充层焊接类似,由下向上一道一道采用直线运条,焊枪角度如图 2-4 所示。后焊焊道应将前焊道盖住一半或 2/3 以上,以保证整个焊缝平整、均匀。

师傅点拨

① 厚板对接横焊时均应采用多层焊。

② 第一层焊道应尽量焊成等焊脚焊道,其他层从下往上排列焊道。

③ 随着焊缝层数的增加,逐步减小焊道的熔敷金属量,并增加焊道数。

④ 后焊焊缝应盖住前道焊缝的 1/2 以上,从而使每层焊完都得到尽量平整的焊缝表面。

四、试件及现场清理

将焊好的试件用钢丝刷反复拉刷焊道,除去焊缝氧化层。严禁破坏焊缝原始表面,禁止用水冷却。

焊接结束后,首先关闭二氧化碳气瓶阀门,点动焊枪开关或焊机面板上的焊接检气开关,放掉减压器内的余气,然后关闭焊接电源。清扫场地,按规定摆放工具,整理焊接电缆,确认无安全隐患,并做好使用记录。

▶ **任务评价**

板对接横焊二氧化碳气体保护焊评分标准见表 2-3。

表 2-3　板对接横焊二氧化碳气体保护焊评分表

试件编号		评分人			合计得分			
检查项目		评判标准及得分	评判等级				测量数值	实际得分
			I	II	III	IV		
正面	焊缝余高/mm	尺寸标准	0~1.5	>1.5,≤2	>2.5,≤3	>3 或<0		
		得分标准	5 分	3 分	2 分	0 分		
	焊缝高度差/mm	尺寸标准	0~1	>1,≤2	>2,≤3	>3		
		得分标准	2.5 分	1.5 分	1 分	0 分		

续表

检查项目		评判标准及得分	评判等级				测量数值	实际得分
			I	II	III	IV		
正面	焊缝宽度/mm	尺寸标准	>15,≤16	>16,≤17	>17,≤18	>18 或<15		
		得分标准	5 分	3 分	2 分	0 分		
	焊缝宽度差/mm	尺寸标准	0~1.5	>1.5,≤2	>2,≤3	>3		
		得分标准	2.5 分	1.5 分	1 分	0 分		
	咬边/mm	尺寸标准	无咬边	深度<0.5且长度≤10	深度<0.5,长度>10~20	深度>0.5或长度>20		
		得分标准	5 分	3 分	2 分	0 分		
	错变量/mm	尺寸标准	0	≤0.5	>0.5,≤1	>1		
		得分标准	5 分	3 分	2 分	0 分		
	角变形/mm	尺寸标准	0~1	>1,≤3	>3,≤5	>5		
		得分标准	5 分	3 分	2 分	0 分		
	表面成形	标准	优	良	一般	差		
		得分标准	10 分	6 分	4 分	0 分		
反面	焊缝高度/mm	尺寸标准	0~3	>3 或<0				
		得分标准	5 分	0 分				
	咬边	标准	无咬边	有咬边				
		得分标准	5 分	0 分				
	凹陷/mm	尺寸标准	无内凹	深度≤0.5	深度>0.5			
		得分标准	10 分	每 2 mm 长扣 5 分(最多扣 10 分)	0 分			
焊缝内部质量检验		按射线检测标准GB/T 3323.1—2019	I 级片无缺陷/有缺陷	II 级片	III 级片	IV 级片		
		40 分	40/35 分	30 分	20 分	0 分		

焊缝外观成形评判标准

优	良	中	差
成形美观,焊缝均匀、细密,高低宽窄一致	成形较好,焊缝均匀、平整	成形尚可,焊缝平直	焊缝弯曲,高低、宽窄相差明显

注:试件焊接未完成的,表面修补及焊缝正反面有裂纹、夹渣、气孔、未熔合缺陷的,按 0 分处理。

任务二 低碳钢板对接立焊二氧化碳气体保护焊

学习目标及重点、难点

◎ 学习目标：能正确选择板对接立焊二氧化碳气体保护焊的焊接参数，掌握板对接立焊二氧化碳气体保护焊的操作方法。

◎ 学习重点：安全文明生产操作规程，焊接图样的识读，板对接立焊的操作方法。

◎ 学习难点：板对接立焊运条方式及摆动幅度。

▶ 焊接试件图（图2-7）

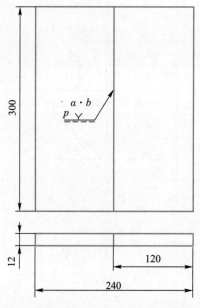

技术要求
1. 单面焊双面成形。
2. 试件材料为Q235B，60°V形坡口。
3. 根部间隙及钝边高度自定。
4. 接头形式为板对接，焊接位置为立焊。

图2-7 钢板对接立焊试件图

工艺分析

焊缝处于空间位置，熔池受重力影响极易下淌，所以熔池温度不宜太高，焊接参数不宜太大；选择合适的焊枪角度，以利于熔滴过渡；选择合理的焊接层次，保证层间熔合良好，以便消除上层潜在焊接缺陷。因此，焊接过程中要根据装配间隙和熔池温度的变化情况，及时调整焊枪的角度、摆动幅度和焊接速度，控制熔池和熔孔的尺寸，保证正反面焊缝成形良好。

▶ 焊接操作

一、焊前准备

（1）试件材料 Q235B 钢板两块，尺寸为 300mm×120 mm×12 mm，坡口角度为（60°±5°），

如图 2-7 所示。

（2）焊接材料　ER50-6 焊丝，直径为 1.2 mm；CO_2 气体纯度要求达到 99.5% 。

（3）焊机　NB-350 型焊机，直流反接。

（4）焊前清理　检查钢板平直度，并修复平整。将坡口两侧至少 20 mm 范围内的油污、铁锈及其他污染物清理干净，直至露出金属光泽。

（5）装配定位　将两块钢板放于水平位置，使两端头平齐，在两端头进行定位焊，定位焊焊缝长度为 10 ～ 15 mm，如图 2-8 所示。装配间隙始焊处为 3.2 mm，终焊处为 4 mm，反变形量为 2° ～ 3°，错边量不大于 1.2 mm。其定位焊焊接参数见表 2-4。

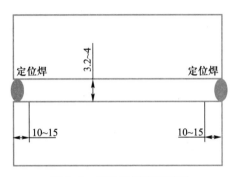

图 2-8　板对接焊接装配图

表 2-4　板对接立焊装配定位焊焊接参数

焊材型号	焊材直径/mm	焊接电流/A	焊接电压/V	保护气体流量/（L/min）	焊丝伸出长度/mm
ER50-6	φ1.2	90 ～ 100	19 ～ 21	12 ～ 15	12 ～ 18

二、焊接参数

板对接立焊二氧化碳气体保护焊焊接工艺卡见表 2-5。

表 2-5　板对接立焊二氧化碳气体保护焊焊接工艺卡

焊接工艺卡		编号：				
材料牌号	Q235B	接头简图				
材料规格/mm	300×120×12					
接头种类	对接					
坡口形式	V 形					
坡口角度	60°±5°					
钝边高度/mm	0.5 ～ 1					
根部间隙/mm	3.2 ～ 4					
焊接方法	GMAW					
焊接设备	NB-350					
电源种类	直流	焊后热处理	种类	—	保温时间	—
电源极性	反接		加热方式	—	层间温度	—
焊接位置	3 G		温度范围	—	测量方法	—

续表

			焊接参数			
焊层	焊材型号	焊材直径/mm	焊接电流/A	焊接电压/V	保护气体流量/(L/min)	焊丝伸出长度/mm
打底层			100~120	18~20	12~15	12~18
填充层	ER50-6	φ1.2	120~130	19~21	12~15	12~18
盖面层			110~120	18~20	12~15	12~18

三、焊接过程

将焊接试件固定在焊接操作台上,使试件处于立焊位置,间隙小的一端放在下侧。焊接方向为由下至上,焊接层次为打底一层、填充两层、盖面一层。焊道排列如图2-9所示,焊枪角度如图2-10所示。

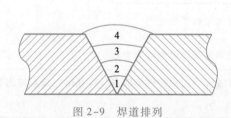

图2-9　焊道排列

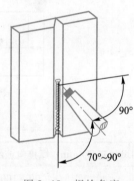

图2-10　焊枪角度

师傅点拨

① 在距离试件底端定位焊焊缝约20 mm的坡口内引弧,快速回焊,至底端开始向上焊接。焊枪沿坡口两侧做小幅横向摆动,严格控制电弧在距底边2~3 mm处燃烧,坡口底部出现熔孔(大于间隙1~2 mm)。

② 控制熔池停留时间,停留时间过长容易烧穿。正常熔池形状为长条形或长圆形,若熔池变为桃形或心形,说明熔池中部温度过高,金属液开始下坠,此时应及时调整运条速度,增长坡口两侧停顿时间,或加大上移步伐。若熔池在水平方向断开,表明运条速度过快,热输入不足,应放慢运条速度。若熔池呈椭圆形,说明坡口两侧未熔合,应放慢运条速度,增长两侧停留时间。

③ 注意焊接电流和焊接电压的配合。电弧电压过高,易引起烧穿,甚至灭弧;电弧电压过低,则在熔滴很小时就会引起短路,并产生严重飞溅。

---

1. 打底层焊接

焊接时,使焊丝接触下定位焊点,引燃电弧,并控制电弧在离底边2~3 mm处燃烧。采用小幅度锯齿形向上摆动,电弧摆动到定位焊点末端打开熔孔0.5~1 mm,稍微停顿形成熔池,然后采用锯齿形左右摆动,保持焊丝在熔池前缘,并在坡口两侧稍做停顿,使其熔合良

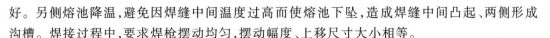

好。另侧熔池降温,避免因焊缝中间温度过高而使熔池下坠,造成焊缝中间凸起、两侧形成沟槽。焊接过程中,要求焊枪摆动均匀,摆动幅度、上移尺寸大小相等。

打底层焊接时的注意事项如下:

① 电弧始终在坡口内做小幅度横向摆动,并在坡口两侧稍微停留,如图 2-11 所示,使熔孔直径比间隙大 0.5~1 mm。焊接时应根据间隙和熔孔直径的变化调整横向摆动幅度和焊接速度,尽可能维持熔孔直径不变,以获得宽窄和高低均匀的反面焊缝。

② 依靠电弧在坡口两侧的停留时间,保证坡口两侧熔合良好,使打底层焊接道两侧与坡口结合处稍下凹,焊道表面平整,如图 2-12 所示。

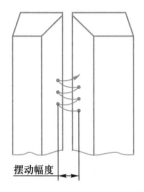 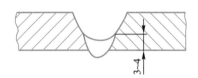

图 2-11　对接焊缝根部焊道运条轨迹　　　图 2-12　打底层焊道

注:焊丝横摆到圆点"·"处稍停留。

③ 打底层焊接时,要严格控制焊嘴的高度,电弧必须在离坡口底部 2~3 mm 处燃烧,保证打底层厚度不超过 4 mm。

2. 填充焊

调试填充焊焊接参数,在试件底端开始焊填充层,焊枪的横向摆动幅度稍大于打底层焊接,注意熔池两侧的熔合情况,保证焊道表面平整且稍下凹,并使填充层的高度低于母材表面 1.5~2 mm。填充焊时除保证焊道表面平整并稍向下凹外,还要掌握焊道厚度,不允许熔化棱边,如图 2-13 所示。

3. 盖面层焊接

调试好盖面层焊接参数后,从下端开始焊接,焊接时应注意下列事项:

① 保持焊嘴高度,焊接熔池边缘应超过坡口棱边 0.5~1.5 mm,并防止产生咬边。

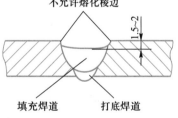

图 2-13　填充层焊道

② 焊枪横向摆动幅度应比填充焊时稍大,尽量保持焊接速度均匀,使焊缝外形美观。

③ 收弧时一定要填满弧坑,并且收弧弧长要短,以免产生弧坑裂纹。

四、试件及现场清理

将焊好的试件用钢丝刷反复拉刷焊道,除去焊缝氧化层。严禁破坏焊缝原始表面,禁止用水冷却。

焊接结束后,首先关闭二氧化碳气瓶阀门,点动焊枪开关或焊机面板上的焊接检气开关,放掉减压器内的余气,然后关闭焊接电源。清扫场地,按规定摆放工具,整理焊接电缆,确认无安全隐患,并做好使用记录。

▶ 任务评价

板对接立焊二氧化碳气体保护焊评分表见表2-6。

表2-6　板对接立焊二氧化碳气体保护焊评分表

试件编号		评分人			合计得分			
检查项目	评判标准及得分	评判等级				测量数值	实际得分
		Ⅰ	Ⅱ	Ⅲ	Ⅳ		
正面	焊缝余高/mm	尺寸标准	>0, ≤2	>2, ≤3	>3, ≤4	>4 或 <0		
		得分标准	5分	3分	2分	0分		
	焊缝高度差/mm	尺寸标准	≤1	>1, ≤2	>2, ≤3	>3		
		得分标准	2.5分	1.5分	1分	0分		
	焊缝宽度/mm	尺寸标准	>15, ≤16	>16, ≤17	>17, ≤18	>18 或 <15		
		得分标准	5分	3分	2分	0分		
	焊缝宽度差/mm	尺寸标准	≤1.5	>1.5, ≤2	>2, ≤3	>3		
		得分标准	2.5分	1.5分	1分	0分		
	咬边/mm	尺寸标准	无咬边	深度<0.5 且长度≤10	深度<0.5, 长度>10～20	深度>0.5 或长度>20		
		得分标准	5分	3分	2分	0分		
	错变量/mm	尺寸标准	0	≤0.5	>0.5, ≤1	>1		
		得分标准	5分	3分	2分	0分		
	角变形/mm	尺寸标准	0～1	>1, ≤3	>3, ≤5	>5		
		得分标准	5分	3分	2分	0分		
	表面成形	标准	优	良	一般	差		
		得分标准	10分	6分	4分	0分		
反面	焊缝高度/mm	尺寸标准	0～3	>3 或 <0				
		得分标准	5分	0分				
	咬边	标准	无咬边		有咬边			
		得分标准	5分		0分			
	凹陷/mm	尺寸标准	无内凹	深度≤0.5	深度>0.5			
		得分标准	10分	每2mm长扣0.5分(最多扣10分)	0分			

续表

检查项目	评判标准及得分	评判等级				测量数值	实际得分
		I	II	III	IV		
焊缝内部质量检验	按射线检测标准 GB/T 3323.1—2019	I级片无缺陷/有缺陷	II级片	III级片	IV级片		
	40 分	40/35 分	30 分	20 分	0 分		
焊缝外观成形评判标准							

优	良	中	差
成形美观,焊缝均匀、细密,高低宽窄一致	成形较好,焊缝均匀、平整	成形尚可,焊缝平直	焊缝弯曲,高低、宽窄相差明显

注:试件焊接未完成的,表面修补及焊缝正反面有裂纹、夹渣、气孔、未熔合缺陷的,按 0 分处理。

任务三　不锈钢管对接垂直固定熔化极活性气体保护焊

✎ 学习目标及重点、难点

◎ 学习目标:能正确选择不锈钢管对接垂直固定熔化极活性气体保护(MAG)焊的焊接参数,掌握不锈钢管对接垂直固定熔化极活性气体保护焊的操作方法。

◎ 学习重点:安全文明生产操作规程,焊接图样的识读,不锈钢管垂直固定 MAG 焊的操作方法。

◎ 学习难点:不锈钢管对接垂直固定熔化极活性气体保护焊时焊接速度及焊枪角度。

▶ 焊接试件图（图 2-14）

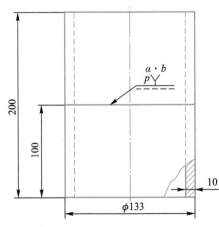

技术要求
1. 采用熔化极活性气体保护焊,单面焊双面成形。
2. 试件材料为06Cr19Ni10。
3. 焊接材料为ER308LSi,直径为1.0mm。
4. 根部间隙b=1.5~2.5mm,坡口角度α=60°±2°,钝边高度p=1mm。
5. 焊缝表面无缺陷,焊缝波纹均匀、宽窄一致、高低平整、焊缝与母材圆滑过渡,具体要求参照评分标准。

图 2-14　管对接垂直固定焊试件图

⚙ 工艺分析

　　MAG 焊可采用短路过渡、喷射过渡和脉冲喷射过渡进行焊接,能获得稳定的焊接性能和良好的焊接接头,可用于各种位置的焊接,尤其适用于碳钢、合金钢和不锈钢等黑色金属材料的焊接。在 Ar 中加入 O_2 的活性气体可用于碳钢、不锈钢等的焊接。其最大的优点是克服了以纯 Ar 为保护气体焊接不锈钢时存在的因液体金属黏度大、表面张力大而易产生气孔,因焊缝金属润湿性差而易引起咬边,因阴极斑点漂移而导致电弧不稳等问题。焊接高合金钢及强度级别较高的高强度钢时,O_2 的含量(体积分数)应控制在 1% ~ 5%。

　　管对接垂直固定焊(单面焊双面成形)和板对接横焊相似,焊缝处于空间位置,熔滴熔池容易下淌,易形成未熔合和焊瘤等缺陷。焊接时应采用较小的焊接参数,一般采用直线运条。

▶ **焊接操作**

一、焊前准备

　　(1)试件材料　06Cr19Ni10 不锈钢管两段,尺寸为 ϕ133 mm×100 mm×10 mm,如图 2-14 所示。

　　(2)焊接材料　ER308LSi 焊丝,直径为 1.2 mm;保护气体为氩气和氧气的混合气体,其中氩气占 98%,氧气占 2%。

　　(3)焊机　NB-350 型焊机,直流反接。

　　(4)焊前清理　将坡口两侧至少 20 mm 范围内的油污及其他污染物清理干净。

　　(5)装配定位　将两根不锈钢管放于水平放置的槽钢上,两管轴心对正,装配间隙为始焊处 1.5 mm,终焊处 2.5 mm。第一个定位点在 2 点位置,第二个点在 10 点位置,如图 2-15 所示。定位焊缝长度为 10 ~ 15 mm,要求焊透,反面成形良好,且要保证无缺陷。定位焊后,应将定位焊两端面打磨成斜面。管对接装配定位焊的焊接参数见表 2-7。

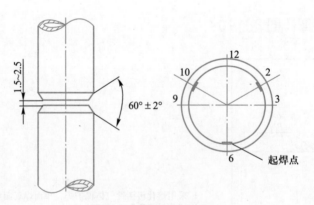

图 2-15　装配定位焊位置

表 2-7　管对接装配定位焊的焊接参数

焊材型号	焊材直径/mm	焊接电流/A	焊接电压/V	保护气体流量/(L/min)	焊丝伸出长度/mm
ER308LSi	ϕ1.2	130 ~ 150	23 ~ 24	15 ~ 20	10 ~ 15

二、焊接参数

不锈钢管对接垂直固定熔化极活性气体保护焊焊接工艺卡见表2-8。

表 2-8　不锈钢管对接垂直固定熔化极活性气体保护焊焊接工艺卡

焊接工艺卡		编号：			
材料牌号	06Cr19Ni10	接头简图			
材料规格/mm	ϕ133 ×100×10				
接头种类	对接				
坡口形式	V 形				
坡口角度	60°±2°				
钝边高度/mm	1				
根部间隙/mm	1.5 ~ 2.5				
焊接方法	MAG				
焊接设备	NB-350				
电源种类	直流	焊后热处理	种类	—	保温时间	—
电源极性	反接		加热方式	—	层间温度/℃	≤100
焊接位置	2G		温度范围	—	测量方法	—

接头简图：60°±2°，10，1，1.5~2.5

			焊接参数			
焊层	焊材型号	焊材直径 /mm	焊接电流 /A	焊接电压 /V	保护气体流量 /(L/min)	焊丝伸出长 度/mm
打底层	ER308LSi	ϕ1.2	120 ~ 140	22 ~ 24	15 ~ 20	10 ~ 15
填充层			140 ~ 160	24 ~ 26	15 ~ 20	10 ~ 15
盖面层			140 ~ 160	24 ~ 26	15 ~ 20	10 ~ 15

三、焊接过程

将装配好的钢管按垂直位置固定在操作平台或焊接胎具架上,先将接缝用胶布封好,接着在钢管的一端将进气管塞进海绵封头,然后在管内通纯氩气保护,气体流量为3 L/min。送氩气2 min后,再将另一端头用压敏黏胶纸封好,在压敏黏胶纸上开4～5个小孔,孔径为2～3 mm,让氩气流通,准备施焊。每焊一段接缝前,拆除该接缝上的胶布。

引弧前,应检查、清理导电嘴和焊嘴。应在坡口内引弧,决不允许在非焊接区引弧。

1. 打底层焊接

打底层焊接时,在右侧间隙最小处引弧,可采用小月牙形或小锯齿形上下摆动运条法,电弧摆动到坡口两侧时稍做停顿,注意随时调整焊枪角度,如图2-16所示。应把焊丝送入坡口根部,以电弧能将坡口两侧钝边完全熔化为好。认真观察熔池的温度、形状和熔孔的大小。焊完后,背面焊缝余高为0～3 mm。

要移动位置暂停焊接时,应按收弧要领操作。再次施焊时,应先将待焊处接缝上的胶布拆除。焊前应将收弧处修磨成斜坡并清理干净,并在斜坡上引弧。

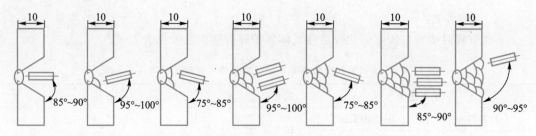

图 2-16　管对接垂直固定焊焊枪角度示意图

2. 填充焊

填充焊时,第一层填充层为两道焊缝,第二层填充层为三道焊缝。起焊位置应与打底层焊道接头错开,可采用直线形或小锯齿形上下摆动运条法。焊接电流应适当加大,注意随时调整焊枪角度。焊接时,后一道焊缝压前一道焊缝的 1/2,严格控制熔池温度,使焊层与焊道之间熔合良好。保证每层每道焊缝的厚度和平整度,焊完最后一层填充层焊缝时应比母材低 1 ~ 2 mm,以便盖面层焊接时能看清坡口,从而保证盖面层焊缝边缘平齐,焊缝与母材圆滑过渡。

3. 盖面层焊接

盖面层焊接为一层四道焊缝,焊接时,后一道焊缝压前一道焊缝的 1/2,注意随时调整焊枪角度,保持匀速焊接,保证每层每道焊缝的厚度和平整度。焊至最后一道焊缝时,应适当减小焊接电流,并适当加快焊接速度,使上坡口温度均衡,焊缝熔合良好、边缘平齐。焊完后的盖面层焊缝余高为 0 ~ 3 mm,焊缝应宽窄整齐、高低平整、波纹均匀一致、母材圆滑过渡。

师傅点拨

由于焊缝是圆形的,因此,操作人员需要移动位置来适应焊缝形状。焊前应将焊件固定在最适合自己的高度,同时选好自己的位置,尽量减少移动次数。

四、试件及现场清理

将焊好的试件用钢丝刷反复拉刷焊道,除去焊缝氧化层。严禁破坏焊缝原始表面,禁止用水冷却。

焊接结束后,首先关闭二氧化碳气瓶阀门,点动焊枪开关或焊机面板上的焊接检气开关,放掉减压器内的余气,然后关闭焊接电源。清扫场地,按规定摆放工具,整理焊接电缆,确认无安全隐患,并做好使用记录。

▶ **任务评价**

不锈钢管对接垂直固定熔化极活性气体保护焊评分表见表 2-9。

表 2-9　不锈钢管对接垂直固定熔化极活性气体保护焊评分表

试件编号		评分人				合计得分		
检查项目	评判标准及得分	评判等级				测量数值	实际得分	
		I	II	III	IV			
正面	焊缝余高 /mm	尺寸标准	0 ~ 1	>1,≤2	>2,≤3	>3 或<0		
		得分标准	10 分	4 分	4 分	0 分		

续表

检查项目		评判标准及得分	评判等级				测量数值	实际得分
			I	II	III	IV		
正面	焊缝高度差/mm	尺寸标准	≤1	>1,≤2	>2,≤3	>3		
		得分标准	5分	3分	2分	0分		
	焊缝宽度/mm	尺寸标准	>13,≤15	>15,≤16	>16,≤17	>17或<13		
		得分标准	10分	6分	4分	0分		
	焊缝宽度差/mm	尺寸标准	0~1.5	>1.5,≤2	>2,≤3	>3		
		得分标准	5分	3分	2分	0分		
	咬边/mm	尺寸标准	无咬边	深度<0.5且长度≤10	深度<0.5,长度>10~20	深度>0.5或长度>20		
		得分标准	5分	3分	2分	0分		
	表面成形	标准	优	良	一般	差		
		得分标准	10分	6分	4分	0分		
反面	焊缝高度/mm	尺寸标准	0~3	>3或<0				
		得分标准	2.5分	0分				
	咬边	标准	无咬边	有咬边				
		得分标准	2.5分	0分				
	凹陷/mm	尺寸标准	无内凹	深度≤0.5	深度>0.5			
		得分标准	10分	每2mm长扣0.5分(最多扣10分)	0分			
焊缝内部质量检验		按射线检测标准GB/T 3323.1—2019	I级片无缺陷/有缺陷	II级片	III级片	IV级片		
		40分	40/35分	30分	20分	0分		

焊缝外观成形评判标准

优	良	中	差
成形美观,焊缝均匀、细密,高低宽窄一致	成形较好,焊缝均匀、平整	成形尚可,焊缝平直	焊缝弯曲,高低、宽窄相差明显

注:试件焊接未完成的,表面修补及焊缝正反面有裂纹、夹渣、气孔、未熔合缺陷的,按0分处理。

▶ 任务四 不锈钢管对接水平固定熔化极活性气体保护焊

✍ 学习目标及重点、难点

◎ 学习目标：能正确选择不锈钢管对接水平固定熔化极活性气体保护（MAG）焊的焊接参数，掌握不锈钢管对接水平固定熔化极活性气体保护焊的操作方法。

◎ 学习重点：安全文明生产操作规程，焊接图样的识读，不锈钢管水平固定 MAG 焊的操作方法。

◎ 学习难点：不锈钢管对接水平固定熔化极活性气体保护焊时焊接速度及焊枪角度。

▶ 焊接试件图（图 2-17）

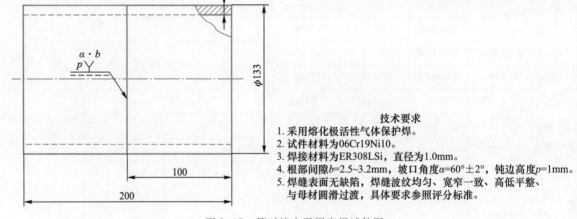

技术要求
1. 采用熔化极活性气体保护焊。
2. 试件材料为06Cr19Ni10。
3. 焊接材料为ER308LSi，直径为1.0mm。
4. 根部间隙b=2.5~3.2mm，坡口角度α=60°±2°，钝边高度p=1mm。
5. 焊缝表面无缺陷，焊缝波纹均匀、宽窄一致、高低平整、与母材圆滑过渡，具体要求参照评分标准。

图 2-17 管对接水平固定焊试件图

⚙ 工艺分析

管对接水平固定焊要经历仰焊、立焊、平焊，属于全位置焊接，难度较大。焊接时，熔滴和熔池金属在重力作用下容易下淌。焊接过程中应控制熔池的大小和温度，减少和防止液态金属下淌而产生焊瘤的情况，一般采用较小的焊接参数。焊接时焊枪的位置和角度随焊缝曲率变化而不断变化，焊接过程分为两个半周完成。要控制好熔孔的尺寸，以实现单面焊双面成形。同时，应控制好焊接速度，避免出现焊瘤、咬边等缺陷。

▶ 焊接操作

一、焊前准备

（1）试件材料 06Cr19Ni10 不锈钢管两段，尺寸为 $\phi133$ mm×100 mm×10 mm，如图 2-17 所示。

（2）焊接材料　ER308LSi 焊丝,直径为 1.2 mm;保护气体为氩气和氧气的混合气体,其中氩气占 98%,氧气占 2%。

（3）焊机　NB-350 型焊机,直流反接。

（4）焊前清理　将坡口两侧至少 20 mm 范围内的油污及其他污染物清理干净。

（5）装配定位　将两管放于水平放置的槽钢上,两管轴心对正,装配间隙为始焊处 2.5 mm,终焊处 3.2 mm。第一个定位点在 2 点位置,第二个点在 10 点位置,如图 2-18 所示。定位焊缝长度为 10～15 mm,要求焊透,反面成形良好,且要保证无缺陷。定位焊后,应将定位焊两端面打磨成斜面。装配定位焊的焊接参数见表 2-10。

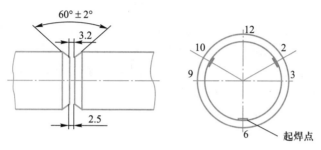

图 2-18　装配定位焊位置

表 2-10　管对接装配定位焊的焊接参数

焊材型号	焊材直径/mm	焊接电流/A	焊接电压/V	保护气体流量/(L/min)	焊丝伸出长度/mm
ER308LSi	φ1.2	130～150	23～25	15～20	10～15

二、焊接参数

不锈钢管对接水平固定熔化极活性气体保护焊焊接工艺卡见表 2-11。

表 2-11　不锈钢管对接水平固定熔化极活性气体保护焊焊接工艺卡

焊接工艺卡		编号:			
材料牌号	06Cr19Ni10	接头简图			
材料规格/mm	φ133 ×100×10				
接头种类	对接				
坡口形式	V 形				
坡口角度	60°±2°				
钝边高度/mm	1				
根部间隙/mm	2.5～3.2				
焊接方法	MAG				
焊接设备	NB-350				
电源种类	直流	焊后热处理	种类	—	保温时间	—
电源极性	反接		加热方式	—	层间温度/℃	≤100
焊接位置	2G		温度范围	—	测量方法	—

续表

焊接参数						
焊层	焊材型号	焊材直径 /mm	焊接电流 /A	焊接电压 /V	保护气体流量 /(L/min)	焊丝伸出长度 /mm
打底层		$\phi 1.2$	110 ~ 130	19 ~ 21	15 ~ 20	10 ~ 15
填充层	ER308LSi	$\phi 1.2$	130 ~ 150	23 ~ 25	15 ~ 20	10 ~ 15
盖面层		$\phi 1.2$	130 ~ 150	23 ~ 25	15 ~ 20	10 ~ 15

三、焊接过程

将装配好的钢管按水平位置固定在操作平台或焊接胎具架上,间隙小的在下方。先将接缝用胶布封好,接着在钢管的一端将进气管塞进海绵封头,然后在管内通纯氩气保护,气体流量为 3 L/min。送氩气 2 min 后,再将另一端头用压敏黏胶纸封好,在压敏黏胶纸上开 4 ~ 5 个小孔,孔径为 2 ~ 3 mm,让氩气流通,准备施焊。焊前拆除该接缝上的胶布。

引弧前,应检查、清理导电嘴和焊嘴。应在坡口内引弧,决不允许在非焊接区引弧。

1. 打底层焊接

采用连弧法进行焊接。先焊右半周,在钢管过圆周 6 点位置 10 mm 左右处引弧,开始焊接,焊枪做小幅度锯齿形摆动,焊枪角度如图 2-19 所示。摆动幅度不宜过大,只要看到坡口两侧母材金属熔化即可,焊丝摆到两侧应稍做停留。为了避免焊丝穿出熔池或出现未焊透,焊丝不能离开熔池,焊丝宜在熔池前半区域约 1/3 处做横向摆动,逐渐上升。焊枪前进的速度要视焊接位置而改变,立焊时,应使熔池有较多的冷却时间,以免产生焊瘤。既要控制熔孔尺寸均匀,又要避免出现熔池脱节现象。焊至 12 点处收弧,相当于平焊收弧。

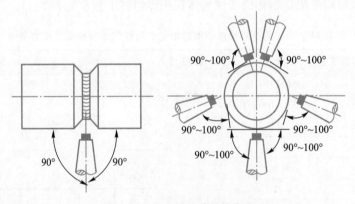

图 2-19 打底层焊接焊枪角度

焊左半周前,先将 6 点和 12 点处焊缝末端磨成斜坡状,长度为 10 ~ 20 mm。在打磨区域中过 6 点处引弧,引弧后拉回到打磨区端部开始焊接。按照打磨区域的形状摆动焊枪,焊接到打磨区极限位置时听到"噗"的击穿声后,说明背面成形良好。接着像焊右半周那样,焊接左半周,直到焊至距 12 点位置 10 mm 处时,焊丝改用直线形或极小幅度锯齿形摆动,焊过打磨区域后收弧。

2. 填充层焊接

焊接填充层前,应将打底层焊缝表面的飞溅物清理干净,并用角磨机将接头凸起处打磨平整。清理好焊嘴,调试好焊接参数后,即可进行焊接。

填充层分为两层,焊填充层的焊枪同打底层,焊丝宜在熔池中央 1/2 处左右摆动。采用锯齿形或月牙形摆动,如图 2-20 所示。焊丝在两侧稍做停留,在中央部位速度略快,摆动的幅度要参照打底层焊缝的宽度。

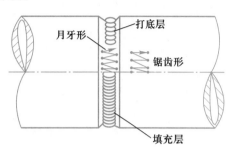

图 2-20　焊接填充层时焊丝的摆动

焊填充层后半周前,必须将前半周焊缝的始、末端打磨成斜坡形,尤其是 6 点位置更应注意。焊后半周的方法与前半周基本相同,主要是要求始、末端成形良好。焊填充层后,焊缝厚度应达到距钢管表面 1 ~ 2 mm,且不能将钢管坡口面边缘熔化。如果发现局部高低不平,则应填平磨齐。

3. 盖面层焊接

盖面层焊接前,应将填充层焊缝表面清理干净。焊接盖面层的操作方法与填充层相同,但焊枪横向摆动幅度应大于填充焊。保证熔池深入坡口每侧边缘棱角 0.5 ~ 1.5 mm。电弧在坡口边缘停留的时间应稍短,电弧回摆速度要缓慢。

接头时,引弧点要在焊缝中心的上方,引弧后稍做稳定,即将电弧拉向熔池中心进行焊接。焊接盖面层时,焊接速度要均匀,熔池深入坡口两侧的尺寸要一致,以保证焊缝成形美观。

🖱 师傅点拨

此焊接过程经过仰焊、立焊、平焊几种焊接位置,操作难度较大。焊接时,金属熔池所处的空间位置不断变化,焊枪角度也应随焊接位置的变化而不断调整。焊接要领归纳为"一看、二稳、三准、四匀":

看:看熔池并控制其大小,看熔池的位置。

稳:身体放松,呼吸自然,手稳,动作幅度小而稳。

准:定位焊位置准确,焊枪角度准确。

匀:焊条波纹均匀,焊缝宽窄均匀、高低均匀。

四、试件及现场清理

将焊好的试件用钢丝刷反复拉刷焊道,除去焊缝氧化层。严禁破坏焊缝原始表面,禁止用水冷却。

焊接结束后,首先关闭二氧化碳气瓶阀门,点动焊枪开关或焊机面板上的焊接检气开关,放掉减压器内的余气,然后关闭焊接电源。清扫场地,按规定摆放工具,整理焊接电缆,确认无安全隐患,并做好使用记录。

▶ **任务评价**

不锈钢管对接水平固定熔化极活性气体保护焊评分表见表 2-12。

表 2-12 不锈钢管对接水平固定熔化极活性气体保护焊评分表

试件编号			评分人			合计得分			
检查项目		评判标准及得分	评判等级				测量数值	实际得分	
			I	II	III	IV			
正面	焊缝余高/mm	尺寸标准	0~1	>1,≤2	>2,≤3	>3 或<0			
		得分标准	10分	4分	4分	0分			
	焊缝高度差/mm	尺寸标准	≤1	>1,≤2	>2,≤3	>3			
		得分标准	5分	3分	2分	0分			
	焊缝宽度/mm	尺寸标准	>13,≤15	>15,≤16	>16,≤17	>17 或<13			
		得分标准	10分	6分	4分	0分			
	焊缝宽度差/mm	尺寸标准	0~1.5	>1.5,≤2	>2,≤3	>3			
		得分标准	5分	3分	2分	0分			
	咬边/mm	尺寸标准	无咬边	深度<0.5且长度≤10	深度<0.5,长度>10~20	深度>0.5或长度>20			
		得分标准	5分	3分	2分	0分			
	表面成形	尺寸标准	优	良	一般	差			
		得分标准	10分	6分	4分	0分			
反面	焊缝高度/mm	尺寸标准	0~3	>3 或<0					
		得分标准	2.5分	0分					
	咬边	标准	无咬边	有咬边					
		得分标准	2.5分	0分					
	凹陷/mm	尺寸标准	无内凹	深度≤0.5	深度>0.5				
		得分标准	10分	每2mm长扣0.5分(最多扣10分)	0分				
焊缝内部质量检验		按射线检测标准GB/T 3323.1—2019	I级片无缺陷/有缺陷	II级片	III级片	IV级片			
		40分	40/35分	30分	20分	0分			

焊缝外观成形评判标准			
优	良	中	差
成形美观,焊缝均匀、细密,高低宽窄一致	成形较好,焊缝均匀、平整	成形尚可,焊缝平直	焊缝弯曲,高低、宽窄相差明显

注:试件焊接未完成的,表面修补及焊缝正反面有裂纹、夹渣、气孔、未熔合缺陷的,按0分处理。

任务五　低碳钢管板垂直固定二氧化碳气体保护焊

学习目标及重点、难点

◎ 学习目标：能正确选择低碳钢管板垂直固定二氧化碳气体保护焊的焊接参数，掌握低碳钢管板垂直固定二氧化碳气体保护焊的操作方法。

◎ 学习重点：安全文明生产操作规程，焊接图样的识读，管板垂直固定二氧化碳气体保护焊的操作方法。

◎ 学习难点：管板垂直固定二氧化碳气体保护焊操作。

▶ 焊接试件图（图2-21）

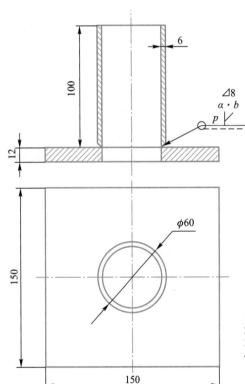

技术要求

1. 采用半自动二氧化碳气体保护焊。
2. 试件材料为Q235B，单边V形坡口，单边坡口面角度为50°。
3. 焊接层次为三层六道，焊缝尺寸$K=8$mm。
4. 焊缝表面无缺陷，焊缝波纹均匀、宽窄一致、高低平整，焊后无变形，具体要求参照评分标准。

图2-21　管板垂直固定焊试件图

工艺分析

与板板平角焊不同，管板垂直固定平角焊时，焊缝是有弧度的，焊枪在焊接过程中随焊缝弧度位置变化而变换角度进行焊接。由于管壁较薄、板壁较厚，如果焊条角度或运条操作不当，焊件受热不均匀，则在管侧易产生咬边和焊缝偏下缺陷，在板侧易产生夹渣、未焊透和未熔合等缺陷。因此，在焊接操作中应采用小直径的焊条、较小的焊接电流、合适的焊条角度及有节奏的断弧焊法进行焊接。

▶ **焊接操作**

一、焊前准备

（1）试件材料 Q235B，板材尺寸为 150 mm×150 mm×12 mm；管材尺寸为 $\phi60$ mm× 100 mm×4 mm，单边 V 形坡口，单边坡口角度为 50°，如图 2-21 所示。

（2）焊接材料 ER50-6 焊丝，直径为 1.2 mm；CO_2 气体的纯度要求达到 99.5%。

（3）焊机 NB-350 型焊机，直流反接。

（4）焊前清理 检查钢板平直度，并修复平整。将坡口两侧至少 20 mm 范围内的油污、铁锈及其他污染物清理干净，直至露出金属光泽。

（5）装配定位 按图 2-21 中的技术要求划装配定位线，将管和板装配成管板骑坐形式，取两点进行定位，装配定位焊示意图如图 2-22 所示，定位焊时电流不宜过大，其定位焊的焊接参数见表 2-13。定位焊管板间预留 3 mm 间隙，焊丝对准试件坡口根部引弧进行定位焊，定位焊点要求焊透，定位焊缝长度为 10～15 mm。

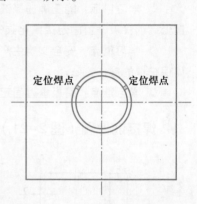

图 2-22 装配定位焊示意图

表 2-13 T 形接头装配定位焊的焊接参数

焊材型号	焊材直径/mm	焊接电流/A	焊接电压/V	保护气体流量/（L/min）	焊丝伸出长度/mm
ER50-6	ϕ1.2	100～120	18～20	12～15	12～18

二、焊接参数
T 形接头平角二氧化碳气体保护焊焊接工艺卡见表 2-14。

表 2-14 T 形接头平角二氧化碳气体保护焊焊接工艺卡

焊接工艺卡		编号：			
材料牌号	Q235B	接头简图			
材料规格/mm	板材：150×150×12 管材：ϕ60×100×6				
接头种类	T 形				
坡口形式	单边 V 形				
坡口角度	50°				
钝边高度/mm	1				
根部间隙/mm	3				
焊接方法	GMAW				
焊接设备	NB-350				
电源种类	直流	焊后热处理	种类	—	保温时间	—
电源极性	反接		加热方式	—	层间温度	—
焊接位置	2FG		温度范围	—	测量方法	—

续表

			焊接参数			
焊层	焊材型号	焊材直径 /mm	焊接电流 /A	焊接电压 /V	保护气体流量 /(L/min)	焊丝伸出长度/mm
打底层			80~90	17~19	12~15	10~15
填充层	ER50-6	ϕ1.2	100~120	18~21	12~15	10~15
盖面层			100~110	18~20	12~15	10~15

三、焊接过程

在定位焊的另一侧施焊,采用左向焊法,焊接层次为三层四道,焊道排列如图2-23所示。

1. 打底层焊接

在定位焊点上引燃电弧进行预热,焊丝与水平板的夹角为40°~50°,如图2-24所示。焊丝的前倾角为80°~85°,如图2-25所示。

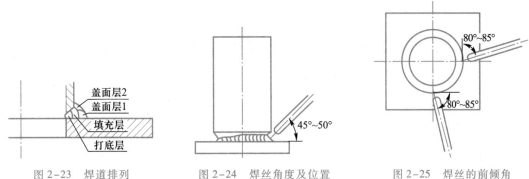

图2-23　焊道排列　　　　图2-24　焊丝角度及位置　　　　图2-25　焊丝的前倾角

打底层焊接时,要正确调节焊接电流与电弧电压,使两者相互匹配,以获得完美的焊缝成形。注意调整焊枪与管、板之间的角度,应把焊丝送入坡口根部,以电弧能将坡口侧钝边完全熔化为好,同时保证板侧熔合良好。焊枪在焊接过程中随焊缝弧度位置的变化而变换角度进行焊接,认真观察熔池的温度、形状和熔孔的大小。熔孔过大,则背面焊缝余高过高,甚至会产生焊瘤或烧穿缺陷;熔孔过小,坡口两侧根部易产生未焊透缺陷。焊完后的背面焊缝余高为0~3 mm。

打底层焊接时的注意事项:

① 电弧始终在预留间隙内做小幅度横向摆动,可采用锯齿形横向摆动运弧法,电弧摆动到坡口、板件处各稍做停顿,使熔孔直径比间隙大0.5~1 mm。焊接时,应根据间隙和熔孔直径的变化调整横向摆动幅度和焊接速度,尽可能维持熔孔直径不变,以获得宽窄和高低均匀的反面焊缝。

② 依靠电弧在坡口两侧的停留时间,保证坡口两侧熔合良好,使管板内部焊缝均匀成形,余高为0~3 mm,焊道表面平整。

③ 严格控制焊嘴的高度,电弧必须在离坡口底部2~3 mm处燃烧,保证打底层厚度不超过4 mm。

2. 填充层焊接

填充焊前应清除打底层焊渣,避免产生夹渣缺陷。填充焊时,焊接电流应适当加大,电弧横向摆动的幅度视坡口宽度的增大而加大。焊完最后的填充层焊缝应比焊脚小 2 ~ 3 mm，为盖面层焊接道留有余量。焊接速度应适宜，以保证管、板间焊缝熔合良好、平滑过渡。

焊接过程中，应根据熔池温度及熔合状态，随时调整焊枪角度、摆动形式、摆动幅度、焊接速度等，使焊道宽度各处相等、焊趾圆滑、焊道与焊道间熔合良好。

3. 盖面层焊接

盖面层焊接时，采用两道焊，注意保持焊枪角度正确，防止管壁一侧产生咬边缺陷。电弧摆动到坡口两侧时应稍做停顿，使坡口两侧温度均衡，焊缝熔合良好、边缘平直。焊缝应宽窄一致、高低平整、波纹均匀。

调试好盖面层焊接的焊接参数后，先焊板上第一道焊缝，再焊管上第二道焊道，需要注意以下事项：

① 保持焊嘴高度，焊接熔池边缘应超过坡口棱边 0.5 ~ 1.5 mm，并防止咬边。

② 焊枪横向摆动幅度应比填充焊时稍大，尽量保持焊接速度均匀，使焊缝外形美观。

③ 收弧时一定要填满弧坑，并且收弧弧长要短，以免产生弧坑裂纹。

师傅点拨

① 施焊过程中要灵活掌握焊接速度，防止产生未熔合、气孔、咬边等缺陷。

② 熄弧时禁止突然切断电源，在弧坑处必须稍做停留填满弧坑，以防止产生裂纹和气孔。

③ 当板厚不同时，应使电弧偏向厚板一侧，正确调整焊枪角度，以防止产生咬边、焊缝下垂缺陷，保持焊脚尺寸。

四、试件及现场清理

将焊好的试件用钢丝刷反复拉刷焊道，除去焊缝氧化层。严禁破坏焊缝原始表面，禁止用水冷却。

焊接结束后，首先关闭二氧化碳气瓶阀门，点动焊枪开关或焊机面板上的焊接检气开关，放掉减压器内的余气，然后关闭焊接电源。清扫场地，按规定摆放工具，整理焊接电缆，确认无安全隐患，并做好使用记录。

▶ 任务评价

低碳钢管板垂直固定二氧化碳气体保护焊评分表见表 2-15。

表 2-15　低碳钢管板垂直固定二氧化碳气体保护焊评分表

试件编号		评分人			合计得分		
检查项目	评判标准及得分	评判等级				测量数值	实际得分
		Ⅰ	Ⅱ	Ⅲ	Ⅳ		
正面 焊脚尺寸/mm	尺寸标准	≥7，≤8	>8，≤9	>9，≤10	>10		
	得分标准	10 分	6 分	4 分	0 分		

续表

检查项目		评判标准及得分	评判等级				测量数值	实际得分
			I	II	III	IV		
正面	焊脚尺寸差/mm	尺寸标准	0~1	>1,≤2	>2,≤4	>3		
		得分标准	5分	3分	2分	0分		
	焊缝凸度/mm	尺寸标准	0~1	>1,≤2	>2,≤3	>3		
		得分标准	10分	6分	4分	0分		
	垂直度误差/mm	尺寸标准	0~1	>1,≤2	>2,≤3	>3		
		得分标准	5分	3分	2分	0分		
	咬边/mm	尺寸标准	0	深度≤0.5且长度≤15	深度≤0.5,长度>15,≤30	深度>0.5或长度>30		
		得分标准	10分	6分	4分	0分		
	表面成形	尺寸标准	优	良	一般	差		
		得分标准	10分	6分	4分	0分		
反面	焊缝凹陷/mm	尺寸标准	0~0.5	>0.5,≤1	>1,≤2	>2		
		得分标准	5分	3分	2分	0分		
	焊缝凸起/mm	尺寸标准	0~1	>1,≤2	>2,≤3	>3		
		得分标准	5分	3分	2分	0分		
宏观金相	根部熔深/mm	尺寸标准	>1	>0.5,≤1	>0,≤0.5	未熔		
		得分标准	16分	8分	4分	0分		
	条状缺陷/mm	尺寸标准	无	<1	>1,≤1.5	≥1.5		
		得分标准	12分	8分	4分	0分		
	点状缺陷/mm	尺寸标准	无	<φ1数目:1个	<φ1数目:2个	>φ1或数目>2个		
		得分标准	12分	8分	4分	0分		

焊缝外观成形评判标准

优	良	中	差
成形美观,焊缝均匀、细密,高低宽窄一致	成形较好,焊缝均匀、平整	成形尚可,焊缝平直	焊缝弯曲,高低、宽窄相差明显

注:试件焊接未完成的,表面修补及焊缝正反面有裂纹、夹渣、气孔、未熔合缺陷的,按0分处理。

 任务六　低碳钢管板水平固定二氧化碳气体保护焊

学习目标及重点、难点

◎ 学习目标:能正确选择低碳钢管板水平固定二氧化碳气体保护焊的焊接参数,掌握低碳钢管板水平固定二氧化碳气体保护焊的操作方法。

◎ 学习重点:安全文明生产操作规程,焊接图样的识读,管板水平固定二氧化碳气体保护焊的操作方法。

◎ 学习难点:管板水平固定二氧化碳气体保护焊焊接操作。

▶ 焊接试件图（图 2-26）

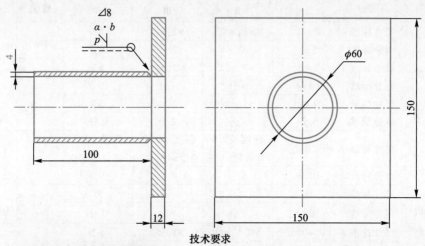

技术要求

1. 采用半自动二氧化碳气体保护焊。
2. 试件材料为Q235B，根部间隙b=3mm，单边V形坡口，坡口角度α=50°，钝边高度p=1mm。
3. 焊接层次为三层四道，焊脚尺寸K=8mm。
4. 焊缝表面无缺陷，焊缝波纹均匀、宽窄一致、高低平整，焊后无变形，具体要求参照评分标准。

图 2-26　管板水平固定焊试件图

工艺分析

　　管板水平固定全位置单面焊双面成形焊接时，如果电弧过长、焊条角度不正确或焊接电流偏大，会导致管侧焊缝凸度过大、孔板侧咬边等缺陷。在仰焊位焊接时，如果运条速度过快、焊条角度不正确或焊接电流过小，会使熔渣与熔池混淆不清，熔渣来不及浮出，容易产生夹渣和未熔合等缺陷。在立焊位焊接时，如果焊接电流过大或运条速度过慢，也容易产生焊瘤。

▶ 焊接操作

一、焊前准备

（1）试件材料　Q235B，板材尺寸为 150 mm×150 mm×12 mm，管材尺寸为 ϕ60 mm×100 mm×4 mm，单边 V 形坡口，单边坡口角度为50°，如图 2-26 所示。

（2）焊接材料　ER50-6 焊丝，直径为 1.2 mm；CO_2 气体的纯度要求达到99.5%。

（3）焊机　NB-350 型焊机，直流反接。

（4）焊前清理　检查钢板平直度，并修复平整。将坡口两侧至少 20 mm 范围内的油污、铁锈及其他污染物清理干净，直至露出金属光泽。

（5）装配定位　将管和板装配成管板骑坐形式，管板间预留 3 mm 间隙，分别在顺时针 2 点和 10 点位置进行定位，自 7 点（5 点）位置起焊。定位焊缝长度为 10～15 mm。装配定位焊示意图如图 2-27 所示，注意定位焊时的电流不宜过大，参数见表 2-16。焊丝对准试件坡口根部引弧进行定位焊，定位焊点要求焊透。

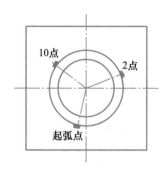

图 2-27　装配定位焊示意图

表 2-16　管板水平装配定位焊的焊接参数

焊材型号	焊材直径/mm	焊接电流/A	焊接电压/V	保护气体流量/(L/min)	焊丝伸出长度/mm
ER50-6	φ1.2	100～120	18～20	12～15	12～18

二、焊接参数

低碳钢管板水平固定二氧化碳气体保护焊焊接工艺卡见表 2-17。

表 2-17　低碳钢管板水平固定二氧化碳气体保护焊焊接工艺卡

焊接工艺卡		编号：			
材料牌号	Q235B	接头简图			
材料规格/mm	板材：150×150×12 管材：φ60×100×4				
接头种类	T 形				
坡口形式	单边 V 形				
坡口角度	50°				
钝边高度/mm	1				
根部间隙/mm	3				
焊接方法	GMAW				
焊接设备	NB-350				
电源种类	直流	焊后热处理	种类	—	保温时间	—
电源极性	反接		加热方式	—	层间温度	—
焊接位置	5FG		温度范围	—	测量方法	—

			焊接参数			
焊层	焊材型号	焊材直径/mm	焊接电流/A	焊接电压/V	保护气体流量/(L/min)	焊丝伸出长度/mm
打底层			80～90	17～18	12～15	10～15
填充层	ER50-6	φ1.2	100～120	17～19	12～15	10～15
盖面层			100～110	17～19	12～15	10～15

三、焊接过程

焊接方向为自下而上，分两个半周完成。焊接层次为三层四道，焊枪角度如图 2-28 所示,焊道排列如图2-29所示。

1. 打底层焊接

正确调节焊接电流与电弧电压,使两者相互匹配,以获得完美的焊缝成形。可采用锯齿形横向摆动运条法,电弧摆动到坡口两侧时稍做停顿,注意调整焊枪与管、板之间的角度,应把焊丝送入坡口根部,以电弧能将坡口两侧钝边完全熔化为好。认真观察熔池的温度、形状和熔孔的大小。熔孔过大,则背面焊缝余高过高,甚至会产生焊瘤或烧穿缺陷;熔孔过小,坡口两侧根部易产生未焊透缺陷。焊完后的背面焊缝余高为 0 ~ 3 mm。

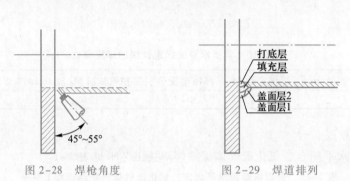

图2-28　焊枪角度　　　　　图2-29　焊道排列

打底层焊接时的注意事项:

① 电弧始终在坡口内做小幅度横向摆动,并在坡口两侧稍微停留,使熔孔直径比间隙大 0.5 ~ 1 mm。焊接时,应根据根部间隙和熔孔直径的变化调整横向摆动幅度和焊接速度,尽可能维持熔孔直径不变,以获得宽窄和高低均匀的反面焊缝。

② 依靠电弧在坡口两侧的停留时间,保证坡口两侧熔合良好,使管板内部焊缝均匀成形,余高为 0 ~ 3 mm,焊道表面平整。

③ 严格控制焊嘴的高度,电弧必须在离坡口底部 2 ~ 3 mm 处燃烧,保证打底层厚度不超过 4 mm。

2. 填充层焊接

填充焊前应清除打底层焊渣,避免产生夹渣缺陷。填充焊时,焊接电流应适当加大,电弧横向摆动的幅度视坡口宽度的增大而加大。焊完最后的填充层焊缝应比焊脚小 2 ~ 3 mm,为盖面焊道留有余量。焊接速度应适宜,以保证管、板间焊缝熔合良好、平滑过渡。

焊接过程中应根据熔池温度及熔合状态,随时调整焊枪角度、摆动形式、摆动幅度、焊接速度等,使焊道宽度各处相等、焊趾圆滑、焊道与焊道间熔合良好。

3. 盖面层焊接

盖面层焊接时,采用两道焊,注意保持焊枪角度正确,防止管壁一侧产生咬边缺陷。电弧摆动到坡口两侧时应稍做停顿,使坡口两侧温度均衡,焊缝熔合良好、边缘平直。焊缝应宽窄一致、高低平整、波纹均匀。

调试好盖面层焊接的焊接参数后,先焊板上第一道焊缝,再焊管上第二道焊道,需要注意以下事项:

① 保持焊嘴高度,焊接熔池边缘应超过坡口棱边 0.5 ~ 1.5 mm,并防止咬边。

② 焊枪横向摆动幅度应比填充焊时稍大,尽量保持焊接速度均匀,使焊缝外形美观。

③ 收弧时一定要填满弧坑,并且收弧弧长要短,以免产生弧坑裂纹。

师傅点拨

管板水平固定焊接,包括仰焊、立焊、平焊三种焊接位置。焊接时焊丝角度要随着各种位置的变化而不断调整,每条焊道焊接前,必须把前一层焊道的焊渣及飞溅清理干净,焊道接头处打磨平整,避免产生咬边等缺陷。

四、试件及现场清理

将焊好的试件用钢丝刷反复拉刷焊道,除去焊缝氧化层。严禁破坏焊缝原始表面,禁止用水冷却。

焊接结束后,首先关闭二氧化碳气瓶阀门,点动焊枪开关或焊机面板上的焊接检气开关,放掉减压器内的余气,然后关闭焊接电源。清扫场地,按规定摆放工具,整理焊接电缆,确认无安全隐患,并做好使用记录。

▶ 任务评价

管板水平固定二氧化碳气体保护焊评分表见表2–18。

表2–18　管板水平固定二氧化碳气体保护焊评分表

试件编号		评分人			合计得分			
检查项目	评判标准及得分	评判等级				测量数值	实际得分
		I	II	III	IV		
正面	焊脚尺寸/mm	尺寸标准	≥7,≤8	>8,≤9	>9,≤10	>10		
		得分标准	10分	6分	4分	0分		
	焊脚尺寸差/mm	尺寸标准	0~1	>1,≤2	>2,≤4	>3		
		得分标准	5分	3分	2分	0分		
	焊缝凸度/mm	尺寸标准	0~1	>1,≤2	>2,≤3	>3		
		得分标准	10分	6分	4分	0分		
	垂直度误差/mm	尺寸标准	0~1	>1,≤2	>2,≤3	>3		
		得分标准	5分	3分	2分	0分		
	咬边/mm	尺寸标准	0	深度≤0.5且长度≤15	深度≤0.5,长度>15~30	深度>0.5或长度>30		
		得分标准	10分	6分	4分	0分		
	表面成形	标准	优	良	一般	差		
		得分标准	10分	6分	4分	0分		
反面	焊缝凹陷/mm	尺寸标准	0~0.5	>0.5,≤1	>1,≤2	>2		
		得分标准	5分	3分	2分	0分		
	焊缝凸起/mm	尺寸标准	0~1	>1,≤2	>2,≤3	>3		
		得分标准	5分	3分	2分	0分		

续表

检查项目		评判标准及得分	评判等级				测量数值	实际得分
			I	II	III	IV		
宏观金相	根部熔深/mm	尺寸标准	>1	>0.5,≤1	>0,≤0.5	未熔		
		得分标准	16分	8分	4分	0分		
	条状缺陷/mm	尺寸标准	无	<1	>1,≤1.5	>1.5		
		得分标准	12分	8分	4分	0分		
宏观金相	点状缺陷	标准	无	<ϕ1 数目:1个	<ϕ1 数目:2个	>ϕ1 或 数目>2个		
		得分标准	12分	8分	4分	0分		

焊缝外观成形评判标准

优	良	中	差
成形美观,焊缝均匀、细密,高低宽窄一致	成形较好,焊缝均匀、平整	成形尚可,焊缝平直	焊缝弯曲,高低、宽窄相差明显

注:试件焊接未完成的,表面修补及焊缝正反面有裂纹、夹渣、气孔、未熔合缺陷的,按0分处理。

项目三　钨极氩弧焊技能训练

任务一　低合金高强度钢板对接立焊钨极氩弧焊

学习目标及重点、难点

◎ 学习目标：能正确选择低合金高强度钢板对接立焊钨极氩弧焊的焊接参数，掌握低合金高强度钢板对接立焊钨极氩弧焊的操作方法。

◎ 学习重点：低合金高强度钢板对接立焊钨极氩弧焊的焊接工艺。

◎ 学习难点：低合金高强度钢板对接立焊钨极氩弧焊单面焊双面成形操作技术。

▶ 焊接试件图（图 3-1）

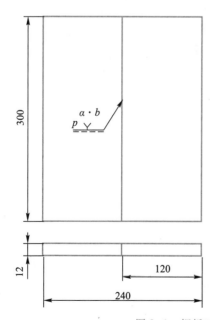

技术要求
1. 单面焊双面成形。
2. 试件材料为06Cr19Ni10，60°V形坡口。
3. 根部间隙及钝边高度自定。
4. 接头形式为板对接，焊接位置为立焊。

图 3-1　钢板对接立焊试件图

工艺分析

　　板对接立焊钨极氩弧焊时,焊枪角度和电弧长短不易保持,熔池金属下坠趋势较明显,焊缝成形不好,易出现焊瘤和咬边等缺陷。因此,焊接过程中要控制好熔池的温度,选用较小的焊接电流和较细的填充焊丝,电弧不宜拉得太长,焊枪下倾角度不能太小。焊丝送进方向以操作者顺手为原则,其端部不能离开保护区;焊枪多采用反月牙形摆动,通过焊枪的移摆与填充焊丝的协调配合,可获得良好的焊缝成形。

▶ 焊接操作

一、焊前准备

　　(1)试件材料　Q355R 钢板两块,尺寸为 300mm×120 mm×12 mm,坡口尺寸如图 3-1 所示。

　　(2)焊接材料　ER50-6 焊丝,直径为 2.5 mm;电极为铈钨极,直径为 2.5 mm;保护气体为氩气,纯度不低于 99.99%。

　　(3)焊机　WSE-300 型焊机,直流正接。

　　(4)焊前清理　将坡口及其两侧 20 mm 范围内的铁锈、油污、氧化物等清理干净,使其露出金属光泽。同时,焊接坡口应保持平整,不得有裂纹、分层、夹杂等缺陷。

　　(5)装配定位　装配间隙为 2.5 ~ 3.5 mm,错边量不大于 0.5 mm;定位焊缝位置如图 3-2 所示,焊缝长度 10 mm 左右,定位焊点两端应先打磨成斜坡状,以利于接头。

二、焊接参数

　　低合金高强度钢板对接立焊钨极氩弧焊焊接工艺卡见表 3-1。

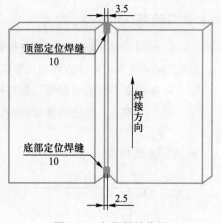

图 3-2　定位焊缝位置

表 3-1　低合金高强度钢板对接立焊钨极氩弧焊焊接工艺卡

焊接工艺卡		编号:
材料型号	Q355R	接头简图
材料规格/mm	300×120×12,2 块	
接头种类	对接	
坡口形式	V 形	
坡口角度	60°	
钝边高度/mm	0.5 ~ 1.0	
根部间隙/mm	2.5 ~ 3.5	
焊接方法	GTAW	
焊接设备	WSE-300	

续表

电源种类	直流	焊后热处理	种类	—	保温时间	—
电源极性	正接		加热方式	—	层间温度/℃	≤250
焊接位置	3G		温度范围	—	测量方法	—

焊接参数						
焊层	焊丝牌号	焊丝直径/mm	焊接电流/A	焊接电压/V	保护气体流量/(L/min)	钨极直径/mm
打底层			90~100	12~16	8~10	φ2.5
填充层	ER50-6	φ2.5	100~110	12~16	8~10	φ2.5
盖面层			95~110	12~16	8~10	φ2.5

三、焊接过程

1. 打底层焊接

① 为了确保熔池保护良好,引弧前应提前送气 5~10 s,然后将焊枪焊嘴以 45°位置斜靠在坡口内,使钨极端部离母材表面 2~3 mm,然后再引弧。引弧后,先对钢板进行预热,待钢板达到熔融状态时,即可开始进行打底层焊接。

② 焊枪在始焊端定位焊缝处引燃电弧(钨极端部距熔池的高度为 2 mm,太低则易和熔池、焊丝相碰,形成短路;太高则氩气对熔池的保护效果不好),不加或少加焊丝,焊枪在定位焊缝处稍做停留,待加热部分熔化并形成熔孔后,再填加焊丝进行向上焊接。焊枪做"Z"字形窄幅摆动或者反月牙形摆动,摆动动作要平稳,并在坡口两侧稍做停留,以保证两侧熔合良好。焊接时,应注意随时观察熔孔的大小(若发现熔孔不明显,则应暂停送丝,待出现熔孔后再送丝,以避免产生未焊透缺陷;若熔孔过大,则熔池有下坠现象,应利用电流衰减功能来控制熔池温度,以减小熔孔,避免焊缝背面成形过高)。焊枪向上移动的速度要合适,熔池形状以接近椭圆形为佳。打底层焊接操作顺序如图 3-3 所示。

③ 焊丝与焊枪的运动要配合协调,应同步移动。根据根部间隙的大小,焊丝与焊枪可同步直线向上焊接或小幅度左右平行摆动向上施焊。

④ 收弧时,要防止弧坑产生裂纹和缩孔,可采用电流衰减功能,逐渐降低熔池的温度,同时延长氩气对弧坑的保护作用,直至熔池冷却。

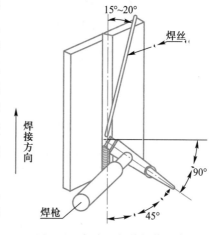

图 3-3　打底层焊接操作顺序

2. 填充层焊接

① 焊接前先对打底层焊缝进行清理。

② 填充层的接头应与打底层的接头错开。接头时,电弧的引燃位置应在弧坑前 5~8 mm 处,引燃电弧后,焊枪端部做横向窄幅摆动,并稍加焊丝使接头平整,随后转入正常焊接。焊接填充层时,焊接电流应稍大于打底层焊接时的电流,焊丝、焊枪与焊件的夹角与打底层焊接时相同,如图 3-4 所示。

③ 由于填充层焊缝逐渐变宽,焊枪做"Z"字形或反月牙形摆动的幅度应比打底层焊接时稍大一些,摆动到坡口两侧应稍做停顿,使坡口两侧充分熔化,以保证熔合良好。

④ 填充层焊缝应比焊件表面低 1 mm 左右,保持坡口边缘的原始状态,不能熔化坡口的上棱边,为盖面层的焊接打好基础。

3. 盖面层焊接

① 先清理填充层焊缝,再进行盖面层焊接,其操作方法、焊接参数与填充层的焊接基本相同,如图 3-5 所示。

② 接头方法与打底层焊接时不同的是,在熔池前 10 ~ 15 mm 处引弧,摆动要有规律,焊丝要适量,使接头处的焊缝过渡圆滑,保持焊缝的一致效果,防止出现焊瘤等缺陷。

③ 盖面层焊接时,焊枪的摆动幅度比填充焊时稍大,其余与打底层焊接相同。焊接时应保证熔池熔化坡口两侧棱边 0.5 ~ 1.5 mm,并压低电弧,避免产生咬边,同时应根据焊缝的余高确定焊丝的送进速度。

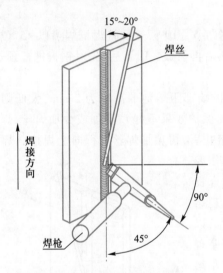
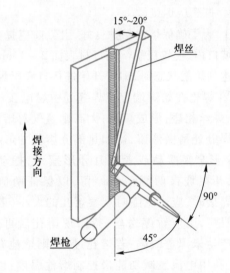

图 3-4 填充层焊接操作顺序　　图 3-5 盖面层焊接操作顺序

📧 **师傅点拨**

① 焊接下一层前,应对上一层焊缝进行清理,并打磨掉焊道上的局部凸起。

② 焊接过程中一定要控制好焊枪角度和焊丝位置。

③ 焊枪做"Z"字形或反月牙形摆动时,到坡口两侧应稍做停顿,使坡口两侧熔合良好。

四、试件清理与质量检验

① 将焊好的试件用钢丝刷反复拉刷焊道,除去焊缝氧化层。严禁破坏焊缝原始表面,禁止用水冷却。

② 对焊缝表面质量进行目视检验,使用 5 倍放大镜观察表面是否存在缺陷,并使用焊接检验尺对焊缝进行测量,应满足相关要求。焊缝试件外观质量检验合格后,应进行无损检测。

五、现场清理

焊接结束后,首先关闭氩气瓶阀门,点动焊枪开关或焊机面板上的焊接检气开关,放掉减压器内的余气,然后关闭焊接电源。清扫场地,按规定摆放工具,整理焊接电缆,确认无安全隐患,并做好使用记录。

▶ 任务评价

低合金高强度钢板对接立焊钨极氩弧焊评分表见表3-2。

表3-2　低合金高强度钢板对接立焊钨极氩弧焊评分表

试件编号		评分人			合计得分		
检查项目	评判标准及得分	评判等级				测量数值	实际得分
		I	II	III	IV		
焊缝余高/mm	尺寸标准	0 ~ 1	>1, ≤2	>2, ≤3	<0, >3		
	得分标准	4分	3分	1分	0分		
焊缝高度差/mm	尺寸标准	0 ~ 1	>1, ≤2	>2, ≤3	>3		
	得分标准	8分	4分	2分	0分		
焊缝宽度/mm	尺寸标准	>15, ≤16	>13, ≤15 或 >16, ≤17	>12, ≤13 或 >17, ≤18	<12 或 >18		
	得分标准	4分	3分	1分	0分		
焊缝宽度差/mm	尺寸标准	0 ~ 1	>1, ≤2	>2, ≤3	>3		
	得分标准	8分	4分	2分	0分		
咬边/mm	尺寸标准	无咬边	深度≤0.5		深度>0.5		
	得分标准	12分	每5mm长扣2分		0分		
正面成形	标准	优	良	中	差		
	得分标准	8分	4分	2分	0分		
背面成形	标准	优	良	中	差		
	得分标准	6分	4分	2分	0分		
背面凹/mm	尺寸标准	0 ~ 0.5	>0.5, ≤1	>1, ≤2	长度>30		
	得分标准	2分	1分	0分	0分		
背面凸/mm	尺寸标准	0 ~ 1	>1, ≤2	>2			
	得分标准	2分	1分	0分			
角变形/mm	尺寸标准	0 ~ 1	>1, ≤3	>3, ≤5	>5		
	得分标准	4分	3分	1分	0分		
错边量/mm	尺寸标准	0 ~ 0.5	>0.5, ≤1	>1			
	得分标准	2分	1分	0分			
外观缺陷记录							
焊缝内部质量检验	按射线检测标准 GB/T 3323.1—2019	I级片无缺陷/有缺陷	II级片无缺陷/有缺陷	III级片			
	40分	40分/36分	28分/16分	0分			
焊缝外观(正面、背面)成形评判标准							
优		良		中		差	
成形美观,焊缝均匀、细密,高低宽窄一致		成形较好,焊缝均匀、平整		成形尚可,焊缝平直		焊缝弯曲,高低、宽窄相差明显	

注:试件焊接未完成的,表面修补及焊缝正反面有裂纹、夹渣、气孔、未熔合缺陷的,按0分处理。

任务二　不锈钢板对接横焊钨极氩弧焊

学习目标及重点、难点

◎ 学习目标：能正确选择不锈钢板对接横焊钨极氩弧焊的焊接参数，掌握不锈钢板对接横焊钨极氩弧焊的操作方法。

◎ 学习重点：不锈钢板对接横焊钨极氩弧焊的焊接工艺。

◎ 学习难点：不锈钢板对接横焊钨极氩弧焊单面焊双面成形操作技术。

▶ 焊接试件图（图3-6）

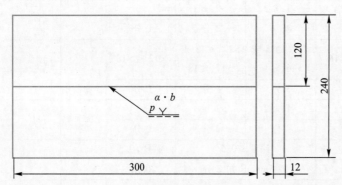

技术要求
1. 单面焊双面成形。
2. 试件材料为06Cr19Ni10，60°V形坡口。
3. 根部间隙及钝边高度为0~1mm。
4. 接头形式为板对接，焊接位置为横焊。

图 3-6　板对接横焊试件图

🔧 工艺分析

　　板对接横焊钨极氩弧焊时，焊件处于垂直状态，焊接方向与水平面平行。焊接时，要注意掌握好焊枪和填充焊丝的水平角度及垂直角度，如果焊枪角度掌握得不好或送丝跟不上，则可能出现上部咬边、下侧易下坠的问题，造成未熔合和成形不良等缺陷。因此，应采用较小的焊接电流和多层多道焊工艺进行焊接，这对于抑制熔池金属的下淌倾向具有良好的效果。焊接过程中，通过选择合适的电弧电压、送丝速度、焊枪摆动，可获得良好的焊缝成形。

▶ 焊接操作

一、焊前准备

　　（1）试件材料　06Cr19Ni10 不锈钢板两块，尺寸为 300 mm×120 mm×6 mm，坡口尺寸如图 3-6 所示。

　　（2）焊接材料　ER308（H08Cr21Ni10Si）焊丝，直径为 2.0 mm；电极为铈钨极，直径为 2.5 mm；保护气体为氩气，纯度不低于 99.99%。

　　（3）焊机　WSE-300 型焊机，直流正接。

　　（4）焊前清理　采用丙酮等有机溶剂清除焊丝和工件坡口及其两侧至少 20 mm 范围内

的油污、水分、灰尘、氧化皮等。

（5）装配定位　装配间隙为 2.5 ~ 3.5 mm,错边量不小于 0.5 mm;两点定位(始端和终端如图 3-7 所示),焊缝长度约 10 mm,定位焊点两端应先打磨成斜坡状,以利于接头。

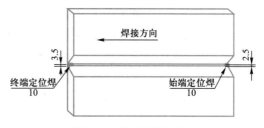

图 3-7　定位焊缝位置图

二、焊接参数

不锈钢板对接横焊钨极氩弧焊焊接工艺卡见表 3-3。

表 3-3　不锈钢板对接横焊钨极氩弧焊焊接工艺卡

焊接工艺卡		编号:				
材料型号	06Cr19Ni10	接头简图				
材料规格/mm	300×120×6,两块					
接头种类	对接					
坡口形式	V 形					
坡口角度	60°					
钝边高度/mm	0.5 ~ 1.0					
根部间隙/mm	2.5 ~ 3.5					
焊接方法	GTAW					
焊接设备	WSE-300					
电源种类	直流	焊后热处理	种类	—	保温时间	—
电源极性	正接		加热方式	—	层间温度/℃	≤100
焊接位置	2G		温度范围	—	测量方法	—
焊接参数						
焊层	焊丝型号	焊丝直径/mm	焊接电流/A	焊接电压/V	保护气体流量/(L/min)	钨极直径/mm
打底层	ER308	ϕ2.0	80 ~ 90	12 ~ 16	8 ~ 10	ϕ2.5
填充层			95 ~ 105	12 ~ 16	8 ~ 10	ϕ2.5
盖面层			90 ~ 100	12 ~ 16	8 ~ 10	ϕ2.5

三、焊接过程

1. 打底层焊接

① 为了确保熔池保护作用良好,引弧前应提前送气 5 ~ 10 s,然后将焊枪与焊件间的夹角调整至 70° ~ 80°,焊丝与焊件间的夹角调整至 10° ~ 20°,使钨极端部离母材表面 2 ~ 3 mm,然后再引弧,如图 3-8 所示。在始焊端定位焊缝上引燃电弧,引燃电弧后先不填加焊丝,焊枪在定位焊缝处稍停留,待加热部分熔化并形成熔孔后,再填加焊丝进行焊接。

② 焊接时,焊枪做小幅度锯齿形摆动,摆动动作要平稳,并在坡口两侧稍做停留,以保证两侧熔合良好。焊接过程中,应随时观察熔孔的大小(若发现熔孔不明显,则应暂停送丝,

待出现熔孔后再送丝,避免产生未焊透缺陷;若熔孔过大,则熔池有下坠现象,应利用电流衰减功能来控制熔池温度,以减小熔孔,避免焊缝背面成形过高)。焊枪水平移动的速度要合适,熔池形状以接近椭圆形为佳。为保证焊接时焊枪摆动的稳定性,可将焊嘴轻贴在焊件的上、下坡处进行焊接。焊接过程中,要严格控制焊枪与焊件、焊丝与焊件的角度,否则极易形成熔池金属下坠、熔合不良等缺陷。

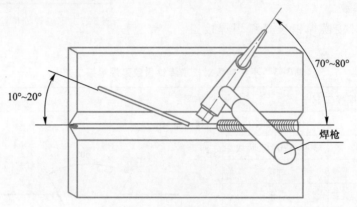

图 3-8　打底层焊接操作顺序

③ 接头时要检查弧坑处有无缺陷,如果没有焊接缺陷,便可直接接头;如果有缺陷,应将缺陷彻底清除,并将前端打磨成斜面,然后在弧坑后面 10~15 mm 处引弧,缓慢向前移动,待弧坑处开始熔化形成熔池和熔孔后,再继续填丝焊接。

④ 收弧时,要防止弧坑产生裂纹和缩孔,可采用电流衰减功能,逐渐降低熔池的温度,同时延长氩气对弧坑的保护作用,直至熔池冷却。

2. 填充层焊接

① 焊接前先对打底层焊缝进行清理。

② 填充层的接头应与打底层的接头错开。接头时,电弧的引燃位置应在弧坑前 5~8 mm 处,引燃电弧后,焊枪的摆动幅度比打底层焊接时稍大些,并稍加焊丝使接头平整,随后转入正常焊接。焊接填充层时,焊接电流应稍大于打底层焊接,焊丝、焊枪与焊件的夹角与打底层焊接时相同,如图 3-9 所示。

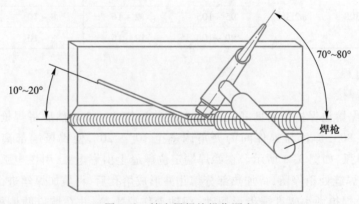

图 3-9　填充层焊接操作顺序

③ 由于填充层焊缝逐渐变宽,焊枪做锯齿形摆动,摆动动作要平稳,并在坡口两侧稍做停留,以保证两侧熔合良好。

④ 填充层焊道应低于坡口边缘 1 mm 左右,保持坡口边缘的原始状态,为盖面层的焊接打好基础。

3. 盖面层焊接

① 先清理填充层焊缝,再进行盖面层焊接,其操作方法、焊接参数与填充层的焊接基本相同,如图 3-10 所示。

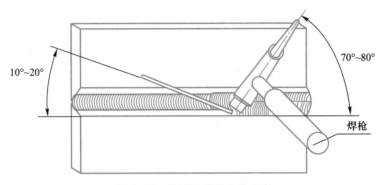

图 3-10　盖面层焊接操作顺序

② 盖面层焊接时,电弧以填充焊焊道的下沿为中心线进行摆动,使熔池的上沿在填充焊焊道的 1/2 处,熔池的下沿要超过坡口下棱边 0.5 ~ 1 mm。焊接上部的焊道时,以填充焊焊道上沿为中心线做上下窄幅摆动,使熔池的上沿超过坡口上棱边 0.5 ~ 1 mm。焊接过程中,上部焊道的焊接速度应比下部焊道快一些,送丝频率也相对高一些,但送丝量应相对减少。

③ 收弧时,要防止弧坑产生裂纹和缩孔,可采用电流衰减功能,逐渐降低熔池的温度,同时延长氩气对弧坑的保护作用,直至熔池冷却。

师傅点拨

① 打底层焊接时,焊缝背面应采氩气进行保护,以防止背面焊缝氧化。

② 焊接下一层前,应对上一层焊缝进行清理,并打磨掉焊道上的局部凸起。

③ 焊接过程中一定要控制好焊枪角度和焊丝位置。

④ 焊枪做小幅度锯齿形摆动,摆动动作要平稳,并在坡口两侧稍做停留,以保证两侧熔合良好。

⑤ 盖面层焊接时,填充焊丝速度要均匀,不能忽快忽慢,过快会造成焊缝余高增大,过慢则会使焊缝下凹或咬边。

四、试件清理与质量检验

① 对焊好的试件进行清理,除去焊缝氧化层。严禁破坏焊缝原始表面,焊缝如有变形不得进行压校。

② 对焊缝表面质量进行目视检验,使用 5 倍放大镜观察表面是否存在缺陷,并使用焊

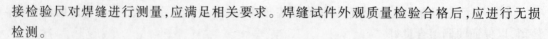

接检验尺对焊缝进行测量,应满足相关要求。焊缝试件外观质量检验合格后,应进行无损检测。

五、现场清理

焊接结束后,首先关闭氩气瓶阀门,点动焊枪开关或焊机面板上的焊接检气开关,放掉减压器内的余气,然后关闭焊接电源。清扫场地,按规定摆放工具,整理焊接电缆,确认无安全隐患,并做好使用记录。

▶ 任务评价

不锈钢板对接横焊钨极氩弧焊评分表见表3-4。

表3-4 不锈钢板对接横焊钨极氩弧焊评分表

试件编号		评分人			合计得分		
检查项目	评判标准及得分	评判等级				测量数值	实际得分
		I	II	III	IV		
焊缝余高/mm	尺寸标准	0~1	>1,≤2	>2,≤3	<0或>3		
	得分标准	4分	3分	1分	0分		
焊缝高度差/mm	尺寸标准	0~1	>1,≤2	>2,≤3	>3		
	得分标准	8分	4分	2分	0分		
焊缝宽度/mm	尺寸标准	>8,≤9	>7,≤8 或 >9,≤10	>6,≤7 或 >10,≤11	<6或>11		
	得分标准	4分	3分	1分	0分		
焊缝宽度差/mm	尺寸标准	0~1	>1,≤2	>2,≤3	>3		
	得分标准	8分	4分	2分	0分		
咬边/mm	尺寸标准	无咬边	深度≤0.5		深度>0.5		
	得分标准	12分	每5 mm长扣2分		0分		
正面成形	标准	优	良	中	差		
	得分标准	8分	4分	2分	0分		
背面成形	标准	优	良	中	差		
	得分标准	6分	4分	2分	0分		
背面凹/mm	尺寸标准	0~0.5	>0.5,≤1	>1,≤2	长度>30		
	得分标准	2分	1分	0分	0分		
背面凸/mm	尺寸标准	0~1	>1,≤2	>2			
	得分标准	2分	1分	0分			
角变形/mm	尺寸标准	0~1	>1,≤3	>3~5	>5		
	得分标准	4分	3分	1分	0分		
错边量/mm	尺寸标准	0~0.5	>0.5,≤1	>1			
	得分标准	2分	1分	0分			
外观缺陷记录							

续表

检查项目	评判标准及得分	评判等级				测量数值	实际得分
		Ⅰ	Ⅱ	Ⅲ	Ⅳ		
焊缝内部质量检验	按射线检测标准GB/T 3323.1—2019	Ⅰ级片无缺陷/有缺陷	Ⅱ级片无缺陷/有缺陷	Ⅲ级片			
	40分	40分/36分	28分/16分	0分			

焊缝外观(正、背面)成形评判标准

优	良	中	差
成形美观,焊缝均匀、细密,高低宽窄一致	成形较好,焊缝均匀、平整	成形尚可,焊缝平直	焊缝弯曲,高低、宽窄相差明显

注:试件焊接未完成的,表面修补及焊缝正反面有裂纹、夹渣、气孔、未熔合缺陷的,按0分处理。

任务三　不锈钢板对接立焊钨极氩弧焊

 学习目标及重点、难点

◎ 学习目标:能正确选择不锈钢板对接立焊钨极氩弧焊的焊接参数,掌握不锈钢板对接立焊钨极氩弧焊的操作方法。

◎ 学习重点:不锈钢板对接立焊钨极氩弧焊的焊接工艺。

◎ 学习难点:不锈钢板对接立焊钨极氩弧焊单面焊双面成形操作技术。

▶ 焊接试件图（图3-11）

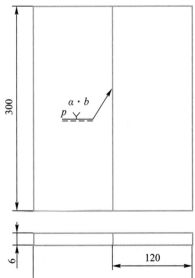

技术要求
1. 单面焊双面成形。
2. 试件材料为06Cr19Ni10,60°V形坡口。
3. 根部间隙及钝边高度自定。
4. 接头形式为板对接,焊接位置为立焊。

图3-11　板对接立焊试件图

工艺分析

　　板对接立焊钨极氩弧焊时,焊枪角度和电弧长短不易保持,熔池金属下坠趋势较明显,焊缝成形不好,易出现焊瘤和咬边等缺陷。因此,焊接过程中要控制好熔池的温度,选用较小的焊接电流和较细的填充焊丝,电弧不宜拉得太长,焊枪下倾角度不能太小。焊丝送进方向以操作者顺手为原则,其端部不能离开保护区,焊枪多采用反月牙形摆动,通过焊枪的移摆与填充焊丝的协调配合,可获得良好的焊缝成形。

▶ 焊接操作

一、焊前准备

　　(1)试件材料　06Cr19Ni10 不锈钢板两块,尺寸为 300 mm×120 mm×6 mm,坡口尺寸如图 3-11 所示。

　　(2)焊接材料　ER308(H08Cr21Ni10Si)焊丝,直径为 2.0 mm;电极为铈钨极,直径为 2.5 mm;保护气体为氩气,纯度不低于 99.99%。

　　(3)焊机　WSE-300 型焊机,直流正接。

　　(4)焊前清理　采用丙酮等有机溶剂清除焊丝和工件坡口及其两侧至少 20 mm 范围内的油污、水分、灰尘、氧化皮等。

　　(5)装配定位　装配间隙为 2.5~3.5 mm,错边量不大于 0.5 mm;两点定位(底部和顶部如图 3-12 所示),焊缝长度约 10 mm,定位焊点两端应先打磨成斜坡状,以利于接头。

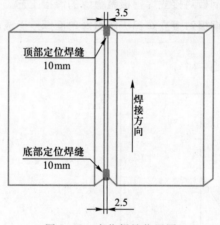

图 3-12　定位焊缝位置图

二、焊接参数

不锈钢板对接立焊钨极氩弧焊焊接工艺卡见表 3-5。

三、焊接过程

1. 打底层焊接

　　① 为了确保熔池保护作用良好,引弧前应提前送气 5~10 s,然后将焊枪焊嘴以 45°位置斜靠在坡口内,使钨极端部离母材表面 2~3 mm,然后再引弧。引弧后,先对钢板进行预热,待钢板达到熔融状态时,即可开始进行打底层焊接。

表 3-5　不锈钢板对接立焊钨极氩弧焊焊接工艺卡

焊接工艺卡		编号：			
材料型号	06Cr19Ni10	接头简图			
材料规格/mm	300×120×6,两块				
接头种类	对接				
坡口形式	V 形				
坡口角度	60°				
钝边高度/mm	0.5～1.0				
根部间隙/mm	2.5～3.5				
焊接方法	GTAW				
焊接设备	WSE-300				
电源种类	直流	焊后热处理	种类	—	保温时间	—
电源极性	正接		加热方式	—	层间温度/℃	≤100
焊接位置	3G		温度范围	—	测量方法	—

焊接参数						
焊层	焊丝型号	焊丝直径/mm	焊接电流/A	焊接电压/V	保护气体流量/(L/min)	钨极直径/mm
打底层	ER308	φ2.0	80～90	12～16	8～10	φ2.5
填充层			95～105	12～16	8～10	φ2.5
盖面层			90～100	12～16	8～10	φ2.5

接头简图中标注：60°、6、0.5～1、2.5～3.5

② 焊枪在始焊端定位焊缝处引燃电弧(钨极端部距熔池的高度为 2 mm,太低则易和熔池、焊丝相碰,形成短路;太高则氩气对熔池的保护效果不好),不加或少加焊丝,焊枪在定位焊缝处稍做停留,待加热部分熔化并形成熔孔后,再填加焊丝向上焊接。焊枪做"Z"字形窄幅摆动或者反月牙形摆动,摆动动作要平稳,并在坡口两侧稍做停留,以保证两侧熔合良好。焊接时,应随时观察熔孔的大小(若发现熔孔不明显,则应暂停送丝,待出现熔孔后再送丝,以避免产生未焊透缺陷;若熔孔过大,则熔池有下坠现象,应利用电流衰减功能来控制熔池温度,以减小熔孔,避免焊缝背面成形过高)。焊枪向上移动的速度要合适,熔池形状以接近椭圆形为佳。打底层焊接操作顺序如图 3-13 所示。

③ 焊丝与焊枪的运动要配合协调,同步移动。根据根部间隙的大小,焊丝与焊枪可同步直线向上焊接或小幅度左右平行摆动向上施焊。

④ 收弧时,要防止弧坑产生裂纹和缩孔,可利用电流衰减功能,逐渐降低熔池的温度,同时延长氩气对弧坑的保护作用,直至熔池冷却。

2. 填充层焊接

① 焊接前先对打底层焊缝进行清理。

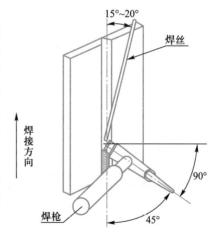

图 3-13　打底层焊接操作顺序

② 填充层的接头应与打底层的接头错开。接头时,电弧的引燃位置应在弧坑前 5~8 mm 处,引燃电弧后,焊枪端部做横向窄幅摆动,并稍加焊丝使接头平整,随后转入正常焊接。焊接填充层时,焊接电流应稍大于打底层焊接,焊丝、焊枪与焊件的夹角与打底层焊接时相同,如图 3-14 所示。

③ 由于填充层焊缝逐渐变宽,焊枪做"Z"字形或反月牙形摆动的幅度应比打底层焊接时稍大一些,摆动到坡口两侧应稍做停顿,使坡口两侧充分熔化,以保证熔合良好。

④ 填充层焊缝应比焊件表面低 1 mm 左右,保持坡口边缘的原始状态,不能熔化坡口的上棱边,为盖面层的焊接打好基础。

3. 盖面层焊接

① 先清理填充层焊缝,再进行盖面层焊接,其操作方法、焊接参数与填充层的焊接基本相同,如图 3-15 所示。

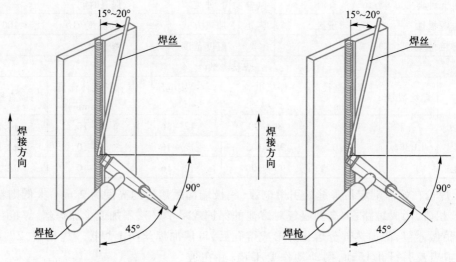

图 3-14 填充层焊接操作顺序　　　　图 3-15 盖面层焊接操作顺序

② 接头方法与打底层焊接不同的是,在熔池前 10~15 mm 处引弧,摆动要有规律,焊丝要适量,使接头处焊缝过渡圆滑,保持焊缝的一致效果,防止出现焊瘤等缺陷。

③ 盖面层焊接时,焊枪的摆动幅度应比填充焊时稍大,其余与打底层焊接相同。焊接时,应保证熔池熔化坡口两侧棱边 0.5~1.5 mm,并压低电弧,避免产生咬边,同时应根据焊缝的余高确定焊丝的送进速度。

🎞 师傅点拨

① 打底层焊接时,焊缝背面应用氩气进行保护,防止背面焊缝氧化。

② 焊接下一层前,应对上一层焊缝进行清理,并打磨掉焊道上的局部凸起。

③ 焊接过程中一定要控制好焊枪角度和焊丝位置。

④ 焊枪做"Z"字形或反月牙形摆动时,到坡口两侧应稍做停顿,使坡口两侧熔合良好。

⑤ 立焊顶部收弧时,待电弧熄灭、熔池凝固后才能移开焊枪,以避免局部产生气孔。

四、试件清理与质量检验

① 对焊好的试件进行清理,除去焊缝氧化层。严禁破坏焊缝原始表面,焊缝如有变形不得进行压校。

② 对焊缝表面质量进行目视检验,使用 5 倍放大镜观察表面是否存在缺陷,并使用焊接检验尺对焊缝进行测量,应满足相关要求。焊缝试件外观质量检验合格后,应进行无损检测。

五、现场清理

焊接结束后,首先关闭氩气瓶阀门,点动焊枪开关或焊机面板上的焊接检气开关,放掉减压器内的余气,然后关闭焊接电源。清扫场地,按规定摆放工具,整理焊接电缆,确认无安全隐患,并做好使用记录。

▶ 任务评价

不锈钢板对接立焊钨极氩弧焊评分表见表3-6。

表3-6　不锈钢板对接立焊钨极氩弧焊评分表

试件编号		评分人			合计得分		
检查项目	评判标准及得分	评判等级				测量数值	实际得分
		I	II	III	IV		
焊缝余高/mm	尺寸标准	0~1	>1,≤2	>2,≤3	<0 或>3		
	得分标准	4分	3分	1分	0分		
焊缝高度差/mm	尺寸标准	0~1	>1,≤2	>2,≤3	>3		
	得分标准	8分	4分	2分	0分		
焊缝宽度/mm	尺寸标准	>8,≤9	>7,≤8 或 >9,≤10	6,≤7 或 10,≤11	<6 或>11		
	得分标准	4分	3分	1分	0分		
焊缝宽度差/mm	尺寸标准	0~1	>1,≤2	>2,≤3	>3		
	得分标准	8分	4分	2分	0分		
咬边/mm	尺寸标准	无咬边	深度≤0.5		深度>0.5		
	得分标准	12分	每5 mm 长扣2分		0分		
正面成形	标准	优	良	中	差		
	得分标准	8分	4分	2分	0分		
背面成形	标准	优	良	中	差		
	得分标准	6分	4分	2分	0分		
背面凹/mm	尺寸标准	0~0.5	>0.5,≤1	>1,≤2	长度>30		
	得分标准	2分	1分	0分	0分		
背面凸/mm	尺寸标准	0~1	>1,≤2	>2			
	得分标准	2分	1分	0分			
角变形/mm	尺寸标准	0~1	>1,≤3	>3,≤5	>5		
	得分标准	4分	3分	1分	0分		

续表

检查项目	评判标准及得分		评判等级				测量数值	实际得分
			Ⅰ	Ⅱ	Ⅲ	Ⅳ		
错边量/mm	尺寸标准		0~0.5	>0.5,≤1	>1			
	得分标准		2分	1分	0分			
外观缺陷记录								
焊缝内部质量检验	按射线检测标准 GB/T 3323.1—2019		Ⅰ级片无缺陷/有缺陷	Ⅱ级片无缺陷/有缺陷	Ⅲ级片			
	40分		40分/36分	28分/16分	0分			

焊缝外观(正、背)成形评判标准

优	良	中	差
成形美观,焊缝均匀、细密,高低宽窄一致	成形较好,焊缝均匀、平整	成形尚可,焊缝平直	焊缝弯曲,高低、宽窄相差明显

注:试件焊接未完成的,表面修补及焊缝正反面有裂纹、夹渣、气孔、未熔合缺陷的,按0分处理。

任务四　铝板对接横焊钨极氩弧焊

学习目标及重点、难点

◎ 学习目标:能正确选择铝板对接横焊钨极氩弧焊的焊接参数,掌握铝板对接横焊钨极氩弧焊的操作方法。

◎ 学习重点:铝板对接横焊钨极氩弧焊的焊接工艺。

◎ 学习难点:铝板对接横焊钨极氩弧焊单面焊双面成形操作技术。

▶ 焊接试件图(图3–16)

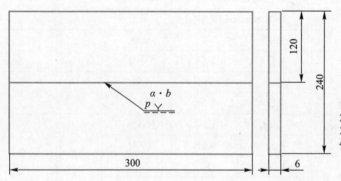

技术要求
1. 单面焊双面成形。
2. 试件材料为6082,60°V形坡口。
3. 根部间隙及钝边高度为0~1mm。
4. 接头形式为板对接,焊接位置为横焊。

图3–16　板对接横焊试件图

工艺分析

　　板对接横焊钨极氩弧焊时,焊件处于垂直状态,焊接方向与水平面平行。焊接时,要掌握好焊枪和填充焊丝的水平角度和垂直角度,如果焊枪角度掌握得不好或送丝跟不上,则可能出现上部咬边、下侧易下坠的问题,造成未熔合和成形不良等缺陷。因此,应采用较小的焊接电流和多层多道焊工艺进行焊接,这对于抑制熔池金属的下淌倾向具有良好的效果。焊接过程中,通过选择合适的电弧电压、送丝速度、焊枪摆动方式,来获得良好的焊缝成形。

▶ **焊接操作**

一、焊前准备

　　(1)试件材料　6082铝板两块,尺寸为300 mm×120 mm×6 mm,坡口尺寸如图3-16所示。

　　(2)焊接材料　ER5183(SAl5183)焊丝,直径为3.2 mm;电极为铈钨极,直径为4.0 mm;保护气体为氩气,纯度不低于99.99%。

　　(3)焊机　WSE-300型焊机,交流。

　　(4)焊前清理　先用有机溶剂(丙酮、松香)擦拭焊件表面的油污,然后用细铜线刷至表面露出金属光泽,或者用刮刀清理表面。清理后的焊件应在4 h内施焊,否则应重新清理。化学清洗效率高、质量稳定,清洗方法为:用40 ℃~70 ℃的5%~10% NaOH溶液清洗3~7 min,纯铝时间可达15 min,然后用流动的清水冲洗,最后风干。

　　(5)装配定位　装配间隙为2.5~3.5 mm,错边量不大于0.5 mm;两点定位(始端和终端如图3-17所示),焊缝长度约为10 mm,定位焊点两端应先打磨成斜坡状,以利于接头。

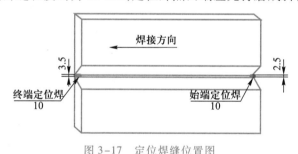

图3-17　定位焊缝位置图

二、焊接参数
铝板对接横焊钨极氩弧焊焊接工艺卡见表3-7。

三、焊接过程

1. 打底层焊接

　　① 为了确保熔池保护作用良好,引弧前应提前送气5~10 s,然后将焊枪与焊件的夹角调整至70°~80°,焊丝与焊件的夹角调整至10°~20°,使钨极端部离母材表面2~3 mm,然后再引弧,如图3-18所示。在始焊端定位焊缝上引燃电弧,引燃电弧后先不填加焊丝,焊枪在定位焊缝处稍停留,待加热部分熔化并形成熔孔后,再填加焊丝进行焊接。

表 3-7 铝板对接横焊钨极氩弧焊焊接工艺卡

焊接工艺卡		编号:		
材料型号	6082	接头简图		
材料规格/mm	300×120×6,两块			
接头种类	对接			
坡口形式	V 形			
坡口角度	60°			
钝边高度/mm	0.5 ~ 1.0			
根部间隙/mm	2.5 ~ 3.5			
焊接方法	GTAW			
焊接设备	WSE-300			
电源种类	交流	焊后热处理	种类 —	保温时间 —
电源极性	—		加热方式 —	层间温度/℃ ≤100
焊接位置	2G		温度范围 —	测量方法 —

焊接参数						
焊层	焊丝牌号	焊丝直径/mm	焊接电流/A	焊接电压/V	保护气体流量/(L/min)	钨极直径/mm
打底层			190 ~ 250	10 ~ 12	16 ~ 20	ϕ4.0
填充层	ER5183	ϕ3.2	250 ~ 280	12 ~ 15	16 ~ 20	ϕ4.0
盖面层			250 ~ 280	12 ~ 15	16 ~ 20	ϕ4.0

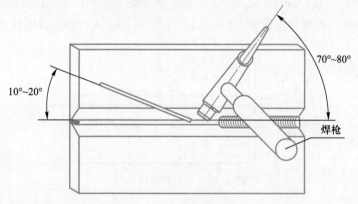

图 3-18 打底层焊接操作顺序

② 焊接时,焊枪做小幅锯齿形摆动,摆动动作要平稳,并在坡口两侧稍做停留,以保证两侧熔合良好。焊接过程中,应随时观察熔孔的大小(若发现熔孔不明显,则应暂停送丝,待出现熔孔后再送丝,以避免产生未焊透缺陷;若熔孔过大,则熔池有下坠现象,应利用电流衰减功能控制熔池温度,以减小熔孔,避免焊缝背面成形过高)。焊枪水平移动的速度要合适,熔池形状以接近椭圆形为佳。为保证焊接时焊枪摆动的稳定性,可将焊嘴轻贴在焊件的上、下坡处进行焊接。焊接过程中,要严格控制焊枪与焊件、焊丝与焊件间的角度,否则极易形成熔池金属下坠、熔合不良等缺陷。

③ 接头时要检查弧坑处有无缺陷,如果没有焊接缺陷,便可直接接头;如果有缺陷,则应将缺陷彻底清除,并将前端打磨成斜面,然后在弧坑后面 10 ~ 15 mm 处引弧,缓慢向前移动,待弧坑处开始熔化形成熔池和熔孔后,继续填丝焊接。

④ 收弧时,要防止弧坑产生裂纹和缩孔,可利用电流衰减功能,逐渐降低熔池的温度,同时延长氩气对弧坑的保护作用,直至熔池冷却。

2. 填充层焊接

① 焊接前先对打底层焊缝进行清理。

② 填充层的接头应与打底层的接头错开。接头时,电弧的引燃位置应在弧坑前 5 ~ 8 mm 处,引燃电弧后,焊枪摆动的幅度应比打底层焊接时稍大些,并稍加焊丝使接头平整,随后转入正常焊接。焊接填充层时,焊接电流应稍大于打底层焊接,焊丝、焊枪与焊件的夹角与打底层焊接时相同,如图 3-19 所示。

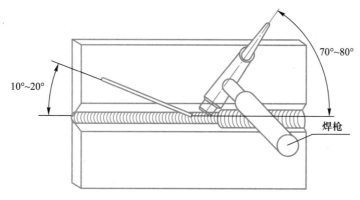

图 3-19 填充焊操作顺序

③ 由于填充层焊缝逐渐变宽,焊枪应做锯齿形摆动,摆动动作要平稳,并在坡口两侧稍做停留,以保证两侧熔合良好。

④ 填充层焊道应低于坡口边缘 1 mm 左右,保持坡口边缘的原始状态,为盖面层的焊接打好基础。

3. 盖面层焊接

① 先清理填充层焊缝,再进行盖面层的焊接,其操作方法、焊接参数与填充层焊接基本相同,如图 3-20 所示。

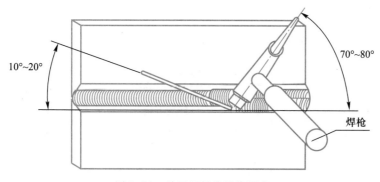

图 3-20 盖面层焊接操作顺序

② 盖面层焊接时,电弧以填充焊焊道的下沿为中心线摆动,使熔池的上沿在填充焊焊道的 1/2 处,熔池的下沿要超过坡口下棱边 0.5 ~ 1 mm。焊接上部的焊道时,以填充焊焊道上沿为中心线上下窄幅摆动,使熔池的上沿超过坡口上棱边 0.5 ~ 1 mm。焊接过程中,上部焊道的焊接速度应比下部焊道快一些,送丝频率也相对高一些,但送丝量应相对减少。

③ 收弧时,要防止弧坑产生裂纹和缩孔,可利用电流衰减功能,逐渐降低熔池的温度,同时延长氩气对弧坑的保护作用,直至熔池冷却。

师傅点拨

① 铝板焊接变形大,组对试件时应留足够的反变形。

② 打底层焊接时,焊缝背面用氩气进行保护,以防背面焊缝氧化,焊接过程中焊丝要连续地送入熔池。

③ 焊接下一层前,应对上一层焊缝进行清理,并打磨掉焊道上的局部凸起。

④ 焊接过程中一定要控制好焊枪角度和焊丝位置。

⑤ 焊枪做小幅锯齿形摆动,摆动动作要平稳,并在坡口两侧稍做停留,以保证两侧熔合良好。

⑥ 盖面层焊接时,填充焊丝要均匀,不能忽快忽慢,过快会造成焊缝余高增大,过慢则会使焊缝下凹或咬边。

四、试件清理与质量检验

① 对焊好的试件清理,除去焊缝氧化层。严禁破坏焊缝原始表面,焊缝如有变形不得进行压校。

② 对焊缝表面质量进行目视检验,使用5倍放大镜观察表面是否存在缺陷,并使用焊接检验尺对焊缝进行测量,应满足相关要求。焊缝试件外观质量检验合格后,应进行无损检测。

五、现场清理

焊接结束后,首先关闭氩气瓶阀门,点动焊枪开关或焊机面板上的焊接检气开关,放掉减压器内的余气,然后关闭焊接电源。清扫场地,按规定摆放工具,整理焊接电缆,确认无安全隐患,并做好使用记录。

▶ 任务评价

铝板对接横焊钨极氩弧焊评分表见表3-8。

表3-8 铝板对接横焊钨极氩弧焊评分表

试件编号		评分人			合计得分		
检查项目	评判标准及得分	评判等级				测量数值	实际得分
		I	II	III	IV		
焊缝余高/mm	尺寸标准	0~1	>1,≤2	>2,≤3	<0 或>3		
	得分标准	4分	3分	1分	0分		

续表

检查项目	评判标准及得分	评判等级				测量数值	实际得分
		I	II	III	IV		
焊缝高度差/mm	尺寸标准	≤1	>1,≤2	>2,≤3	>3		
	得分标准	8分	4分	2分	0分		
焊缝宽度/mm	尺寸标准	>8,≤9	>7,≤8 或 >9,≤10	>6,≤7 或 >10,≤11	<6 或>11		
	得分标准	4分	3分	1分	0分		
焊缝宽度差/mm	尺寸标准	0～1	>1,≤2	>2,≤3	>3		
	得分标准	8分	4分	2分	0分		
咬边/mm	尺寸标准	无咬边	深度≤0.5		深度>0.5		
	得分标准	12分	每5mm 长扣2分		0分		
正面成形	标准	优	良	中	差		
	得分标准	8分	4分	2分	0分		
背面成形	标准	优	良	中	差		
	得分标准	6分	4分	2分	0分		
背面凹/mm	尺寸标准	0～0.5	>0.5,≤1	>1,≤2	长度>30		
	得分标准	2分	1分	0分	0分		
背面凸/mm	尺寸标准	0～1	>1,≤2	>2			
	得分标准	2分	1分	0分			
角变形/mm	尺寸标准	0～1	>1,≤3	>3,≤5	>5		
	得分标准	4分	3分	1分	0分		
错边量/mm	尺寸标准	0～0.5	>0.5,≤1	>1			
	得分标准	2分	1分	0分			
外观缺陷记录							
焊缝内部质量检验	按射线检测标准 GB/T 3323.1—2019	I 级片无缺陷/有缺陷	II 级片无缺陷/有缺陷	III 级片			
	40分	40分/36分	28分/16分	0分			

焊缝外观(正、背)成形评判标准

优	良	中	差
成形美观,焊缝均匀、细密,高低宽窄一致	成形较好,焊缝均匀、平整	成形尚可,焊缝平直	焊缝弯曲,高低、宽窄相差明显

注:试件焊接未完成的,表面修补及焊缝正反面有裂纹、夹渣、气孔、未熔合缺陷的,按0分处理。

任务五 铝板对接立焊钨极氩弧焊

学习目标及重点、难点

◎ 学习目标：能正确选择铝板对接立焊钨极氩弧焊的焊接参数，掌握铝板对接立焊钨极氩弧焊的操作方法。

◎ 学习重点：铝板对接立焊钨极氩弧焊的焊接工艺。

◎ 学习难点：铝板对接立焊钨极氩弧焊单面焊双面成形操作技术。

▶ 焊接试件图（图3-21）

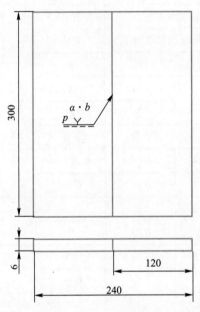

技术要求
1. 单面焊双面成形。
2. 试件材料为6082，60°V形坡口。
3. 根部间隙及钝边高度自定。
4. 接头形式为板对接，焊接位置为立焊。

图3-21 板对接立焊试件图

工艺分析

板对接立焊钨极氩弧焊时，焊枪角度和电弧长短不易保持，熔池金属下坠趋势较明显，焊缝成形不好，易出现焊瘤和咬边等缺陷。因此，焊接过程中要控制好熔池的温度，选用较小的焊接电流和较细的填充焊丝，电弧不宜拉得太长，焊枪下倾角度不能太小。焊丝送进方向以操作者顺手为原则，其端部不能离开保护区，焊枪多采用反月牙形摆动，通过焊枪的移摆与填充焊丝的协调配合，可获得良好的焊缝成形。

▶ 焊接操作

一、焊前准备

（1）试件材料　6082铝板两块，尺寸为300 mm×120 mm×6 mm，坡口尺寸如图3-21所示。

（2）焊接材料　ER5183（SAl5183）焊丝，直径为 3.2 mm；电极为铈钨极，直径为 4.0 mm；保护气体为氩气，纯度不低于 99.99%。

（3）焊机　WSE-300 型焊机，交流。

（4）焊前清理　先用有机溶剂（丙酮、松香）擦拭焊件表面的油污，然后用细铜线刷至表面露出金属光泽，或者用刮刀清理表面。清理后的焊件应在 4 h 内施焊，否则应重新清理。化学清洗效率高，质量稳定，清洗方法为：用 40 ℃ ~70℃ 的 5% ~10% NaOH 溶液清洗 3 ~ 7 min，纯铝时间可达 15 min，然后再用流动的清水冲洗，最后风干。

（5）装配定位　装配间隙为 2.5 ~ 3.5 mm，错边量不大于 0.5 mm；两点定位（底部和顶部如图 3-22 所示），焊缝长度约为 10 mm，定位焊点两端应先打磨成斜坡状，以利于接头。

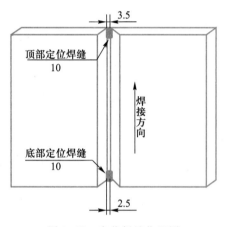

图 3-22　定位焊缝位置图

二、焊接参数

铝板对接立焊钨极氩弧焊焊接工艺卡见表 3-9。

表 3-9　铝板对接立焊钨极氩弧焊焊接工艺卡

焊接工艺卡		编号：			
材料型号	6082	接头简图			
材料规格/mm	300×120×6，两块				
接头种类	对接				
坡口形式	V 形				
坡口角度	60°				
钝边高度/mm	0.5 ~ 1.0				
根部间隙/mm	2.5 ~ 3.5				
焊接方法	GTAW				
焊接设备	WSE-300				
电源种类	交流	焊后热处理	种类	—	保温时间	—
电源极性	—		加热方式	—	层间温度/℃	≤100
焊接位置	3G		温度范围	—	测量方法	—

91

焊接参数						
焊层	焊丝牌号	焊丝直径/mm	焊接电流/A	焊接电压/V	保护气体流量/(L/min)	钨极直径/mm
打底层焊接			180~240	10~12	16~20	φ4.0
打底层	ER5183	φ3.2	240~270	12~15	16~20	φ4.0
盖面层			240~270	12~15	16~20	φ4.0

三、焊接过程

1. 打底层焊接

① 为了确保熔池保护作用良好,引弧前应提前送气 5~10 s,然后将焊枪焊嘴以 90°位置斜靠在坡口内,使钨极端部离母材表面 2~3 mm,然后再引弧。引弧后,先对钢板进行预热,待钢板达到熔融状态时,即可开始进行打底层焊接。

② 焊枪在始焊端定位焊缝处引燃电弧(钨极端部距熔池的高度为 2 mm,太低则易和熔池、焊丝相碰,形成短路;太高则氩气对熔池的保护效果不好),不加或少加焊丝,焊枪在定位焊缝处稍做停留,待加热部分熔化并形成熔孔后,再填加焊丝向上焊接。焊丝应连续地送入熔池。焊枪做"Z"字形窄幅摆动或者反月牙形摆动,摆动动作要平稳,并在坡口两侧稍做停留,以保证两侧熔合良好。焊接时,应随时观察熔孔的大小(若发现熔孔不明显,则应暂停送丝,待出现熔孔后再送丝,以免产生未焊透缺陷;若熔孔过大,则熔池有下坠现象,应利用电流衰减功能控制熔池温度,以减小熔孔,避免焊缝背面成形过高)。焊枪向上移动的速度要合适,熔池形状以接近椭圆形为佳。打底层焊接操作顺序如图 3-23 所示。

③ 焊丝与焊枪的运动要配合协调,同步移动。根据根部间隙的大小,焊丝与焊枪可同步直线向上焊接或小幅度左右平行摆动向上施焊。

④ 收弧时,要防止弧坑产生裂纹和缩孔,可利用电流衰减功能,逐渐降低熔池的温度,同时延长氩气对弧坑的保护作用,直至熔池冷却。

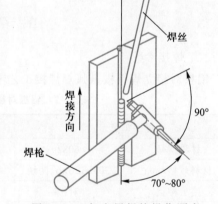

图 3-23 打底层焊接操作顺序

2. 填充层焊接

① 焊接前先对打底层焊缝进行清理。

② 填充层的接头应与打底层的接头错开。接头时,电弧的引燃位置应在弧坑前 5~8 mm 处,引燃电弧后,焊枪端部做横向窄幅摆动,并稍加焊丝使接头平整,随后转入正常焊接。焊接填充层时,焊接电流应稍大于打底层焊接,焊丝、焊枪与焊件的夹角与打底层焊接时相同,如图 3-24 所示。

③ 由于填充层焊缝逐渐变宽,焊枪做"Z"字形或反月牙形摆动的幅度应比打底层焊接时稍大些,摆动到坡口两侧应稍做停顿,使坡口两侧充分熔化,以保证熔合良好。

④ 填充层焊缝应比焊件表面低 1 mm 左右,保持坡口边缘的原始状态,不能熔化坡口的上棱边,为盖面层的焊接打好基础。

3. 盖面层焊接

① 先清理填充层焊缝,再进行盖面层的焊接,其操作方法、焊接参数与填充层的焊接基本相同,如图 3-25 所示。

② 接头方法与打底层焊接不同的是,在熔池前 10 ~ 15 mm 处引弧,摆动要有规律,焊丝要适量,使接头处焊缝过渡圆滑,保持焊缝的一致效果,防止出现焊瘤等缺陷。

③ 盖面层焊接时,焊枪的摆动幅度应比填充焊时稍大些,其余与打底层焊接相同。焊接时,应保证熔池熔化坡口两侧棱边 0.5 ~ 1.5 mm,并压低电弧,避免产生咬边,同时应根据焊缝的余高确定焊丝的送进速度。

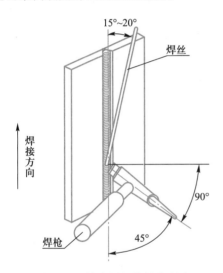

图 3-24　填充层焊接操作顺序

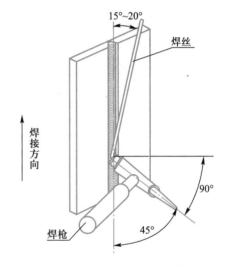

图 3-25　盖面层焊接操作顺序

师傅点拨

① 铝板焊接变形大,组对试件时应留足够的反变形。

② 打底层焊接时,焊缝背面应用氩气进行保护,防止背面焊缝氧化,焊接过程中焊丝应连续地送入熔池。

③ 焊接下一层前,应对上一层焊缝进行清理,并打磨掉焊道上的局部凸起。

④ 焊接过程中一定要控制好焊枪角度和焊丝位置。

⑤ 焊枪做"Z"字形或反月牙形摆动时,到坡口两侧应稍做停顿,使坡口两侧熔合良好。

⑥ 立焊顶部收弧时,待电弧熄灭、熔池凝固后才能移开焊枪,以避免局部产生气孔。

四、试件清理与质量检验

① 对焊好的试件进行清理,除去焊缝氧化层。严禁破坏焊缝原始表面,焊缝如有变形不得进行压校。

② 对焊缝表面质量进行目视检验,使用5倍放大镜观察表面是否存在缺陷,并使用焊接检验尺对焊缝进行测量,应满足相关要求。焊缝试件外观质量检验合格后,应进行无损检测。

五、现场清理

焊接结束后,首先关闭氩气瓶阀门,点动焊枪开关或焊机面板上的焊接检气开关,放掉减压器内的余气,然后关闭焊接电源。清扫场地,按规定摆放工具,整理焊接电缆,确认无安全隐患,并做好使用记录。

▶ 任务评价

铝板对接立焊钨极氩弧焊评分表见表3-10。

表3-10 铝板对接立焊钨极氩弧焊评分表

试件编号		评分人			合计得分		
检查项目	评判标准及得分	评判等级				测量数值	实际得分
		I	II	III	IV		
焊缝余高/mm	尺寸标准	0~1	>1,≤2	>2,≤3	<0 或>3		
	得分标准	4分	3分	1分	0分		
焊缝高度差/mm	尺寸标准	0~1	>1,≤2	>2,≤3	>3		
	得分标准	8分	4分	2分	0分		
焊缝宽度/mm	尺寸标准	>8,≤9	>7,≤8 或 >9,≤10	>6,≤7 或 >10,≤11	<6 或>11		
	得分标准	4分	3分	1分	0分		
焊缝宽度差/mm	尺寸标准	0~1	>1,≤2	>2,≤3	>3		
	得分标准	8分	4分	2分	0分		
咬边/mm	尺寸标准	无咬边	深度≤0.5		深度>0.5		
	得分标准	12分	每5 mm 长扣2分		0分		
正面成形	标准	优	良	中	差		
	得分标准	8分	4分	2分	0分		
背面成形	标准	优	良	中	差		
	得分标准	6分	4分	2分	0分		
背面凹/mm	尺寸标准	0~0.5	>0.5,≤1	>1,≤2	长度>30		
	得分标准	2分	1分	0分	0分		
背面凸/mm	尺寸标准	0~1	>1,≤2	>2			
	得分标准	2分	1分	0分			
角变形/mm	尺寸标准	0~1	>1,≤3	>3,≤5	>5		
	得分标准	4分	3分	1分	0分		
错边量/mm	尺寸标准	0~0.5	>0.5,≤1	>1			
	得分标准	2分	1分	0分			

续表

检查项目	评判标准及得分	评判等级				测量数值	实际得分
		I	II	III	IV		
外观缺陷记录							
焊缝内部质量检验	按射线检测标准 GB/T 3323.1—2019	I 级片无缺陷/有缺陷	II 级片无缺陷/有缺陷	III 级片			
	40 分	40 分/36 分	28 分/16 分	0 分			
焊缝外观(正、背)成形评判标准							

优	良	中	差
成形美观,焊缝均匀、细密,高低宽窄一致	成形较好,焊缝均匀、平整	成形尚可,焊缝平直	焊缝弯曲,高低、宽窄相差明显

注:试件焊接未完成的,表面修补及焊缝正反面有裂纹、夹渣、气孔、未熔合缺陷的,按 0 分处理。

任务六　低碳钢管板水平固定钨极氩弧焊

学习目标及重点、难点

　　◎ 学习目标：能正确选择低碳钢管板水平连接钨极氩弧焊的焊接参数,掌握低碳钢管板水平固定钨极氩弧焊的操作方法。

　　◎ 学习重点：低碳钢管板水平固定钨极氩弧焊的焊接工艺。

　　◎ 学习难点：低碳钢管板水平固定钨极氩弧焊单面焊双面成形操作技术。

▶ 焊接试件图（图 3-26）

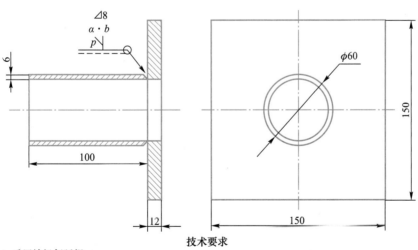

技术要求

1. 采用钨极氩弧焊。
2. 试件材料为 Q235B,根部间隙 b=3mm,单边V形坡口,坡口角度 $α$=50°,钝边高度 p=1mm。
3. 焊接层次为三层四道,焊脚 K=8mm。
4. 焊缝表面无缺陷,焊缝波纹均匀、宽窄一致、高低平整,焊后无变形,具体要求参照评分标准。

图 3-26　管板水平固定焊试件图

🔧 工艺分析

　　管板水平连接钨极氩弧焊时,熔池应尽量趋于水平状,电弧偏于孔板,且孔板侧电弧停留时间相对于管壁侧要长一些,以免在管壁侧出现堆积,孔板侧产生咬边等缺陷。管板水平固定焊的焊接方法与管对接水平固定焊基本相同。但需要注意的是,焊接操作过程中,若焊接电流偏小,熔池在钢管与板材接头的夹角处会混淆不清,容易产生未熔合等缺陷;若焊接电流过大,氩弧焊枪移动过慢,则易产生焊瘤。因此,焊接过程中焊接电流的调节是关键。管板水平连接钨极氩弧焊分前半周和后半周进行焊接,每个半周都需经过仰焊、立焊、平焊三个位置。焊接过程中,氩弧焊枪的角度应随焊接位置的变化而变化。

▶ 焊接操作

一、焊前准备

　　(1)试件材料　20 钢管和 Q355R 钢板,板材尺寸为 180 mm×180 mm×12 mm,板材中心孔按钢管外径加工成通孔;钢管尺寸为 φ60 mm×100 mm×6 mm,一端加工出单边 50°V 形坡口,钝边高度为 0~1 mm。坡口尺寸如图 3-26 所示。

　　(2)焊接材料　ER50-6 焊丝,直径为 2.5 mm;电极为铈钨极,直径为 2.5 mm;保护气体为氩气,纯度不低于 99.99%。

　　(3)焊机　WSE-300 型焊机,直流正接。

　　(4)焊前清理　将坡口及其两侧 20 mm 范围内的铁锈、油污、氧化物等清理干净,使其露出金属光泽。同时,焊接坡口应保持平整,不得有裂纹、分层、夹杂等缺陷。

　　(5)装配定位　要求钢管与板件内孔同心,钢管与板件相互垂直,组件上部间隙为 3~5 mm。一般在 10 点和 2 点位置进行定位焊,定位焊缝长度为 5~10 mm,如图 3-27 所示。

二、焊接参数

　　低碳钢管板水平连接钨极氩弧焊焊接工艺卡见表 3-11。

图 3-27　定位焊缝位置图

表 3-11　低碳钢管板水平连接钨极氩弧焊焊接工艺卡

焊接工艺卡		编号:
材料型号	20 钢管、Q355R 钢板	接头简图
材料规格/mm	钢管:φ60×100×6 钢板:180×180×12	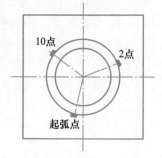
接头种类	对接+角接	
坡口形式	V 形	
坡口角度	50°	
钝边高度/mm	0~1	
根部间隙/mm	3	
焊接方法	GTAW	
焊接设备	WSE-300	

续表

电源种类	直流	焊后热处理	种类	—	保温时间	—
电源极性	正接		加热方式	—	层间温度/℃	150～250
焊接位置	5FG		温度范围	—	测量方法	—

焊接参数

焊层		焊丝牌号	焊丝直径/mm	焊接电流/A	焊接电压/V	保护气体流量/(L/min)	钨极直径/mm
打底层焊接	平焊位			120～130	15～17	8～10	$\phi2.5$
	立焊、仰焊位			100～110	15～17	8～10	$\phi2.5$
填充焊	平焊位	ER50-6	$\phi2.5$	130～150	15～17	8～10	$\phi2.5$
	立焊、仰焊位			110～130	15～17	8～10	$\phi2.5$
盖面层	平焊位			140～160	15～17	8～10	$\phi2.5$
	立焊、仰焊位			120～140	15～17	8～10	$\phi2.5$

三、焊接过程

1. 打底层焊接

① 打底层焊接时分为左、右半周进行，可先焊接右半周。焊接打底层时，要控制好钨极、焊嘴与焊缝的位置。打底层焊接操作顺序如图 3-28 所示。

② 引弧从 6 点 15 分处开始，起焊时，在钨极端部逐渐接近母材约 2 mm 时引燃电弧，控制弧长为 2～3 mm，焊枪暂停在引弧处不动，待坡口根部两侧加热 2～3 s 并获得一定大小的明亮、清晰的熔池后，才可往熔池内填送焊丝进行焊接。焊丝沿坡口的上方送入熔池后，要轻轻地将焊丝向熔池里推一下，将熔融金属送至坡口根部，以便得到能熔透坡口正反面的焊缝，从而提高焊缝背面高度，避免出现凹坑和未焊透缺陷。

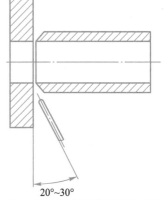

20°～30°

图 3-28　打底层焊接操作顺序

③ 当焊至定位焊缝斜坡处时，应减少填充金属量，使焊缝与接头圆滑过渡，焊至定位焊缝时，不填送焊丝，自熔摆动通过；焊至定位焊缝另一侧斜坡处时，也应减少填充金属量使焊缝扁平，以便后半周接头平缓。

④ 右半周通过 12 点 8～10 mm 位置处收弧。收弧时，应连续送进 2～3 滴填充金属，以免出现缩孔。右半周焊完后，转到钢管另一侧，焊接左半周。

⑤ 引弧点应在 5 点 45 分位置处，预热不填丝移至接头处，以保证焊缝重叠并焊透。焊接方式同右半周，按顺时针方向焊至 12 点位置处接上头后，应继续施焊至与前半周焊缝重叠 4～5 mm 方可结束。

2. 填充层焊接

① 填充层焊接时，在焊道中间送丝并增加焊丝填充量，焊枪采用横向锯齿形或月牙

97

形运条法,摆动焊枪到两侧棱边处稍做停顿,将填充焊丝熔化摊开并控制焊缝平整。由于水平固定焊下半周为仰焊位置,填充层焊缝的厚度应低于母材表面 1 mm 左右;而上半周处于平焊位置,收弧处应填满焊缝,并保证棱边不被熔化,为盖面层焊接时形成均匀的焊缝打好基础。填充层焊接操作顺序如图 3-29 所示。

② 由于填充层焊缝逐渐变宽,焊枪做"Z"字形或反月牙形摆动的幅度应比打底层焊接时稍大些,摆动到坡口两侧应稍做停顿,使坡口两侧充分熔化,以保证熔合良好。

③ 填充层焊缝应比焊件表面低 1 mm 左右,保持坡口边缘的原始状态,不能熔化坡口的上棱边,为盖面层的焊接打好基础。

3. 盖面层焊接

① 盖面层施焊时,焊枪角度、运条方法、接头方式与打底层和填充层基本一致。焊接过程中,焊枪横向摆动幅度较大,焊接速度稍快,以保证熔池两侧与钢管棱边熔合良好。焊枪前进速度、摆动幅度和间距更加均匀一致,使每个新熔池覆盖前一个熔池的 2/3,以获得薄而细腻的鱼鳞形焊缝波纹。盖面层焊接操作顺序如图 3-30 所示。

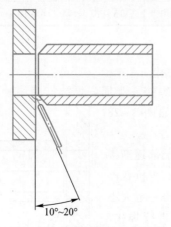

图 3-29　填充层焊接操作顺序

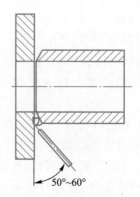

图 3-30　盖面层焊接操作顺序

② 接头方法与打底层焊接不同的是,在熔池前 10 ~ 15 mm 处引弧,摆动要有规律,焊丝要适量,使接头处焊缝过渡圆滑,保持焊缝的一致效果。盖面层焊接时,焊枪的摆动幅度应比填充焊时稍大,其余与打底层焊接相同。

③ 焊接时,应保证熔池熔化坡口两侧棱边 0.5 ~ 1.5 mm,并压低电弧,避免产生咬边,同时应根据焊缝的余高确定焊丝的送进速度。

师傅点拨

① 焊接下一层前,应对上一层焊缝进行清理,并打磨掉焊道上的局部凸起。

② 焊接过程中,应根据焊接位置调节焊接电流和焊接速度。

③ 焊枪做"Z"字形或反月牙形摆动时,到坡口两侧应稍做停顿,使坡口两侧熔合良好。

④ 焊接过程中停顿收弧时,待电弧熄灭、熔池凝固后才能移开焊枪,以避免局部产生气孔。

四、试件清理与质量检验

① 将焊好的试件用钢丝刷反复拉刷焊道,除去焊缝氧化层。严禁破坏焊缝原始表面,禁止用水冷却。

② 对焊缝表面质量进行目视检验,使用 5 倍放大镜观察表面是否存在缺陷,并使用焊接检验尺对焊缝进行测量,应满足相关要求。焊缝试件外观质量检验合格后,应进行折断试验。

五、现场清理

焊接结束后,首先关闭氩气瓶阀门,点动焊枪开关或焊机面板上的焊接检气开关,放掉减压器内的余气,然后关闭焊接电源。清扫场地,按规定摆放工具,整理焊接电缆,确认无安全隐患,并做好使用记录。

▶ 任务评价

低碳钢管板水平连接钨极氩弧焊评分表见表 3-12。

表 3-12　低碳钢管板水平连接钨极氩弧焊评分表

试件编号		评分人			合计得分			
检查项目	评判标准及得分	评判等级				测量数值	实际得分
		I	II	III	IV		
焊脚尺寸/mm	尺寸标准	10	>10,≤11	>11,≤12	<10 或>12		
	得分标准	12 分	8 分	4 分	0 分		
焊缝凸度/mm	尺寸标准	0~1	>1,≤2	>2,≤3	>3		
	得分标准	12 分	8 分	4 分	0 分		
咬边/mm	尺寸标准	无咬边	深度≤0.5且长度≤15	深度≤0.5,长度>15~30	深度>0.5或长度>15		
	得分标准	12 分	8 分	4 分	0 分		
焊脚差/mm	尺寸标准	0~1	>1,≤1.5	>1.5,≤2	>2		
	得分标准	4 分	2 分	1 分	0 分		
焊道层数	标准	两层三道	其他				
	得分标准	4 分	0 分				
垂直度误差/mm	尺寸标准	0	<1	>1,≤2	>2		
	得分标准	8 分	6 分	4 分	0 分		
焊缝成形	标准	优	良	中	差		
	得分标准	8 分	6 分	4 分	0 分		
折断试验	根部熔深/mm	尺寸标准	>1	>0.5,≤1	>0,≤0.5	未熔		
		得分标准	16 分	8 分	4 分	0 分		
	条状缺陷/mm	尺寸标准	无	<1	>1,≤1.5	>1.5		
		得分标准	12 分	8 分	4 分	0 分		
	点状缺陷	标准	无	<φ1,数目 1 个	<φ1,数目 2 个	>φ1 或数目>2 个		
		得分标准	12 分	8 分	4 分	0 分		

检查项目	评判标准 及得分	评判等级				测量 数值	实际 得分
		I	II	III	IV		
焊缝外观成形评判标准							

优	良	中	差
成形美观,焊缝均匀、细密,高低宽窄一致	成形较好,焊缝均匀、平整	成形尚可,焊缝平直	焊缝弯曲,高低、宽窄相差明显

注:试件焊接未完成的,表面修补及焊缝正反面有裂纹、夹渣、气孔、未熔合缺陷的,按 0 分处理。

 任务七 低碳钢管板垂直固定钨极氩弧焊

 学习目标及重点、难点

◎ 学习目标:能正确选择低碳钢管板垂直连接钨极氩弧焊的焊接参数,掌握低碳钢管板垂直固定钨极氩弧焊的操作方法。

◎ 学习重点:低碳钢管板垂直固定钨极氩弧焊的焊接工艺。

◎ 学习难点:低碳钢管板垂直固定钨极氩弧焊单面焊双面成形操作技术。

▶ 焊接试件图(图3-31)

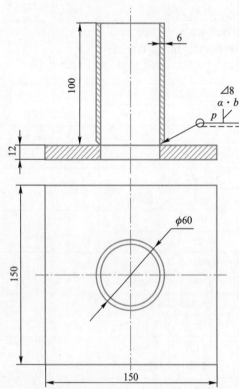

技术要求

1. 采用钨极氩弧焊。
2. 试件材料为Q355R,单边V形坡口,单边坡口面角度为50°。
3. 焊接层次为三层六道,焊缝尺寸K=8mm。
4. 焊缝表面无缺陷,焊缝波纹均匀、宽窄一致、高低平整,焊后无变形,具体要求参照评分标准。

图 3-31 管板垂直固定焊试件图

工艺分析

　　管板垂直连接钨极氩弧焊时,熔池应尽量趋于水平状,电弧偏于孔板,且孔板侧电弧停留时间相对于管壁侧要长一些,以免在管壁侧出现堆积、孔板侧产生咬边等缺陷。插入式管板垂直固定焊时,钢管处于垂直位置,板件为水平位置,环形焊缝平行于水平面。焊接时,要随着焊接位置的变化,不断调整焊枪的角度,并控制好熔池的熔化状态。焊接时要控制好焊枪角度和焊接速度,防止产生焊道间沟槽或凸起、管壁咬边等缺陷。

▶ **焊接操作**

一、焊前准备

　　(1) 试件材料　20 钢管和 Q355R 钢板,板材尺寸为 180 mm×180 mm×12 mm,板材中心孔按钢管外径加工成通孔;钢管尺寸为 φ60 mm×100 mm×6 mm,钢管一端加工出单边 50°V 形坡口,钝边高度为 0～1 mm。坡口尺寸如图 3-31 所示。

　　(2) 焊接材料　ER50-6 焊丝,直径为 2.5 mm;电极为铈钨极,直径为 2.5 mm;保护气体为氩气,纯度不低于 99.99%。

　　(3) 焊机　WSE-300 型焊机,直流正接。

　　(4) 焊前清理　将坡口及其两侧 20 mm 范围内的铁锈、油污、氧化物等清理干净,使其露出金属光泽。同时,焊接坡口应保持平整,不得有裂纹、分层、夹杂等缺陷。

　　(5) 装配定位　要求钢管与板件内孔同心,钢管与板件相互垂直,组件上部间隙为 3 mm。定位焊一般在坡口内每隔 120°均匀布置三点,如图 3-32 所示,定位焊缝长度为 5～10 mm。

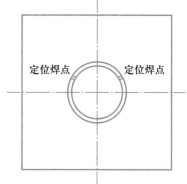

图 3-32　定位焊缝位置图

二、焊接参数

　　低碳钢管板垂直连接钨极氩弧焊焊接工艺卡见表 3-13。

表 3-13　低碳钢管板垂直连接钨极氩弧焊焊接工艺卡

焊接工艺卡		编号:
材料型号	20 钢管、Q355R 钢板	接头简图
材料规格/mm	钢管:φ60×100×6 钢板:180×180×12	φ60
接头种类	对接+角接	6
坡口形式	V 形	100
坡口角度	50°	50°
钝边高度/mm	0～1	3
根部间隙/mm	3	12　　φ48
焊接方法	GTAW	
焊接设备	WSE-300	

续表

电源种类	直流	焊后热处理	种类	—	保温时间	—
电源极性	正接		加热方式	—	层间温度/℃	150~250
焊接位置	2FG		温度范围	—	测量方法	—

焊接参数

焊层	焊丝型号	焊丝直径/mm	焊接电流/A	焊接电压/V	保护气体流量/(L/min)	钨极直径/mm
打底层焊接			120~130	15~17	8~10	ϕ2.5
填充焊	ER50-6	ϕ2.5	130~150	15~17	8~10	ϕ2.5
盖面层			130~150	15~17	8~10	ϕ2.5

三、焊接过程

1. 打底层焊接

① 焊接过程中,要求焊枪角度保持不变,沿钢管周边圆弧移动,速度要均匀,电弧在坡口根部和钢管边缘应有相应的停顿。焊接时,电弧偏向钢管一侧,以保证两侧熔合良好,保持熔池大小和形状基本一致,避免产生未焊透等缺陷。打底层焊接操作顺序如图 3-33 所示。

② 焊枪在始焊端定位焊缝处引燃电弧(钨极端部距熔池的高度为 2 mm,太低则易和熔池、焊丝相碰,形成短路;太高则氩气对熔池的保护效果不好),不加或少加焊丝,焊枪在定位焊缝处稍做停留,待加热部分熔化并形成熔孔后,再填加焊丝向上焊接。焊枪做"Z"字形窄幅摆动或者反月牙形摆动,摆动动作要平稳,并在坡口两侧稍做停留,以保证两侧熔合良好。焊接时,应注意随时观察熔孔的大小(若发现熔孔不明显,则应暂停送丝,待出现熔孔后再送丝,避免产生未焊透缺陷;若熔孔过大,则熔池有下坠现象,应利用电流衰减功能控制熔池温度,以减小熔孔,避免焊缝背面成形过高)。焊枪向上移动的速度要合适,熔池形状以接近椭圆形为佳。

③ 焊丝与焊枪的运动要配合协调,同步移动。根据根部间隙的大小,焊丝与焊枪可同步按圆周焊接或小幅度左右平行摆动向上施焊。收弧时,要防止弧坑产生裂纹和缩孔,可利用电流衰减功能,逐渐降低熔池的温度,同时延长氩气对弧坑的保护作用,直至熔池冷却。

2. 填充层焊接

① 焊接过程中要求焊枪角度保持不变,沿钢管周边圆弧移动,速度要均匀,电弧在坡口根部和钢管边缘应有相应的停顿,以保证坡口两侧熔合良好。焊速要保持均匀,基本填平坡口,但不能熔化坡口棱边,以免影响盖面层的焊接。填充层焊接操作顺序如图 3-34 所示。

② 由于填充层焊缝逐渐变宽,焊枪做"Z"字形或反月牙形摆动的幅度应比打底层焊接时稍大些,摆动到坡口两侧应稍做停顿,使坡口两侧充分熔化,以保证熔合良好。

③ 填充层焊缝应比焊件表面低 1 mm 左右,保持坡口边缘的原始状态,不能熔化坡口的上棱边,为盖面层的焊接打好基础。

3. 盖面层焊接

① 焊接时必须保证焊脚尺寸正确。一般采用两道焊,第一条焊道紧靠孔板表面,熔化

孔板坡口边缘 1~2 mm,保证焊道外边整齐。第二条焊道靠近钢管一侧,应适时调整焊枪与管壁间的夹角,将其控制在 45°~60°范围内,与第一条焊道重叠 1/2~2/3,并根据焊道宽度适当加大焊枪摆动幅度和提高焊接速度。盖面层焊接操作顺序如图 3-35 所示。

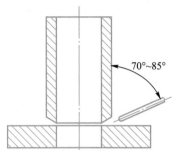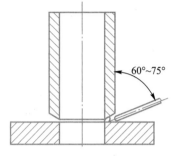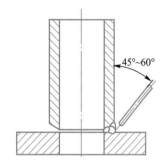

图 3-33　打底层焊接操作顺序　　图 3-34　填充焊操作顺序　　图 3-35　盖面层焊接操作顺序

② 接头方法与打底层焊接不同的是,在熔池前 10~15 mm 处引弧,摆动要有规律,焊丝要适量,使接头处焊缝过渡圆滑。盖面层焊接时,焊枪的摆动幅度应比填充焊时稍大,其余与打底层焊接相同。

③ 焊接时应保证熔池熔化坡口两侧棱边 0.5~1.5 mm,并压低电弧,避免产生咬边,同时应根据焊缝的余高确定焊丝的送进速度。

师傅点拨

① 焊接下一层前,应对上一层焊缝进行清理,并打磨掉焊道上的局部凸起。

② 焊接过程中,一定要控制好焊枪角度和焊丝位置。

③ 焊枪做"Z"字形或反月牙形摆动时,到坡口两侧应稍做停顿,使坡口两侧熔合良好。

④ 焊接过程中停顿收弧时,待电弧熄灭、熔池凝固后才能移开焊枪,以避免局部产生气孔。

四、试件清理与质量检验

① 将焊好的试件用钢丝刷反复拉刷焊道,除去焊缝氧化层。严禁破坏焊缝原始表面,禁止用水冷却。

② 对焊缝表面质量进行目视检验,使用 5 倍放大镜观察表面是否存在缺陷,并使用焊接检验尺对焊缝进行测量,应满足相关要求。焊缝试件外观质量检验合格后,应进行折断试验。

五、现场清理

焊接结束后,首先关闭氩气瓶阀门,点动焊枪开关或焊机面板上的焊接检气开关,放掉减压器内的余气,然后关闭焊接电源。清扫场地,按规定摆放工具,整理焊接电缆,确认无安全隐患,并做好使用记录。

▶ 任务评价

低碳钢管板垂直连接钨极氩弧焊评分表见表 3-14。

表 3-14　低碳钢管板垂直连接钨极氩弧焊评分表

试件编号		评分人			合计得分		测量数值	实际得分
检查项目	评判标准及得分	评判等级					测量数值	实际得分
		I	II	III	IV			
焊脚尺寸/mm	尺寸标准	10	>10,≤11	>11,≤12	<10 或>12			
	得分标准	12 分	8 分	4 分	0 分			
焊缝凸度/mm	尺寸标准	0~1	>1,≤2	>2,≤3	>3			
	得分标准	12 分	8 分	4 分	0 分			
咬边/mm	尺寸标准	无咬边	深度≤0.5 且长度≤15	深度≤0.5,长度>15~30	深度>0.5 或长度>15			
	得分标准	12 分	8 分	4 分	0 分			
焊脚差/mm	尺寸标准	0~1	>1,≤1.5	>1.5,≤2	>2			
	得分标准	4 分	2 分	1 分	0 分			
焊道层数	标准	两层三道	其他					
	得分标准	4 分	0 分					
垂直度误差/mm	尺寸标准	0	<1	>1,≤2	>2			
	得分标准	8 分	6 分	4 分	0 分			
焊缝成形	标准	优	良	中	差			
	得分标准	8 分	6 分	4 分	0 分			
折断试验 根部熔深/mm	尺寸标准	>1	>0.5,≤1	>0,≤0.5	未熔			
	得分标准	16 分	8 分	4 分	0 分			
条状缺陷/mm	尺寸标准	无	<1	>1,≤1.5	>1.5			
	得分标准	12 分	8 分	4 分	0 分			
点状缺陷	标准	无	<φ1,数目1个	<φ1,数目2个	>φ1 或数目>2个			
	得分标准	12 分	8 分	4 分	0 分			

焊缝外观成形评判标准

优	良	中	差
成形美观,焊缝均匀、细密,高低宽窄一致	成形较好,焊缝均匀、平整	成形尚可,焊缝平直	焊缝弯曲,高低、宽窄相差明显

注:试件焊接未完成的,表面修补及焊缝正反面有裂纹、夹渣、气孔、未熔合缺陷的,按 0 分处理。

项目四 火焰钎焊技能训练

任务 铜及铜合金管火焰钎焊

学习目标及重点、难点

◎ 学习目标：掌握铜及铜合金管火焰钎焊的表面处理与装配间隙要求，正确选择铜及铜合金管火焰钎焊用钎料及钎剂；掌握铜及铜合金管火焰钎焊的操作方法，包括火焰类别、加热方式的选择，以及钎料、钎剂的施加和冷却等。

◎ 学习重点：铜及铜合金管火焰钎焊用钎料及钎剂的选择。

◎ 学习难点：铜及铜合金管火焰钎焊的操作。

▶ 焊接试件图（图4-1）

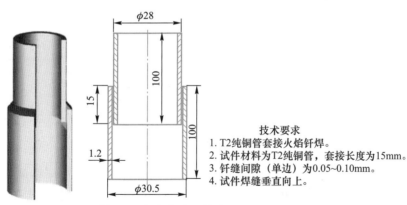

技术要求
1. T2纯铜管套接火焰钎焊。
2. 试件材料为T2纯铜管，套接长度为15mm。
3. 钎缝间隙（单边）为0.05~0.10mm。
4. 试件焊缝垂直向上。

图4-1 铜及铜合金管套接火焰钎焊试件图

⚙ 工艺分析

铜及铜合金管火焰钎焊应先加热内铜管，因为钎缝的存在使得内铜管的搭接部分不能通过外铜管的传热来升温。此外，内铜管加热膨胀可减小钎缝间隙，增强钎缝吸附钎料的"毛细作用"。

加热外铜管时，火焰中心应位于铜管搭接部分中心略偏下位置，这是因为外铜管上边缘的导热条件不良，直接在钎缝上加热容易烧损外铜管管壁上边缘。尤其是在钎接薄壁铜管时，更要注意掌握好加热位置和加热温度。

在整个钎焊加热过程中，不要让火焰离开铜管。因为铜管加热后只有在火焰包围下，其表面才能不被空气氧化。如果铜管离开火焰被空气氧化而形成氧化皮，将影响钎料的流动和钎接质量。因此，整个钎焊过程要一气呵成，在最短的时间内焊出高质量的铜管钎焊接头。

撤枪后，应继续向钎缝填加钎料，待温度下降至接近固相线后，才能在钎缝上形成光滑的钎脚。

▶ 焊接操作

一、焊前准备

（1）试件材料　T2纯铜管两根，尺寸为 $\phi28$ mm×100 mm×1.2 mm 和 $\phi30.5$ mm×100 mm×1.2 mm。

（2）钎料　选用磷铜钎料 B-Cu89PAg（HL205），规格为 $\phi2$ mm×500mm，钎剂为硼酸三甲酯（气体助焊剂）。

（3）焊接设备　焊枪型号选用 H01-20，焊嘴型号选择4号多孔焊嘴。多孔焊嘴（梅花嘴）火焰比较分散，有利于保证均匀加热，其火焰温度较适用于铜管的火焰钎焊。

（4）焊前清理　焊前要清除焊件表面及接合处的油污、氧化物、毛刺等杂物，保证铜管端部及接合面的清洁与干燥。另外，还需要保证钎料的清洁与干燥。

（5）接头安装　该接头采用套接方式，安装时要确保钎缝间隙和套接长度合适。针对所使用的铜磷钎料，要求钎缝间隙（单边）为 0.05~0.10 mm，套接长度为 15 mm。

二、焊接参数

铜及铜合金管火焰钎焊焊接工艺卡见表4-1。

表4-1　铜及铜合金管火焰钎焊焊接工艺卡

焊接工艺卡		编号：	
材料牌号	T2	接头简图	
材料规格/mm	$\phi28×100×1.2$ $\phi30.5×100×1.2$		
钎料牌号	B-Cu89PAg（HL205）		
钎料规格/mm	$\phi2×500$		
钎剂牌号	硼酸三甲酯		
接头种类	套接		
根部间隙/mm	0.05~0.10		
搭接长度/mm	15		
焊接方法	火焰钎焊		
焊枪型号	H01-20		
焊嘴型号	4号多孔焊嘴		
燃气种类	液化石油气-LPG		

焊接参数							
氧气压力 /MPa	燃气压力 /MPa	保护气体压力/MPa	火焰种类	钎焊温度 /℃	保温时间 /min	焊接速度 /(cm/min)	保护气体流量/(L/min)
0.5~0.8	0.05~0.09	0.1	中性焰或微碳化焰	800~850	—	—	6

在焊接过程中,钎焊温度是影响钎料润湿性的主要焊接参数:温度升高,可明显改善润湿性;但温度过高时,润湿性太好,会造成钎料流失,严重时会产生熔蚀现象。

纯铜管被气体火焰加热到呈暗红色时,其温度为 700 ℃ ~ 800 ℃;呈粉红色时,温度为 800 ℃ ~ 850 ℃。由于磷铜钎料 B-Cu89PAg(HL205)中银的质量分数约为 5%,其固相线温度为 640 ℃,液相线温度约为 800 ℃,因此,该钎料向铜管钎缝送进的最佳温度约为 820 ℃。钎焊过程中,当铜管加热至呈粉红色时向钎缝送进钎料,待铜管温度下降至呈暗红色时再将钎料撤出。

为防止铜管内壁受热而被空气氧化,应保证焊接前和焊接后有充足的氮气保护,充氮保护参数见表 4-2。

表 4-2 充氮保护参数

管径/mm	氮气流量(焊接中)/(L/min)	焊后保持时间/s	氮气压力/MPa	
			预充式(短时置换)	边充边焊(连续置换)
≥10	≥6	≥6	0.2	0.1

三、焊接过程

1. 火焰的调节

(1)焊接气体的组成:焊接气体由助燃气体(O_2,压力为 0.7 MPa)和可燃气体(液化石油气-LPG,压力为 0.05 ~ 0.09 MPa)两部分组成。此外,为了增加液态钎料润湿性及防止铜管外表被氧化,在 O_2-LPG 混合气体中加入了气体助焊剂(其主要成分为硼酸三甲酯,要求含量为 55% ~ 65%),三种气体混合物燃温度可达 2 400 ℃。

(2)火焰调节方式:首先打开燃气气阀,点火后调节氧气阀,调出明显的碳化焰后再缓慢调大氧气阀,直到白色外焰距蓝色 2 ~ 4 mm,此时外焰轮廓已模糊,即内焰与焰心将重合,火焰变为中性焰。再调大氧气变为氧化焰,焰心呈白色,其长度随氧气量增大而变短。焊接铜管时应使用中性焰,尽量避免用氧化焰和碳化焰,气体助焊剂流量大小须调到外焰呈亮绿色,如图 4-2 所示。另外,也可依据焊后铜管的颜色来调节气体助焊剂流量,当焊后铜管有变黑的倾向时,应调大气体助焊剂的流量,直到焊后铜管呈紫色为止。

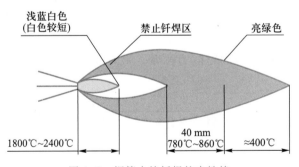

图 4-2 铜管火焰钎焊的中性焰

2. 加热

使用单头焊枪时,先根据被焊铜管的直径和壁厚调整好中性焰或微碳化焰的长度,然后让火焰与铜管壁成近似垂直的角度将焊枪压上,控制枪嘴至铜管壁之间的距离在 20 ~ 40 mm 范围内,管径大且管壁厚时,加热应近些。为保证接头均匀加热,焊接时使火焰沿铜管长度方向移动,保证杯形口和附近 10 mm 范围内均匀受热。因为被钎接的铜管之间有钎缝,内、外铜管的搭接部分不能通过直接接触进行有效的热传导,所以要按图 4-3 所示顺序加热。

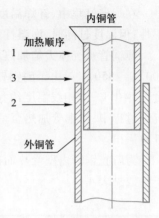

图 4-3 铜管钎焊加热顺序

(1)第一步先加热内铜管,加热位置以火焰边界正好位于钎缝上方为好,将内铜管先加热至暗红。

(2)内铜管被加热至暗红后,迅速将火焰下移加热外铜管,火焰中心对准外铜管与内铜管搭接部中心略偏下,将外铜管也加热至暗红。

(3)待外铜管也被加热至暗红后,再迅速将火焰上移,略高于钎缝,同时加入钎料,左右轻微晃动一下焊枪,利用火焰吹力催动钎料向钎缝内流动,然后迅速撤枪,此时上下铜管均呈粉红色。撤枪后继续向钎缝送进钎料直至铜管温度下降至呈暗红色为止,以便在钎缝上形成圆滑过渡的钎脚。

3. 加入钎料、钎剂

当铜管和杯形口被加热到焊接温度时(呈暗红色)需从火焰的另一侧加入钎料,如果钎焊黄铜和紫铜,则需先加热钎料,焊前涂覆钎剂后方可焊接。焊料的加入方式如图 4-4 所示。

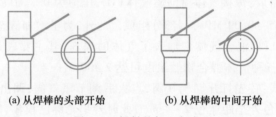

(a) 从焊棒的头部开始   (b) 从焊棒的中间开始

图 4-4 焊料的加入方式

钎料从火焰的另一侧加入,原因有三点:其一是防止钎料直接受火焰加热时因温度过高使钎料中的磷被蒸发掉,影响焊接质量;其二是可检测接头部分是否均匀达到焊接温度;其三是钎料从低温侧向高温侧润湿铺展,低温处钎料填缝速度慢,所以让钎料在低温处先熔化、先填缝,而高温侧填缝时间要短些,这样可使钎料不至于在低温处填缝不充分而高温侧填缝过度而流失,进而保证钎料能均匀填缝。焊接时,可能出现焊料成球状滚落到接合处而不附着于工件表面的现象,其原因可能为被焊金属未达到焊接温度而焊料已熔化或被焊金属不清洁。

4. 加热保持

当观察到钎料熔化后,应将火焰稍离开工作,焊嘴离焊件 40～60 mm,待钎料填满间隙后,焊炬慢慢移开接头,继续加入少量钎料后再移开焊枪和钎料。

5. 焊后处理

焊接后应及时对工件进行冷却,防止高温的铜管在冷却过程中被氧化。焊后应及时清除焊件表面的焊剂和氧化膜,特别是黄铜与紫铜焊接后应用清水清洗或砂纸打磨焊件表面,并用气枪吹干水分,以防止表面被腐蚀产生铜锈。

四、焊接质量要求

对钎焊的质量要求如下:

① 焊缝接头表面光亮、填角均匀、光滑圆弧过渡。

② 接头无过烧、表面严重氧化、焊缝粗糙、焊蚀等缺陷。

③ 焊缝无气孔、夹渣、裂纹、焊瘤等现象。

铜管火焰钎焊常见缺陷及其处理措施参见表4-3。

表4-3　铜管火焰钎焊常见缺陷及其处理措施

缺陷	特征	产生原因	处理措施	预防措施
钎料未填满	接头间隙部分未填满	1. 间隙过大或过小 2. 装配时铜管歪斜 3. 焊件表面不清洁 4. 焊件加热不够 5. 钎料加入不够	对未填满部分重焊	1. 装配间隙要合适 2. 铜管不能歪斜 3. 焊前清理焊件 4. 均匀加热到要求温度 5. 加入足够钎料
气孔	钎缝表面或内部有气孔	1. 焊件清理得不干净 2. 钎缝金属过热 3. 焊件潮湿	清除钎缝后重焊	1. 焊前清理焊件 2. 降低钎焊温度 3. 缩短保温时间 4. 焊前烘干焊件
夹渣	钎缝中有杂质	1. 焊件清理得不干净 2. 加热不均匀 3. 间隙不合适 4. 钎料杂质含量过多	清除钎缝后重焊	1. 焊前清理焊件 2. 均匀加热 3. 调整至合适的间隙 4. 保证钎料质量
表面焊蚀	钎缝表面有凹坑或烧缺	1. 钎料过多 2. 钎缝保温时间过长	机械磨平	1. 使用适量钎料 2. 保温时间要合适
氧化	焊件表面或内部被氧化成黑色	1. 使用氧化焰加热 2. 未用雾化助焊剂 3. 内部充氮保护不够	打磨除去氧化物并烘干	1. 使用中性焰加热 2. 使用雾化助焊剂 3. 内部充氮保护完全
过烧	内、外表面氧化皮过多,并有脱落现象;焊头形状粗糙、发黑,外套管裂管	1. 钎焊温度过高(使用了氧化焰) 2. 钎焊时间过长 3. 已焊好后又不断加热、填料	用高压氮气或干燥空气对铜管内外吹	1. 控制好加热温度 2. 控制好加热时间 3. 焊好后停止加热填料

▶ 任务评价

铜及铜合金管火焰钎焊评分表见表4-4。

表4-4　铜及铜合金管火焰钎焊评分表

序号	考核内容	考核要点	配分	评分标准		扣分	得分
1	焊前准备	① 工件清理(焊前、焊后) ② 焊件定位 ③ 焊接参数调整	10	1. 工件清理不干净 2. 焊件定位不正确 3. 焊接参数调整不正确	扣2分 扣5分 扣3分 扣完为止		

序号	考核内容	考核要点	配分	评分标准		扣分	得分
2	焊缝外观质量	① 母材搭接间隙 ② 钎缝区域表面 ③ 钎缝质量 ④ 钎料 ⑤ 母材	80	1. 间隙未填满 2. 表面不光滑 3. 钎缝中存在气孔 　钎缝中有夹渣 　钎缝区域有裂纹 4. 钎料有流失 　连接外边的钎料堆积 5. 母材熔蚀 　母材区域有裂纹	扣 12 分 扣 12 分 扣 12 分 扣 12 分 不得分 扣 12 分 扣 12 分 扣 12 分 不得分 扣完为止		
3	安全文明生产	① 劳保用品 ② 焊接过程 ③ 场地清理	10	1. 劳保用品穿戴不全； 2. 焊接过程中有违反安全操作规程的现象； 3. 场地清理不干净，工具摆放不整齐	扣 2 分 扣 5 分 扣 3 分 扣完为止		
4	考试用时	超时	—	超时在总分中扣除： 每超过时间允许差 5 min（不足 5 min 按 5 min 计算） 超过额定时间 15 min	扣总分 1 分 本题 0 分		
合计			100				

注:若钎缝表面没有焊接成形或不是原始状态,有加工、补焊、返修等现象,或有裂纹、气孔、夹渣、未焊透、未熔合等缺陷存在,则成绩记为 0 分。

项目五 埋弧焊技能训练

▶ **任务一　埋弧焊基础知识**

学习目标及重点、难点

◎ 学习目标：了解埋弧焊的原理及特点。熟悉埋弧焊的设备及工具。掌握焊接材料的选用及使用。掌握焊接参数的选择。掌握埋弧焊常见缺陷的产生原因及预防方法。

◎ 学习重点：培养学习焊接技能的兴趣。培养严格执行工作规范和安全文明操作规程的职业素养。培养吃苦耐劳、创新精神、团队合作精神等综合素质。

◎ 学习难点：具备埋弧焊基本操作技能。具备安全文明生产意识。具备获取信息、分析问题、解决问题的能力。

▶ 5.1　埋弧焊的原理

埋弧焊是电弧在焊剂层下进行焊接的方法，这种焊接方法是利用焊丝与焊件之间在焊剂层下燃烧的电弧产生热量，熔化焊丝、焊剂和母材金属而形成焊缝，从而连接被焊工件。在埋弧焊中，颗粒状焊剂对电弧和焊接区起保护和合金化作用，而焊丝则用作填充金属。

5.1.1　埋弧焊的过程及特点

埋弧焊原理图如图 5-1 所示。焊丝和工件分别与焊接电源的输出端相接。焊丝由自动送丝机构连续向覆盖焊剂的焊接区给送，电弧引燃后，焊剂、焊丝和母材在电弧热的作用下立即熔化并形成熔池，熔化的熔渣覆盖住熔池金属及高温焊接区，具有良好的保护作用，未熔化的焊剂也具有隔离空气、屏蔽电弧光和热的作用，并提高了电弧的热效率。熔融的焊剂与熔化金属之间可产生各种冶金反应，正确地控制这些冶金反应的进程，可以获得化学成分、力学性能和纯度符合预定技术要求的焊缝金属。同时，焊剂的成分也影响到电弧的稳定性、电弧柱的最高温度以及热分布。熔渣的特性对焊道外表的成形也起一定的作用。

埋弧焊时，可以采用较短的焊丝伸出长度，并且可在焊接过程中基本保持不变。焊丝可以较高的速度自动给送，因此可以采用大电流进行焊接，从而可达到相当高的熔敷率。埋弧焊是一种高电流密度焊接法，具有深熔的特点，一次熔透深度可达 20 mm 以上。因此，它是一种高生产率焊接法。

手工埋弧焊时，焊丝由送丝机构通过软管给送，焊枪的移动由焊工手工操作并控制焊接

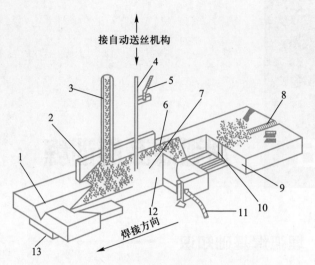

图 5-1 埋弧焊原理图

1—焊接坡口;2—焊剂挡板;3—焊剂输送管;4—焊丝;5—电缆;6—焊剂;7—熔渣;
8—焊缝表面;9—母材;10—焊缝金属;11—地线;12—熔化的焊缝金属;13—衬垫

速度。埋弧焊时,整个焊接过程,如起动、引弧、送丝、焊机(或工件)移动以及焊接结束时填满弧坑等全由焊机机械化控制,焊工只需按动相应的按钮。

综上所述,埋弧焊具有下列主要特点:

① 埋弧焊是一种高效焊接法,不仅熔敷率高,而且具有深熔能力,30 mm 以下的对接接头可以不开坡口或开浅坡口焊成全焊透的焊缝。

② 埋弧焊时,电弧及焊接区受到良好的保护,焊缝质量优良、致密性好,且焊缝外观平整光滑,易于控制焊道的成形,能够满足对焊缝各种性能的要求。

③ 简化坡口准备,节省了大量的焊接材料及加工时间。

④ 焊接过程中无弧光刺激,易于实现焊接过程的机械化、自动化,改善了焊工的劳动条件。

5.1.2 埋弧焊的分类及应用

近年来,埋弧焊作为一种高效、优质的焊接方法有了很大的发展,已演变出多种埋弧焊工艺方法,并在工业生产中得到实际应用。埋弧焊按机械化程度、焊丝数量及形状、送丝方式、焊丝受热条件、附加添加剂种类和方式、坡口形式和焊缝成形条件等分类,如图 5-2 所示。

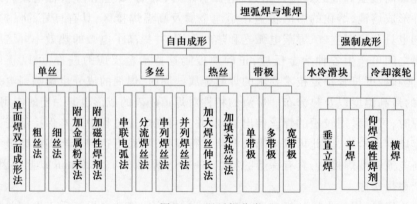

图 5-2 埋弧焊分类

1. 埋弧焊的优点

埋弧焊与其他焊接方法相比具有下列优点：

① 埋弧焊可以相当高的焊接速度和高的熔敷率完成厚度实际上不受限制的对接、角接和搭接接头，多丝埋弧焊特别适用于厚板接头和表面堆焊。

② 单丝或多丝埋弧焊可采用单面焊双面成形工艺，完成厚度在 20 mm 以下的直边对接接头，或以双面焊完成 40 mm 以下的直边对接和单 V 形坡口对接接头，能够取得相当高的经济效益。

③ 利用焊剂对焊缝金属的脱氧还原反应和渗合金作用，可以获得力学性能优良、致密性高的优质焊缝金属。焊缝金属的性能容易通过焊剂和焊丝的选配任意调整。

④ 埋弧焊过程中，焊丝的熔化不产生任何飞溅，焊缝表面光洁，焊后无须修磨焊缝表面，省略了辅助工序。

⑤ 埋弧焊过程中无弧光刺激，焊工可集中注意力进行操作，焊接质量易于保证，同时劳动条件得到了改善。

⑥ 埋弧焊易于实现机械化和自动化操作，焊接过程稳定，焊接参数调整范围广，可以适应各种形状工件的焊接。

⑦ 埋弧焊可在风力较大的露天场地施焊。

2. 埋弧焊的缺点

① 焊接设备占地面积较大，一次投资费用较高，并需要采用处理焊丝、焊剂的辅助装置。

② 每层焊道焊接后必须清除焊渣，增加了辅助时间，如果清渣不仔细，则容易使得焊缝产生夹渣之类的缺陷。

③ 埋弧焊只能在平焊或横焊位置下进行，对工件的倾斜度有严格的限制，否则焊剂和焊接熔池难以保持。

随着埋弧焊焊剂和焊丝新品种的开发和埋弧焊工艺的改进，目前可焊接的钢种有：所有牌号的低碳钢，$\omega_C < 0.6\%$ 的中碳钢，各种低合金高强度钢、耐热钢、耐候钢、低温用钢、各种铬钢和铬镍不锈钢、高合金耐热钢和镍基合金等。淬硬性较高的高碳钢、马氏体时效钢、铜及其合金也可采用埋弧焊焊接，但必须采用特殊的焊接工艺才能保证接头的质量。埋弧焊还可用于不锈耐蚀、硬质耐磨金属的表面堆焊。

铸铁、奥氏体锰钢、高碳工具钢、铝和镁及其合金尚不能采用埋弧焊进行焊接。

埋弧焊是各工业部门中应用最广泛的机械化焊接方法之一，特别是在船舶制造、发电设备、锅炉压力容器、大型管道、机车车辆、重型机械、桥梁及炼油化工装备生产中已成为主导焊接工艺，对上列焊接结构制造行业的发展起到了积极的推动作用。

5.1.3　埋弧焊的冶金过程

埋弧焊的冶金过程是指液态熔渣与液态金属以及电弧气氛之间的相互作用，其中主要包括氧化、还原反应，脱硫、脱磷反应以及去气等过程。

1. 埋弧焊冶金过程的特点

（1）焊剂层的物理隔绝作用　埋弧焊时，电弧在一层较厚的焊剂层下燃烧，部分焊剂在电弧热作用下立即熔化，形成液态熔渣，包围了整体焊接区和液态熔池，隔绝了周围的空气，产生了良好的保护作用，焊缝金属的 ω_N 仅为 0.002%（用优质药皮焊条焊接的焊缝金属 $\omega_N = 0.02\% \sim 0.03\%$），故埋弧焊焊缝具有较高的致密性和纯度。

（2）冶金反应较完全　埋弧焊时，由于焊接熔池和凝固的焊缝金属被较厚的熔渣层覆盖，焊接区的冷却速度较慢，熔池液态金属与熔渣的反应时间较长，故冶金反应较充分，去气较完全，熔渣也易于从液态金属中浮出。

（3）焊缝金属的合金成分易于控制　埋弧焊过程中，可以通过焊剂或焊丝对焊缝金属进行渗合金，焊接低碳钢时，可利用焊剂中氧化硅（SiO_2）和氧化锰（MnO）的还原反应，对焊缝金属渗硅和渗锰，以保证焊缝金属应有的合金成分和力学性能。

（4）焊缝金属纯度较高　埋弧焊过程中，高温熔渣具有较强的脱硫、脱磷作用，焊缝金属中硫、磷的含量可控制在很低的范围内。同时，熔渣也具有去气作用，从而大大降低了焊缝金属中氢和氧的含量。

2. 埋弧焊中的主要冶金反应

埋弧焊中的冶金反应主要有硅、锰还原反应，脱硫、脱磷反应，碳的氧化反应和去气反应。

硅和锰是低碳钢焊缝金属中的主要合金元素，锰可提高焊缝的抗热裂性和力学强度，改善常温和低温韧性；硅使焊缝金属镇静，加快熔池金属的脱氢过程，保证焊缝的致密性。低碳钢埋弧焊用焊剂通常含有较多的 MnO 和 SiO_2。

从焊剂中向焊缝金属过渡硅、锰的数量取决于以下四点：① 焊剂成分；② 焊丝和母材金属中 Si 和 Mn 原始含量；③ 焊剂碱度；④ 焊接参数。

▶ 5.2　埋弧焊设备及工具

5.2.1　埋弧焊设备

目前在生产中使用的埋弧焊机类型很多，常用的埋弧焊机有等速送丝式和变速送丝式两种类型，它们一般都是由机头、控制箱、导轨（或支架）及焊接电源组成。根据工作需要，埋弧焊机可做成不同的形式，常见的有焊车式、悬挂式、车床式、悬臂式和门架式等。表 5-1 为常用国产埋弧焊机主要技术数据。

表 5-1　常用国产埋弧焊机主要技术数据

型号	NZA-1000	MZ-1000	MZ1-1000	MZ2-1500	MZ3-500	MZ6-2-500	MU-2×300	MU1-1000
送丝方式	变速送丝	变速送丝	等速送丝	等速送丝	等速送丝	等速送丝	等速送丝	变速送丝
焊机结构特点	埋弧、明弧两用车	焊车	焊车	悬挂式自动机头	电磁爬行焊车	焊车	堆焊专用焊机	堆焊专用焊机
焊接电流/A	200~1 200	400~1 200	200~1 200	400~1 500	180~600	200~600	160~300	400~1 000
焊丝直径/mm	3~5	3~6	1.6~5	3~6	1.6~2	1.6~2	1.6~2	焊带宽30~80，厚0.5~1
送丝速度/(cm/min)	50~600（弧压反馈控制）	50~200	37~670	47~375	180~700	250~1 000	160~540	25~100

焊接速度/(cm/min)	3.5~130	25~117	26.7~210	22.5~187	16.7~108	13.3~100	32.5~58.3	12.5~58.3
焊接电流种类	直流	直流或交流				交流	直流	直流
送丝速度调整方法	用电位器无极调整	用电位器调整直流电动机转速	调换齿轮	调换齿轮	用自耦变压器无极调节直流电动机转速		调换齿轮	用电位器无极调节直流电动机转速

一、埋弧焊电源

一般埋弧焊多采用粗焊丝,电弧具有水平的静特性曲线。按照前述电弧稳定燃烧的要求,电源应具有下降外特性。在用细焊丝焊接薄板时,电弧具有上升的静特性曲线,宜采用平特性电源。

埋弧焊电源可以用交流(弧焊变压器)、直流(弧焊发电机或弧焊整流器)或交直流并用。应根据具体的应用条件,如焊接电流范围、单丝焊或多丝焊、焊接速度、焊剂类型等选用。

一般直流电源用于小电流范围、快速引弧、短焊缝、高速焊接,所采用焊剂的稳弧性较差以及对焊接参数稳定性有较高要求的场合。采用直流电源时,不同的极性将产生不同的工艺效果。采用直流正接(焊丝接负极)时,焊丝的熔敷率最高;采用直流反接(焊丝接正极)时,焊缝熔深最大。

采用交流电源时,焊丝熔敷率及焊缝熔深介于直流正接和反接之间,而且电弧的磁偏吹最小。因而,交流电源多用于大电流埋弧焊和采用直流时磁偏吹严重的场合。一般要求交流电源的空载电压在65 V以上。

为了加大熔深并提高生产率,多丝埋弧焊得到了越来越多的工业应用。目前应用较多的是双丝焊和三丝焊。多丝焊的电源可用直流或交流,也可以交、直流联用。双丝埋弧焊和三丝埋弧焊时焊接电源的选用及连接有多种组合。

二、埋弧焊机

根据GB/T 10249—2010《电焊机型号编制方法》规定,埋弧焊机型号代表字母及其含义见表5-2。

表5-2　埋弧焊机型号代表字母及其含义

第一字位		第二字位		第三字位		第四字位	
M	埋弧焊机	Z	自动焊	省略	直流	省略 1	焊车式
		B	半自动焊	J	交流	2	横臂式
		U	堆焊	E	交直流	3	机床式
		D	多用	M	脉冲	9	焊头悬挂式

1. 半自动埋弧焊机

半自动埋弧焊机的主要功能:将焊丝通过软管连续不断地送入电弧区;传输焊接电流;控制焊接起动和停止;向焊接区敷施焊剂。

半自动埋弧焊机主要由送丝机构、控制箱、带软管的焊接手把及焊接电源组成。软管式半自动埋弧焊机兼有自动埋弧焊机的优点及焊条电弧焊机的机动性。在难以进行自动焊的工件上（如中心线不规则的焊缝、短焊缝、施焊空间狭小的焊缝等），可用这种焊机进行焊接。

2. 自动埋弧焊机

自动埋弧焊机的主要功能：将焊丝通过软管连续不断地送入电弧区；传输焊接电流；使电弧沿接缝移动；控制电弧的主要参数；控制焊接的起动与停止；向焊接区敷施焊剂；焊接前调节焊丝端位置。

自动埋弧焊机可按照工作需要做成不同的形式，常见的有焊车式、悬挂式、机床式、悬臂式、门架式等。常用的自动埋弧焊机有等速送丝式和变速送丝式两种。它们一般都由机头、控制箱、导轨（或支架）和焊接电源组成。等速送丝自动埋弧焊机采用电弧自身调节系统；变速送丝自动埋弧焊机采用电弧电压自动调节系统。

使用最普遍的是 MZ-1000 型焊机，该焊机为焊车式。MZ-1000 型焊机采用电弧电压自动调节（变速送丝）系统，送丝速度正比于电弧电压。MZ-1000 型埋弧焊机主要由 MZT-1000 型焊接小车和 MZP-1000 型控制箱及焊接电源组成，其外部接线如图 5-3 所示。MZT-1000 型焊接小车由机头、控制箱、焊丝盘、焊剂漏斗和台车等组成，如图 5-4 所示。

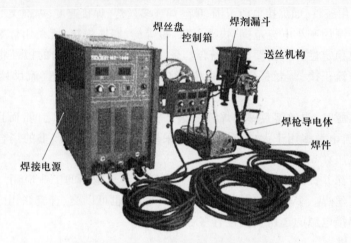

图 5-3　MZ-1000 型埋弧焊机外部接线

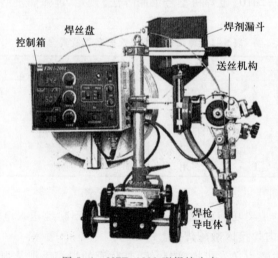

图 5-4　MZT-1000 型焊接小车

MZ-1000 型埋弧焊机的自动调节灵敏度较高,而且对焊机送丝速度和焊接速度的调节方便,可使用交流和直流焊接电源,主要用于水平位置或倾斜度不大于 10°的各种坡口的对接、搭接和角焊缝的焊接,并可借助焊接操作机及焊接滚轮架等辅助设备焊接筒形焊件的纵、环缝,如图 5-5 所示。

通常配备直流电源,适用于小电流、快速引弧、短焊缝、高速焊接以及焊剂的稳定性较差和对焊接参数稳定性要求较高的场合。采用直流电源时,不同极性将产生不同的工艺效

图 5-5　埋弧焊机配焊接操作机及
焊接滚轮架焊接筒体纵、环缝

果,直流正接时焊丝的熔覆效率高;直流反接时,焊缝的熔深大。配备交流电源时,焊丝熔覆效率、焊缝熔覆效率及焊缝熔深介于直流正接和直流反接之间,而且电弧的磁偏吹最小。因而交流电源多用于大电流埋弧焊和采用直流电焊接时磁偏吹严重的场合。

3. MZ-1000 型埋弧焊机的操作与使用

(1)电源控制箱面板的操作与使用

MZ-1000 型埋弧焊机电源控制箱面板如图 5-6 所示,其操作步骤如下:

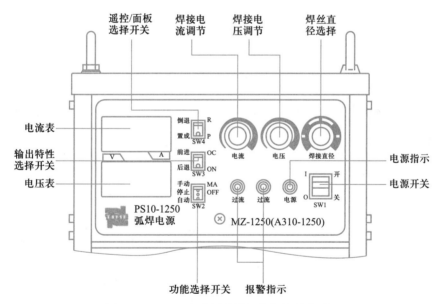

图 5-6　MZ-1000 型埋弧焊机电源控制箱面板

① 按照图 5-4 接好各电缆,合上控制 380 V 电闸及主电源电闸。

② 将控制箱上的电源开关 SW1 拨到"开"位置,这时停止按钮的红灯亮。将状态选择开关 SW2 拨到"埋弧"位置。

③ 调节开关 SW3,选择恒压焊接或恒流焊接;调节开关 SW4,选择控制面板控制或遥控控制。

④ 恒压(恒流)焊接时调节电流(电压)调节旋钮,使电流(电压)表显示所需要的设定值。

⑤ 选择合适直径的焊丝进行焊接。

（2）焊接小车控制箱面板的操作与使用

焊接小车控制面板如图5-7所示,其操作方法如下:

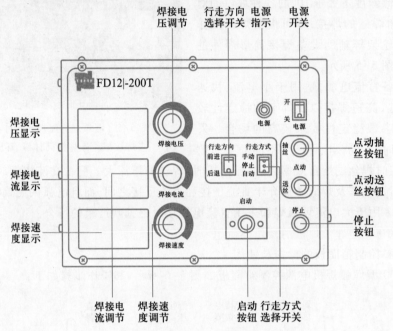

图5-7　焊接小车控制箱面板

① 开关的操作。

• 行走方式选择开关处于电控状态（即小车离合器接入）时,可使小车工作于手动/停止/自动三个状态。

• 行走方向选择开关可控制小车前进/后退。

• 电源开关控制小车电源的开/关。

② 旋钮的操作。

• 焊接电压旋钮。当电源控制箱面板 P/R 开关处于遥控（R）方式时,此旋钮用于调节焊接电压;处于面板（P）方式时,此旋钮不起作用,此时电压的调整通过调节电源控制箱面板上的焊接电压旋钮来完成。

• 焊接电流旋钮。当电源控制箱面板 P/R 开关处于遥控（R）方式时,此旋钮用于调节焊接电流;处于面板（P）方式时,此旋钮不起作用,此时电流的调整通过调节电源控制箱面板上的焊接电流旋钮来完成。

• 焊接速度旋钮。用于设定小车行走速度,调节范围为 20 ~ 62 m/h。

③ 按钮的操作。

• 点动送丝/抽丝按钮。用于点动送丝或抽丝,当焊丝可靠地接触工件时,焊丝送进自动停止,点动送丝按钮此时工作于无效状态。

• 起动按钮。控制焊接过程开始（必须保证焊丝与工件可靠接触）。引弧成功后,控制系统对此按钮实现自锁。

● 停止按钮。按下此按钮,系统自动执行收弧→回抽→返烧→熄弧程序。

4. 埋弧焊机的维护及常见故障处理

（1）埋弧焊机的维护

① 保持焊机的清洁,保证焊机在使用过程中各部分动作灵活,特别是机头部分的清洁,避免焊剂、渣壳碎末等阻塞活动部件。

② 经常保持焊嘴与焊丝的良好接触,否则应及时处理,以防电弧不稳。

③ 定期检查焊丝输送滚轮的磨损情况,有磨损应及时更换。

④ 定期对小车、焊丝输送机构减速箱内的运动部件加润滑油。

⑤ 保证电缆的连接部分接触良好。

（2）埋弧焊机常见故障及其处理方法

埋弧焊机常见故障及其处理方法见表5-3（除必须通电观察时应注意安全外,一般须切断电源后进行检查）。

表5-3　埋弧焊机常见故障及其处理方法

故障现象	可能原因	处理方法
焊接过程中焊剂停止输送或输送量很小	1. 焊剂已用完 2. 焊剂漏斗闸门处被渣壳或杂物堵塞	1. 添加焊剂 2. 清理并疏通焊剂漏斗
焊接过程中一切正常,而焊车突然停止行走	1. 焊车离合器已脱开 2. 焊车车轮被电缆等物阻挡	1. 锁紧离合器 2. 排除车轮的阻挡物
焊丝没有与焊件接触,焊接电路有电	焊车与焊件之间的绝缘被破坏	1. 检查焊车车轮绝缘情况 2. 检查焊车下面是否有金属与焊件短路
焊接过程中,机头或导电嘴的位置不时改变	焊车有关部件有游隙	检查并消除游隙或更换磨损零件
焊机起动后,焊丝末端周期性地与焊件黏住或常常断弧	1. 黏住是因为电弧电压太低、焊接电流太小或网路电压太低 2. 常常断弧是因为焊接电流太大或网路电压太高	1. 增加电弧电压或焊接电流 2. 减小电弧电压或焊接电流
焊丝在导电嘴中摆动,导电嘴以下的焊丝不时发红	1. 导电嘴磨损 2. 导电不良	更换新导电嘴
导电嘴末端随焊丝一起熔化	1. 电弧太长,焊丝伸出太短 2. 焊丝送进和焊车均已停止,电弧仍在燃烧 3. 焊接电流太大	1. 增加焊丝送进速度和焊丝伸出长度 2. 检查焊丝和焊车停止的原因 3. 减小焊接电流
焊接电路接通时,电弧未引燃,而焊丝黏接在焊件上	焊丝与焊件之间接触得太紧	使焊丝与焊件轻微接触
焊接停止后,焊丝与焊件黏住	1. "停止"按钮按下速度太快 2. 不经"停止1"而直接按下"停止2"	1. 慢慢按下"停止"按钮 2. 先按"停止1",待电弧自然熄灭后,再按"停止2"

5.2.2　埋弧焊辅助工具

埋弧焊时，为了调整焊接机头与工件的相对位置，而使接缝处于最佳施焊位置，或者为达到预期的工艺目的，一般都需有相应的辅助设备与焊机相配合。埋弧焊的辅助设备大致有以下几种类型。

1. 焊接夹具

使用焊接夹具的目的在于使工件准确定位并夹紧，以便于焊接。这样可以减少或免除定位焊缝，并且可以减少焊接变形。有时为了达到其他工艺目的，焊接夹具往往与其他辅助设备联用，如单面焊双面成形装置等。

2. 工件变位设备

这种设备的主要功能是使工件旋转、倾斜、翻转，以便使待焊接缝处于最佳焊接位置，达到提高生产率、改善焊接质量、减轻劳动强度的目的。工件变位设备的形式、结构及尺寸因焊接工件而异。埋弧焊中常用的工件变位设备有滚轮架、翻转机等。

3. 焊机变位设备

这种设备的主要功能是将焊接机头准确地送到待焊位置，焊接时可在该位置操作；或是以一定速度沿规定的轨迹移动焊接机头进行焊接。这种设备也叫作焊接操作机。它们大多与工件变位机等配合使用，完成各种工件的焊接。其基本形式有平台式、悬臂式、伸缩式、龙门式等。

4. 焊缝成形设备

埋弧焊的电弧功率较大，钢板对接时为防止熔化金属的流失和烧穿并促使焊缝背面成形，往往需要在焊缝背面加衬垫。最常用的焊缝成形设备除前面已提到的铜垫板外，还有焊剂垫。焊剂垫有用于纵缝的和用于环缝的两种基本形式。

5. 焊剂回收输送设备

该设备用来在焊接中自动回收并输送焊剂，以提高焊接自动化程度。采用压缩空气的吸压式焊剂回收输送设备可以安装在小车上使用。

▶ 5.3　焊接材料

5.3.1　埋弧焊用焊丝

埋弧焊所用焊丝有实芯焊丝和药芯焊丝两类。目前，生产中普遍使用的是实芯焊丝。

焊丝的品种随所焊金属种类的增加而增加。目前，已有碳素结构钢、合金结构钢、高合金钢和各种有色金属焊丝以及堆焊用特殊合金焊丝。国产埋弧焊用焊丝已列入国家标准，可分埋弧焊用非合金钢及细晶粒钢实心焊丝、药芯焊丝（GB/T 5293—2018）、埋弧焊用热强钢实心焊丝、药芯焊丝（GB/T 12470—2018）、埋弧焊用不锈钢焊丝（GB/T 17854—2018）、埋弧焊用高强钢实心焊丝、药芯焊（GB/T 36034—2018）。

焊丝按表面处理工艺不同，可分光焊丝和镀铜焊丝。对于光焊丝，应采用不影响焊缝质量的涂料进行防锈。焊丝表面应当干净、光滑，保证焊接时能顺利送进，以免给焊接过程带来干扰。除不锈钢焊丝和有色金属焊丝外，各种低碳钢和低合金钢焊丝的表面最好镀铜。镀铜层既可起防锈作用，也可改善焊丝与导电嘴之间的电接触状况。

1. 焊丝直径

焊丝直径的选择依用途而定。半自动埋弧焊用的焊丝较细，一般直径为 1.6 mm、2 mm、

2.4 mm，以便能顺利地通过软管，并且使焊工在操作中不会因焊丝的刚度太大而感到操作困难。自动埋弧焊一般使用直径为 3～6 mm 的焊丝，以充分发挥埋弧焊的大电流和高熔敷率的优点。对于一定的电流值，可能使用不同直径的焊丝。同一电流使用直径较小的焊丝时，可获得加大焊缝熔深、减小熔宽的效果。当工件装配不良时，宜选用较粗的焊丝。

2. 实芯焊丝分类

按照 GB/T 5293—2018《埋弧焊用非合金钢及细晶粒钢实心焊丝、药芯焊丝和焊丝-焊剂组合分类要求》，表 5-4 列出了部分实心焊丝型号及化学成分，其中字母"SU"表示埋弧焊实心焊丝，"SU"后数字或数字与字母的组合表示其化学成分分类。

例如：

表 5-4　部分实心焊丝型号及化学成分

焊丝型号	冶金牌号分类	化学成分（质量分数）/%									
		C	Mn	Si	P	S	Ni	Cr	Mo	Cu	其他
SU08	H08	0.10	0.25～0.60	0.10～0.25	0.030	0.030	—	—	—	0.35	—
SU10	H11Mn2	0.07～0.15	1.30～1.70	0.05～0.25	0.025	0.025	—	—	—	0.35	—
SU11	H11Mn	0.15	0.20～0.90	0.15	0.025	0.025	—	—	—	0.35	—
SU111	H11MnSi	0.07～0.15	1.00～1.50	0.65～0.85	0.025	0.030	—	—	—	0.35	—
SU21	H10Mn	0.05～0.15	0.80～1.25	0.10～0.35	0.025	0.025	0.15	0.15	0.15	0.40	—
SU32	H12Mn2Si	0.15	1.30～1.90	0.05～0.60	0.025	0.025	0.15	0.15	0.15	0.40	—
SU2M1	H12Mn2Mo	0.15	0.80～1.40	0.25	0.025	0.025	0.15	0.15	0.15～0.40	0.40	—
SUN21	H08MnSiNi	0.12	0.80～1.40	0.4～0.8	0.020	0.020	0.75～1.25	0.20	0.15	0.40	—
SUCC	H11MnCr	0.15	0.80～1.90	0.3	0.030	0.030	0.15	0.30～0.60	0.15	0.20～0.45	—

3. 埋弧焊焊丝选择

选择埋弧焊用焊丝时,主要考虑焊丝中 Mn、Si 和合金元素的含量。无论是采用单道焊还是多道焊,都应考虑焊丝向熔敷金属中过渡的 Mn、Si 和合金元素对熔敷金属力学性能的影响。必须保证熔敷金属中锰含量最低,以防止产生焊道中心裂纹,特别是使用低锰焊丝匹配中性焊剂易产生焊道中心裂纹,此时应改用高锰焊丝和活性焊剂。某些中性焊剂采用 Si 代替 C 和 Mn,并将其含量降到规定值,使用时,不必采用硅脱氧焊丝。对于其他不添加 Si 的焊剂,要求采用硅脱氧焊丝,以获得合适的润湿性并防止气孔。因此焊丝、焊剂制造厂应相互配合,以使两种产品在使用时互补。

5.3.2 埋弧焊用焊剂

1. 埋弧焊用焊剂的分类

埋弧焊用焊剂可按用途、制造方法、物理特性、颗粒构造等化学组分进行分类。

（1）按用途分类

焊剂按适合焊接的钢种,可分为碳钢埋弧焊焊剂、合金钢埋弧焊焊剂、不锈钢埋弧焊焊剂,铜及铜合金埋弧焊焊剂和不锈钢及镍基合金埋弧堆焊焊剂;按适用的焊丝直径,可分为细焊丝($\phi1.6 \sim \phi2.5$)埋弧焊焊剂和粗焊丝埋弧焊焊剂;按焊接位置,可分为平焊位置埋弧焊焊剂和强迫成形焊剂;按特殊用途可分为高速埋弧焊焊剂、窄间隙埋弧焊焊剂、多丝埋弧焊焊剂和带极堆焊埋弧焊焊剂等。

（2）按制造方法分类

按制造方法不同,焊剂可分为熔炼焊剂和烧结焊剂两种:熔炼焊剂是将炉料组成物按一定的配比在电炉或火焰炉内熔炼后制成的;烧结焊剂是先将配料粉碎成粉末,再用黏接剂黏合成颗料后熔烧制成的,这两种焊剂在工业生产中已得到普遍使用。

（3）按物理特性分类

焊剂按其在熔化状态下黏度随温度变化的特性不同,可分为长渣焊剂和短渣焊剂。黏度随着温度的降低而急剧增加的熔渣称为短渣,黏度随温度缓慢变化的熔渣称为长渣。短渣焊剂的焊接工艺性较好,有利于脱渣和焊缝成形,长渣焊剂则相反。

（4）按颗粒构造分类

焊剂按颗粒构造可分为玻璃状焊剂和浮石状焊剂。玻璃状焊剂颗粒呈透明的彩色,而浮石状焊剂颗粒为不透明的多孔体。玻璃状焊剂的堆散重量高于 $1.4 \ \text{g/cm}^3$,而浮石状焊剂则低于 $1 \ \text{g/cm}^3$,因此,玻璃状焊剂能更好地隔离焊接区,使其不受空气的侵入。

（5）按化学组分分类

按照焊剂中添加的脱氧剂、合金剂分类,又可分为中性焊剂、活性焊剂和合金焊剂。不同类型焊剂可以通过相应的牌号及制造厂的产品说明书予以识别。

① 中性焊剂是指在焊接后,熔敷金属化学成分与焊丝化学成分不产生明显变化的焊剂。中性焊剂用于多道焊,特别适应于厚度大于 25 mm 的母材焊接。中性焊剂的焊接注意事项如下:

由于中性焊剂不含或含有少量脱氧剂,所以在焊接过程中只能依赖焊丝提供脱氧剂。单道焊或焊接氧化严重的母材时,会产生气孔和焊道裂纹。电弧电压变化时,中性焊剂能维持熔敷金属的化学成分稳定。部分中性焊剂在电弧区释放出的氧气与焊丝中碳化合,能够降低熔敷金属中的含碳量。部分中性焊剂含有硅酸盐,在电弧高温区还原成 Mn、Si,即使电弧电压变化很大时,熔敷金属的化学成分也相当稳定。熔深、热输入量和焊道数量等参数变化时,抗拉强度和冲击韧性等力学性能会发生变化。与焊丝中铬含量相比,部分中性焊剂会减少焊缝金属中的铬含量。

② 活性焊剂指加入少量锰、硅脱氧剂的焊剂。活性焊剂主要用于单道焊,特别是被氧化的母材,能够提高抗气孔能力和抗裂性能。活性焊剂的焊接注意事项如下:

由于含有脱氧剂,熔敷金属中的锰、硅含量将随电弧电压的变化而变化,锰、硅含量的增加将提高熔敷金属的强度,降低冲击韧性。因此,在使用活性焊剂进行多道焊时,应严格控制电弧电压口。活性焊剂中,更活泼的焊剂具有较强的抗氧化性能,但在多道焊时会产生较多的问题。

③ 合金焊剂指熔敷金属为合金钢时,使用碳钢焊丝的焊剂。焊剂中添加较多的合金成分,用于过渡合金,多数合金焊剂为黏结焊剂和烧结焊剂。

2. 对焊剂性能的基本要求

在埋弧焊中,焊剂对焊缝的质量和力学性能有很大影响,故对焊剂性能提出了下列多方面的要求:

① 保证焊缝金属具有符合要求的化学成分和力学性能。

② 保证电弧稳定燃烧,焊接冶金反应充分,通常焊剂的硫含量应不大于 0.050%,磷含量应不大于 0.060%。

③ 保证焊缝金属内不产生裂纹和气孔。

④ 保证焊缝成形良好,焊道与焊道、母材之间过渡平滑,不应产生较严重的咬边现象。

⑤ 保证熔渣的脱渣性良好。

⑥ 保证焊接过程有害气体析出量少。

3. 埋弧焊用焊剂型号表示方法

按照国家标准 GB/T 36037—2018《埋弧焊和电渣焊用焊剂》,焊剂型号由四部分组成:

第一部分表示焊剂适用的焊接方法,"S"表示适用于埋弧焊。

第二部分表示焊接制造方法,"F"表示熔炼焊剂,"A"表示烧结焊剂,"M"表示混合焊剂。

第三部分表示焊剂适用范围代号。

例如:

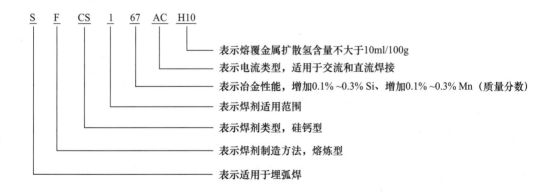

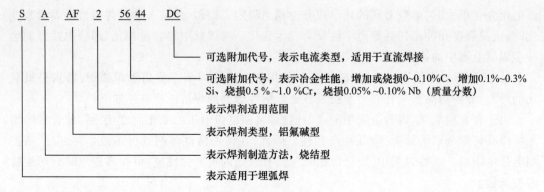

4. 焊剂类型和焊剂类型代号

按照国家标准 GB/T 36037—2018《埋弧焊和电渣焊用焊剂》，埋弧焊焊剂类型见表 5-5，焊剂类型代号见表 5-6。

表 5-5　埋弧焊焊剂类型

焊剂类型	组成	特点及适用范围
硅锰型焊剂	含有大量的 MnO 和 SiO_2	焊缝金属含氧量通常较高，因而韧性受限。电流承载能力相对较高，常用于单丝或多丝高速焊接。在板材有锈或氧化皮严重的情况下，焊缝金属也能显示良好的抗气孔性。该类焊剂合金含量较高因而不适用于厚截面的多道焊接情况
硅钙型焊剂	主要由 CaO、MgO 和 SiO 组成	在其成分范围内，酸性最强的焊剂电流承载能力最高，常用于多丝焊接；碱性较强的焊剂常用于对强度和韧性要求更高的多道焊接。该类焊剂常用于耐磨和覆层堆焊，可以过渡合金
镁钙型焊剂	主要由 CaO、MgO 和 CaF_2 组成	因碳酸盐较多，在焊接过程中会产生 CO_2 气体，能降低焊缝金属氮和扩散氢含量。该类焊剂常用于需要高冲击韧性的多道焊或高热输入场合
镁钙碱型焊剂	主要由 CaO、MgO 和 CaF_2 和 Al_2O_3 组成	
铁粉镁钙型焊剂	主要由镁钙型加入铁粉以提高熔敷效率	因碳酸盐较多，在焊接过程中会产生 CO_2 气体，能降低焊缝金属氮和扩散氢含量。该类焊剂常用于对力学性能要求不高的厚板高热输入焊接
铁粉镁钙碱型焊剂	主要由镁钙碱型加入铁粉以提高熔敷效率	
硅镁型焊剂	主要由 MgO 和 SiO_2 以及少量 CaO 和 CaF_2 组成	可添加金属粉进行合金化，适用于焊缝金属成分有特定要求的堆焊
硅锆型焊剂	主要由 ZrO_2 和 SiO_2 组成	常用于洁净板材和薄板的高速、单道焊接，也能够过渡合金

续表

焊剂类型	组成	特点及适用范围
硅钛型焊剂	主要由 TiO_2 和 SiO_2 组成	通常用于匹配中锰或高锰含量的焊丝、焊带。焊缝金属含氧量相对较高,因而韧性受限。该类焊剂常用于单丝和多丝高速双面焊接
铝钛型焊剂	主要由 Al_2O_3 和 TiO_2 组成	冶金活性和碱性调整范围较宽,多用于单丝和多丝高速焊接,包括薄壁和角焊缝焊接
碱铝型焊剂	主要由 Al_2O_3 和 CaF_2 组成,并含有少量 SiO_2	焊缝金属氧含量较低,尤其是在多道焊接时可以获得良好韧性
硅铝酸型焊剂	主要由 Al_2O_3 和 SiO_2 组成,也包含 MgO 和 CaF_2	特别适于各种堆焊
铝碱型焊剂	主要由 Al_2O_3 和碱性氧化物组成	冶金活性范围较宽。由于 Al_2O_3 含量高,液态熔渣快速凝固,常用于各种单丝或多丝的单道和多道焊接
硅铝型焊剂	主要由碱性氧化物和 SiO_2、Al_2O_3、ZrO_2 等组成	由于碱性高,焊缝金属含氧量低,所以韧性较高,应用于各种接头焊接和堆焊
铝氟碱型焊剂	主要由 Al_2O_3 和 CaF_2 组成	主要匹配合金焊丝用于不锈钢和镍基合金等的接头焊接和堆焊
氟碱型焊剂	主要由碱性化合物和相对较少的 SiO_2 组成	由于碱度高,焊缝金属含氧量低,所以韧性较高,广泛用于单丝和多丝的接头焊接和堆焊,包括电渣焊
特殊型焊剂	前述未覆盖的其他成分的焊剂归入此类	其化学组成范围不做规定,因此 G 类型的焊剂可能差别较大

表 5-6　焊剂类型代号

焊剂类型代号	焊剂类型	焊剂类型代号	焊剂类型
MS	硅锰型	CS	硅钙型
CG	镁钙型	CB	镁钙碱型
CG-I	铁粉镁钙型	CB-I	铁粉镁钙碱型
GS	硅镁型	ZS	硅锆型
RS	硅钛型	AR	铝钛型
BA	碱铝型	AAS	硅铝酸型
AB	铝碱型	AS	铝氟碱型
FB	氟碱型		

5. 焊剂的储存与烘干

埋弧焊用焊剂在空气中存放时会吸收水分,而焊剂中的水分是焊缝产生气孔和冷裂纹的主要原因,应控制在 0.1%(质量分数)以下。熔炼焊剂与烧结焊剂的吸潮性不同,烧结焊剂的吸潮性比熔炼焊剂高得多。因此,烧结焊剂在使用前应按产品说明书的规定温度进行烘干。熔炼焊剂也有一定的吸潮性,如果在空气中长时间存放,其水分也会超过标准规定。因此,熔炼焊剂同样应注意焊前的烘干。焊剂的干燥可在烘干炉内进行,烘干温度为 350 ℃ ~ 400 ℃,某些低氢碱性焊剂要求采用更高的烘干温度,使焊剂中的水分(质量分数)降到 0.1% 以下。焊剂烘干时堆散层的高度不应超过 40 mm。

5.3.3　埋弧焊剂与焊丝的选配

埋弧焊用焊剂与焊丝的正确选配是焊制高质量焊接接头的决定性因素之一,是埋弧焊工艺过程的重要环节。在进行焊剂与焊丝的选配时,应着重考虑埋弧焊的工艺特点和冶金特点。

1. 稀释率高

在不开坡口对接焊缝单道焊或双面焊以及开坡口对接焊缝根部焊道的焊接中,由于埋弧焊焊缝熔透深度大,母材大量熔化,混入焊缝金属,稀释率可高达 70%。在这种情况下,焊缝金属的成分在很大程度上取决于母材的成分,而焊丝的成分不起主要作用。因此,选用合金元素含量低于母材的焊丝进行焊接,并不降低接头的强度。

2. 热输入高

埋弧焊是一种高效焊接方法,为了获得高的熔敷率,通常选用大电流进行焊接。因此,焊接过程中就产生了较高的输入热量,结果是降低了焊缝金属和热影响区的冷却速度,也就降低了接头的强度和韧性。因此,焊接厚板开坡口焊缝填充焊道时,应选用合金成分略高于母材的焊丝并配用中性焊剂。

3. 焊接速度快

埋弧焊的焊接速度一般为 25 m/h,最高焊接速度可达 100 m/h。在这种情况下,焊缝的良好成形不仅取决于焊接参数的合理选配,还也取决于焊剂的特性,硅钙型、锰硅型及氧化铝型焊剂的特性能满足高速埋弧焊的要求。

实心焊丝—焊剂组合分类按照力学性能、焊后状态、焊剂类型和焊丝型号等进行划分;药芯焊丝—焊剂组合还要考虑熔敷金属化学成分等进行划分。焊丝—焊剂组合分类由五部分组成,例如:

其中,第二部分表示多道焊在焊后热处理条件下,熔敷金属的抗拉强度,其代号见表 5-7;或者表示用于双面单道焊时焊接接头的抗拉强度,其代号见表 5-8。

表 5-7 多道焊熔敷金属抗拉强度代号

抗拉强度代号	抗拉强度 R_m/MPa	屈服强度 R_{eL}/MPa	断后伸长率/%
43X	430~600	≥330	≥20
49X	490~670	≥390	≥18
55X	550~740	≥460	≥17
57X	570~770	≥490	≥17

第五部分表示实心焊丝型号或者药芯焊丝—焊剂组合的熔敷金属化学成分分类。

除了以上强制分类代号外,可在组合分类中附加可选代号:字母"U",附加在第三部分之后,表示在规定的试验温度下,冲击吸收能量(KV_2)应大于47 J。扩散氢代号"H×",附加在最后,其中"×"可为数字15、10、5、4或2,分别表示每100 g熔敷金属中扩散氢含量的最大值(ml)。

表 5-8 双面单道焊焊接接头抗拉强度代号

抗拉强度代号	抗拉强度 R_m/MPa
43S	≥430
49S	≥490
55S	≥550
57S	≥570

▶ 5.4 焊接工艺

埋弧焊工艺的主要内容有:焊接工艺方法的选择;焊接工艺装备的选用;焊接坡口的设计;焊接材料的选定;焊接参数的制定;焊件组装工艺的编制;操作技术参数及焊接过程控制技术参数的制定;焊缝缺陷检查方法及修补技术的制定。

编制焊接工艺的原则是,首先要保证接头的质量完全符合焊件技术条件或标准的规定;其次是在保证接头质量的前提下,最大限度地降低生产成本,即以最高的焊接速度、最少的焊材消耗和能量消耗,以及最短的焊接工时完成整个焊接过程。

编制焊接工艺的依据是焊件材料的牌号和规格、焊件的形状和结构、焊接位置以及对焊接接头性能的技术要求等。

根据上述基本原始资料,可制定出初步的工艺方案,即结合工厂生产车间现有焊接设备和工艺能力,选择焊接工艺方法(如单丝焊或多丝焊,加焊剂衬垫或悬空焊,单层焊或双面焊、多层多道焊等)、焊剂/焊丝的组合、焊丝直径、焊接坡口设计和组装工艺等。

5.4.1 埋弧焊的焊接参数

焊接参数的制定应以相应的焊接工艺试验结果或焊接工艺评定试验结果为依据。埋弧焊的焊接参数分为主要参数和次要参数:主要参数是指那些直接影响焊缝质量和生产率的参数,如焊接电流、电弧电压、焊接速度、电源种类及极性和预热温度等;对焊缝质量只有有限影响或影响不大的参数称为次要参数,如焊丝伸出长度、焊丝倾角、焊丝与焊件的相对位置、焊剂粒度、焊剂堆敷高度和多丝间距等。

焊接参数从两方面决定着焊缝质量:一方面,焊接电流、电弧电压和焊接速度三个参数合成的焊接线能量影响着焊缝的强度和韧性;另一方面,这些参数分别影响着焊缝的成形,也就影响着焊缝的抗裂性、对气孔和夹渣的敏感性。只有这些参数合理匹配,才能焊出成形良好、无任何缺陷的焊缝。对于操作者来说,最主要的任务是正确调整各焊接参数,控制最佳的焊道成形。因此,操作者应清楚地了解各焊接参数对焊缝成形的影响规律性,以及焊接熔池形成、焊缝形状和结晶过程对焊缝质量的影响。

影响焊缝成形的主要因素是焊接电流、电弧电压、焊接速度、电源种类及其极性。

1. 焊接电流

焊接电流是决定焊丝熔化速度、熔透深度和母材熔化量的重要参数。焊接电流对熔透深度影响最大,两者几乎成正比关系。如图 5-8 所示为 I 形对接和 Y 形坡口对接埋弧焊时,焊接电流与熔透深度的关系。

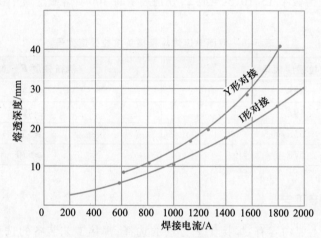

图 5-8 焊接电流与熔透深度的关系

如果用数学式表示,则两者的关系为:

$$H = k_m I$$

式中 H——熔透深度(mm);

k_m——熔深系数,k_m 取决于焊丝直径和电流种类,对于 $\phi 2$ mm 的焊丝,$k_m = 1.0 \sim 1.7$,对于 $\phi 5$ mm 的焊丝,$k_m = 0.7 \sim 1.3$,采用交流埋弧焊时,k_m 一般为 $1.1 \sim 1.3$;

I——焊接电流(A)。

焊接电流对焊缝横截面形状和熔深的影响如图 5-9 所示。从图中可知,在其他参数不变的条件下,随着焊接电流的提高,熔深和余高同时增大,焊缝形状系数变小,为防止产生烧穿和裂纹等缺陷,焊接电流不宜选得太大;但电流过小也会使焊接过程不稳定,并造成未焊透或未熔合等缺陷。因此,对于不开坡口对接焊缝,应按所要求的最低熔透深度选择焊接电流;对于开坡口焊缝的填充层,主要以获得焊缝最佳成形为准则来选定焊接电流。

此外,焊丝直径决定了焊接电流密度,因而也对焊缝横截面形状有一定的影响。采用细焊丝焊接时,形成深而窄的焊道;采用粗焊丝焊接时,则形成宽而浅的焊道。

2. 电弧电压

电弧电压与电弧长度成正比关系。在其他参数不变的条件下,随着电弧电压的提高,

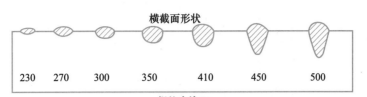

(a) 不同焊接电流时焊缝横截面形状

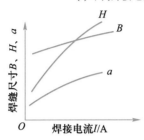

(b) 焊接电流与焊缝尺寸的关系

H—熔深；B—焊缝宽度；a—余高

图 5-9　焊接电流对焊缝截面形状和熔深的影响

焊缝的宽度增大，而熔深和余高则略有减小。电弧电压过高时，会形成浅而宽的焊道，从而导致未焊透和咬边等缺陷的产生。此外，焊剂的熔量增多，使焊波表面粗糙，脱渣困难。降低电弧电压，能提高电弧的挺度，增大熔深，但电弧电压过低时，会形成高而窄的焊道，使边缘熔合不良。电弧电压对焊缝截面形状和熔深的影响如图 5-10 所示。为了获得成形良好的焊道，电弧电压与焊接电流应相互匹配。当焊接电流加大时，电弧电压应相应提高。

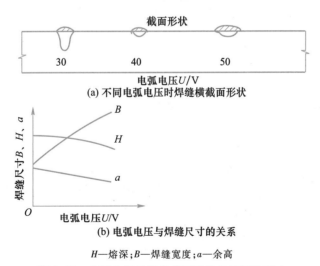

(a) 不同电弧电压时焊缝横截面形状

(b) 电弧电压与焊缝尺寸的关系

H—熔深；B—焊缝宽度；a—余高

图 5-10　电弧电压对焊缝截面形状和熔深的影响

3. 焊接速度

焊接速度决定了单位焊缝长度上的热输入能量。在其他参数不变的条件下，提高焊接速度，单位长度焊缝上的热输入能量和填充金属量减少，从而使熔深、熔宽及余高都相应地减小，如图 5-11 所示。

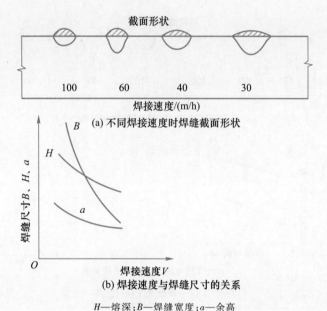

H—熔深；B—焊缝宽度；a—余高

图 5-11　焊接速度对焊缝形状的影响

焊接速度太快，会产生咬边和气孔等缺陷，使焊道外形恶化。焊接速度太慢，则可能引起烧穿缺陷。如果电弧电压同时较高，则可能得到横截面呈蘑菇形的焊缝，这种形状的焊缝对人字形裂纹或液化裂纹较为敏感。如图 5-12 所示为这种焊缝中产生的典型凝固裂纹。此外，还会因熔池尺寸过大而形成表面粗糙的焊缝。为此，焊接速度应与所选定的焊接电流、电弧电压相匹配。

图 5-12　横截面呈蘑菇形的焊缝及裂纹分布位置

4. 焊接电源及其极性

采用直流电源进行埋弧焊，与采用交流电源相比，能更好地控制焊道形状、熔深，且引弧容易。以直流反接（焊丝接正极）方式焊接时，可获得最大的熔深和最佳的焊缝表面；以直流正接（焊丝接负极）方式焊接时，焊丝熔化速度要比反接高 35%，使焊缝余高、熔深变小。这是因为在正接时，电弧最大的热量集中于焊丝的顶端。直流正接法埋弧焊可用于要求浅熔深的材料焊接以及表面堆焊。为了获得成形良好的焊道，采用直流正接法焊接时，应适当提高电弧电压。

5. 其他焊接参数对焊缝成形的影响

其他焊接参数对焊缝成形也有一定的影响，这些参数包括焊丝伸出长度、焊剂粒度和堆敷高度、焊丝倾角和偏移量以及焊件的倾斜度。

（1）焊丝伸出长度

焊丝的熔化速度是由电弧热和电阻热共同决定的。电阻热是指伸出导电嘴的一段焊丝通过焊接电流时产生的加热量（$Q = I^2 R$）。因此，焊丝的熔化速度与其伸出长度的电阻热成正比，焊丝伸出长度越长，电阻热越大，焊丝熔化速度越快，导致熔深较小，熔合比减少。

该现象在使用小于 3 mm 的细直径焊丝焊接时非常明显，因此应控制其伸出长度，一般控制在 5~10 mm。在焊接电流保持不变的情况下,增加焊丝伸出长度,可使熔化速度提高 25%~50%。因此,为了保持良好的焊道成形,增加焊丝伸出长度时,应适当提高电弧电压和焊接速度。在不要求获得较大熔深的情况下,可通过增加焊丝伸出长度来提高焊接效率;而在要求得到较大深熔时,则不推荐增加焊丝伸出长度。

为了保证焊缝成形良好,对于不同的焊丝直径,推荐以下最佳焊丝伸出长度和最大伸出长度:

① 对于 $\phi2.0$ mm、$\phi2.5$ mm 和 $\phi3.0$ mm 的焊丝,最佳焊丝伸出长度为 30~50 mm,最大焊丝伸出长度为 75 mm。

② 对于 $\phi4$ mm、$\phi5$ mm 和 $\phi6$mm 的焊丝,最佳焊丝伸出长度为 50~80 mm,最大焊丝伸出长度为 125 mm。

（2）焊剂粒度和堆敷高度

焊剂粒度和堆敷高度对于焊道成形也有一定的影响。焊剂粒度通常用过筛的目数来表示,例如,8×48 表示 90%~95% 的颗粒能通过 8 孔/in(1 in=2.54 cm)的筛,2%~5% 的颗粒能通过 48 孔/in 的筛。焊剂粒度应根据所使用的焊接电流来选择,细颗粒焊剂适用于大的焊接电流,能获得较大的熔深和宽而平坦的焊缝表面。如果在小电流下使用细颗粒焊剂,因焊剂层密封性较好,气体不易逸出,则会在焊缝表面留下斑点;相反,如果在大电流下使用粗颗粒焊剂,则会因焊剂层保护不良,而在焊缝表面形成凹坑或出现粗糙的波纹。

焊剂粒度与所使用的焊接电流范围之间最合适的关系可以参考表 5-9。

表 5-9　焊剂粒度与焊接电流的关系

焊剂粒度	8×48	12×65	12×150	20×200
焊接电流/A	<600	<600	500~900	600~1200

焊剂堆敷高度太低或太高都会使焊缝表面产生斑点、凹坑、气孔等缺陷并改变焊道的形状。焊剂堆敷密度太低,电弧不能完全埋入焊剂中,电弧燃烧不稳定且出现闪光、热量不集中的情况,降低了焊缝熔透深度。如果焊剂堆敷层太高,会使电弧受到熔渣壳的物理约束而形成外形凹凸不平的焊道,但熔透深度有所增加。因此,应对焊剂层的厚度加以控制,使电弧不再闪光,同时又能使气体从焊丝周围均匀地逸出。按照焊丝直径和所使用的焊接电流,焊剂层的堆敷高度通常在 25~40 mm 范围内。焊丝直径越大,焊接电流越大,堆敷高度应相应加大。

（3）焊丝倾角和偏移量

焊丝倾角对焊道成形有明显的影响。焊丝相对于焊接方向可以向前倾斜或向后倾斜,即前倾或后倾。顺着焊接方向倾斜称为前倾,背着焊接方向倾斜称为后倾,如图 5-13 所示。焊丝前倾时,电弧热量大部分集中于焊接熔池内,电弧吹力使熔池向后推移,从而形成熔深大、余高大、熔宽小的焊道;而焊丝后倾时,电弧热量大部分集中于未熔化的母材,从而形成熔深小、余高小、熔宽大的焊道。

焊接角焊缝时,焊丝与焊件之间的夹角对焊道成形也有影响,如图 5-14 所示。减小焊丝与底板之间的夹角,可使熔透深度增加;当夹角为 30° 时,可获得最大的熔深。

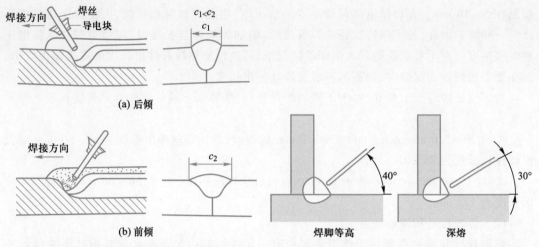

(a) 后倾

(b) 前倾　　　　　　焊脚等高　　　深熔

图 5-13　焊丝倾斜情况对焊缝形状的影响　　　图 5-14　焊丝与焊件之间的夹角对焊道成形的影响

（4）焊件的倾斜度

在埋弧焊过程中，焊件的倾斜度对焊道成形也有一定的影响。埋弧焊大多是在平焊位置进行的，但在某些特殊应用场合下，必须在焊件略有倾斜的条件下进行焊接。当焊件倾斜方向与焊接方向一致时，称为下坡焊；反之，则称为上坡焊，如图 5-15 所示。下坡焊时，焊件的倾斜度加大，焊道中间下凹，熔深减小，焊缝宽度增大，焊道边缘可能出现未熔合缺陷；上坡焊时，焊件的倾斜度对焊道成形的影响与下坡焊时相反，焊件倾斜度加大，熔深和余高随之增大，而熔宽则减小，见表 5-10。薄板高速埋弧焊时，将焊件倾斜 15°，可防止产生烧穿缺陷，焊道成形良好；厚板焊接时，因焊接熔池体积增大，焊件倾斜度应相应减小。上坡焊时，当焊接电流达到 800 A 时，焊件的倾斜度应不大于 6°，否则焊道成形就会失控。无论何种方式，焊件的倾斜角度不宜超过 6°～8°，否则会严重破坏焊缝成形，造成焊接缺陷。

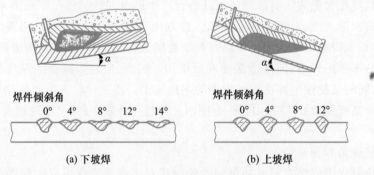

(a) 下坡焊　　　　　　　(b) 上坡焊

图 5-15　焊件倾斜对焊道成形的影响

表 5-10　焊件倾斜度对焊道成形的影响

上坡焊	$\alpha°<6°$	$\alpha°>8°$	
焊道横截面形状		咬边	

续表

下坡焊	$\alpha° < 6°$	$\alpha° > 8°$	
焊道横截面形状		下凹	

5.4.2　埋弧焊接头的设计

埋弧焊可在平焊位置和横焊位置完成对接、角接、搭接和塞接焊缝,接头形式是由焊件的结构形式决定的。其中,对接接头和角接接头是埋弧焊最主要的接头形式。从结构强度的角度考虑,对接接头可以达到与母材等强的效果;而角接接头是焊接梁柱等金属构件时的主要连接形式。根据接头在结构中的受力条件,对接接头和角接接头可以加工成 V 形、I 形、U 形、J 形、Y 形、X 形、K 形及组合型坡口。

1. 埋弧焊接头和坡口形式的设计原则

埋弧焊接头和坡口形式的设计,应充分发挥埋弧焊熔深大、熔敷率高的特点。焊接接头的设计应首先保证结构的强度要求,即焊缝应具有足够的熔深和厚度。其次是考虑经济性,即在保证熔透的前提下,减少焊接坡口的填充金属量,缩短焊接时间。从经济性角度出发,埋弧焊接头应尽量不开坡口或少开坡口。由于埋弧焊可使用高达 2 000 A 的焊接电流,单面焊熔深可达 18 ~ 20 mm,因此,对于厚度在 40 mm 以下的钢板,可采用 I 形直边对接形式进行埋弧焊来获得全焊透的对接焊缝。但这种高效焊接法在实际生产中会受到各种限制。首先,普通结构钢厚板不可避免地存在着杂质的偏析,提高了深熔焊缝热裂纹的敏感性;其次,采用大电流焊接时,焊接线能量大大超过了各种钢材所允许的极限,不仅使焊缝金属结晶增大,而且使热影响区晶粒急剧长大,从而使这两个区域中金属的冲击韧度明显下降。因此,这种工艺只能用于对接头质量要求不高或无冲击韧性要求的焊接结构中。

对于重要的焊接结构,如锅炉、承压容器、船舶和重型机械等,板厚大于 20 mm 的对接接头要求开一定形状的坡口,以达到优质和高效的统一。

在厚度超过 50 mm 的厚板结构中,坡口的形状对生产成本有相当大的影响。其中,U 形坡口虽然加工较费时,但焊缝截面积减小很多,焊材的消耗明显减少;双 V 形坡口与单 V 形坡口相比,在相同的板厚下,焊缝截面积可减小一半。对于厚度超过 100 mm 的特厚板结构,即使焊接坡口采用 U 形,焊缝金属的填充量仍相当可观。为了降低生产成本,目前已广泛采用坡口倾角仅为 1° ~ 3° 的窄间隙接头形式。

对于角接接头,在保证角焊缝强度的前提下,可将角接边缘开成一定深度的坡口来减小焊缝的截面积。当板厚超过 25 mm 时,开坡口角焊缝的生产成本反而低于直角角焊缝。

2. 埋弧焊接头坡口标准

埋弧焊接头坡口的基本形式和尺寸已由国家标准 GB/T 985.2—2008《埋弧焊的推荐坡口》加以标准化,该标准规定了 9 种埋弧焊单面对接焊坡口形式、12 种双面对接焊坡口和 2 种窄间隙埋弧焊坡口。坡口的制备可以采用热切割、火焰气刨、电弧气刨和机械加工等方法来完成。坡口尺寸的加工精度根据焊件的尺寸、钢种和对接头的要求来确定。

3. 埋弧焊工艺

（1）对接直焊缝的焊接

对接直焊缝的焊接方法有两种，即单面焊接和双面焊接，它们又可以分为有坡口（或间隙）和 I 形坡口（或间隙）；根据钢板厚度不同，可分为单层焊接和双层焊接；根据防止熔池金属泄漏的不同情况，有各种衬垫法或无衬垫法。

1）焊剂垫法埋弧焊。埋弧自动焊是一种深熔焊接法，且熔池体积较大，金属处于液态的时间较长。在焊接对接接头时，为了防止熔渣和熔池金属的泄漏，常用焊剂垫作为衬垫完成焊接。焊剂垫通常由焊剂槽、加压元件、支架三部分组成，如图 5-16 所示。焊剂槽可用薄板卷制而成，使其有一定的柔性，便于在顶紧力的作用下与焊件背面贴紧。焊剂槽中充满颗粒度较细的焊剂，焊剂层下也可放一些纸屑，以增加焊剂层的弹性。加压元件通常采用橡皮软管或橡皮膜，通以 0.3～0.6 MPa 的压缩空气。焊剂垫支架可采用型钢或薄板压制而成，正确使用焊剂衬垫可以焊成背面焊道成形匀称、表面光滑的单面焊双面成形焊缝。在整个焊接过程中要注意防止因焊件受热变形而发生的焊件与焊剂垫脱空，严重时会导致烧穿，特别应注意防止焊缝末端出现这种现象。

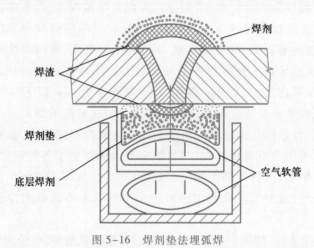

图 5-16　焊剂垫法埋弧焊

2）垫板埋弧焊。某些焊接结构的焊接接头只允许从单面进行焊接，而且要求接头全焊透。在这种情况下，可以采用永久性钢衬垫，点固在焊缝背面，垫板的材料牌号应与焊件钢材相近或完全相同。焊接过程中，焊缝熔透到垫板上，焊缝底部与垫板接触面相熔合。按设计要求，焊后将垫板永久保留或采用机械加工法把垫板去掉。

永久性垫板的尺寸可按表 5-11 选用。

表 5-11　永久性钢垫板的尺寸　　　　　　　　　　　　mm

接头板厚 δ	垫板厚度	垫板宽度
3～6	$(0.5～0.7)\delta$	$4\delta+5$
6～14	$(0.3～0.4)\delta$	—

3）底层焊道衬垫埋弧焊。在一些组合式焊接坡口中，如不对称双 V 形坡口、V-U 形坡口或 U-V 形坡口以及不对称双 U 形坡口等，通常采用焊条电弧焊、气体保护焊或药芯焊丝气体保护焊等方法完成底层焊缝的焊接。这种底层焊缝成为从另一面进行埋弧焊的支托。

底层焊缝的厚度,即不对称双面坡口中小坡口的深度按照正面焊缝埋弧焊参数来确定,既要保证双面焊缝之间完全焊透,又要避免烧穿。在这种情况下,双面坡口之间的钝边尺寸是很重要的坡口参数,加大钝边尺寸可降低烧穿的概率,减少填充金属量,但焊缝中母材的比例提高,使母材中的大量杂质混入焊缝内,导致了裂纹等缺陷的产生。如图 5-17 所示钝边尺寸对 U 形坡口底层埋弧焊焊缝裂纹的影响。

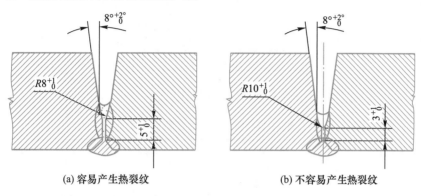

图 5-17　钝边尺寸对 U 形坡口底层埋弧焊焊缝裂纹的影响

在不开坡口 I 形直边对接接头中,当边缘加工误差较大、装配间隙宽窄不均时,往往在埋弧焊缝的反面先用焊条电弧焊封底 1~2 层,正面埋弧焊焊缝完成后,再用电弧气刨或其他加工方法把手工封底焊缝清除掉,然后焊上埋弧焊焊缝。

4）柔性衬带埋弧焊。在薄板和薄壁管埋弧焊中,也经常使用柔性衬带支托焊接熔池。柔性衬带有以下几种:陶瓷衬带、玻璃纤维布衬带、石棉布衬带、热固化焊剂衬带等。这些衬带借助黏接带紧贴在焊缝表面,使用十分方便。热固化焊剂衬带可制成复合式柔性衬带,其结构如图 5-18 所示,热固化剂采用酚醛或苯树脂,焊剂层采用细颗粒焊剂加一定量的铁粉,与 5% 左右的酚醛树脂混合后,加热到 100 ℃ ~150 ℃制成一定长度和宽度的热固化焊剂衬带。这种衬带可以用双面胶接带紧贴在焊缝背面或用磁铁支架压紧。

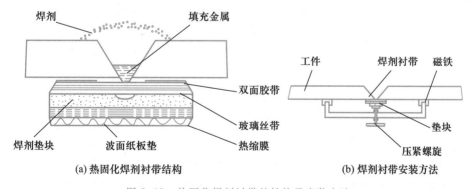

图 5-18　热固化焊剂衬带的结构及安装方法

5）铜衬垫埋弧焊。铜衬垫可分成固定式铜垫板和移动式铜滑块两类。固定式铜垫板主要用于中厚板对接焊缝单面焊双面成形工艺,一般将其安装在装配平台的顶紧支架上,从钢板的背面与接缝贴紧。如果焊缝背面要求有一定的余高,可在铜垫板的中间加工出如图 5-19 所示的凹槽。铜垫板应有足够大的体积,以防止其表面在焊接过程中被电弧熔化。铜垫板的尺寸可按所焊钢板的厚度,即所选用的焊接规范来确定,表5-12列出了几种常用的铜垫板截面尺寸。

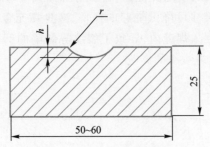

图5-19 铜垫板凹槽尺寸

表5-12 常用的铜垫板截面尺寸   mm

铜垫板厚度 δ	槽宽 b	槽深 h	凹槽半径 r
4~6	10	2.5	7.0
6~8	12	3.0	7.5
8~10	14	3.5	9.5
10~14	18	4.0	12

对于连续批量生产的应用场合,最好在铜垫板内部通水冷却,以防止因铜垫板过热而引起焊缝表面渗铜。铜垫板也可安装在焊接小车的辅助夹紧支架上,而形成移动式铜滑块。这种铜滑块的典型结构如图5-20所示,因铜滑块的体积较小,故应通循环冷却水加以冷却。移动式铜滑块也可做成滚轮式结构,这样可以避免焊接电弧热量在一个部位过分集中而无须通水冷却。

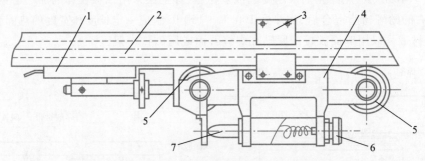

图5-20 移动式水冷铜滑块的典型结构
1—铜滑块;2—钢板(焊件);3—拉片;4—拉紧滚轮架;5—滚轮;6—夹紧调节装置;7—顶杆

6)多层埋弧焊。较厚钢板通常开坡口进行多层焊接,且无论单面或双面埋弧焊,钢板都必须留有钝边(一般大于4 mm)。对于厚度大于40 mm的焊件,多采用带钝边的U形坡口多层焊接,背面开较小的V形坡口,用于手工封底焊,此时钝边为2 mm左右。多层焊的质量很大程度上取决于第一层焊缝焊接工艺的合理选择,以及后续各层焊缝焊接顺序的合理性和成形效果。由于第一层焊缝位置较深,允许焊缝的宽度较小,故也要求热输入不能太大,电弧电压要小一些,避免产生咬边和夹渣等缺陷。一般进行第一、二层焊缝焊接时,焊丝位置位于接头中心,随着层数的增加开始采用分道焊。当焊接靠近坡口面的焊道时,焊丝应与坡口面保持一定距离,一般约等于焊丝直径,这样焊缝与侧面能形成稍具凹形的圆滑过渡,既保证熔合又利于脱渣,焊接过程中的热输入可随着焊缝层数的增加而适当加大,以提高生产效率。但也必须考虑到焊件当时的温度,如温度过高,热输入不宜加大,可稍待冷却后再焊。盖面层焊接时,为保证表面焊缝成形良好,热输入应适当减小。

（2）对接环焊缝的焊接

圆形筒体的对接环缝,如需要进行双面埋弧焊,可以先在焊剂垫上焊接内环缝,如图 5-21 所示。焊剂垫由滚轮和承托焊机的装置组成(实践中焊剂垫形式很多),利用圆形焊件与焊剂之间的摩擦力带动旋转,同时不断地向焊剂垫添加焊剂。在进行环缝焊接时,焊接小车可固定安放在悬臂架上,焊接速度则可由筒形焊件所搁置的滚轮架(翻转架)来进行调节,一般是调节变速电动机的转速。

环缝埋弧焊时,除主要焊接参数对焊缝质量的影响,焊丝与焊件间的相对位置也起着重要作用。如图 5-22 所示,焊接内环缝时,焊丝的偏移是使焊丝处于上坡焊位置,使焊缝有足够的熔透程度;焊接外环缝时,焊丝的偏移是使焊丝处于下坡焊位置,既可以避免烧穿,又可以使焊缝成形美观。

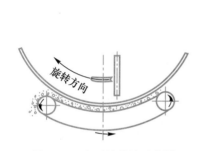

图 5-21　内环缝焊接示意图

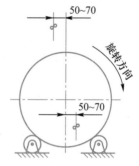

图 5-22　环缝埋弧焊焊丝偏移位置示意图

环缝埋弧焊焊丝的偏移距离是指与圆形焊件断面中心线的距离,它由随着圆形焊件的直径、焊接速度及焊件厚度决定。焊接内环缝时,焊件直径逐渐减小,焊丝偏移距离应相应减小。多层焊焊接时,底层焊缝要求熔透,焊缝宽度不宜过大,这就要求偏移大一些;当焊到焊缝表面时,要求有较大的熔宽,此时的偏移距离可小一些。实际操作时图 5-22 中所注焊丝偏移尺寸仅供参考,具体的偏移值需在实践中不断修正。小直径管件外环缝的焊接,焊丝偏移尺寸往往小于 30 mm。

练习题

一、填空题

1. 焊条电弧焊时,合适的焊缝余高值为_____;埋弧焊时,合适的焊缝余高值为_____。

2. 埋弧焊的焊接材料是_____和_____。

3. 埋弧焊的主要焊接参数为_____、_____、_____和_____。

4. 等速送丝式自动埋弧焊机的送丝速度增大时,焊接电流_____。

5. 自动埋弧焊机按电弧的调节方法不同,可分为_____式焊机和_____式焊机。

6. 变速丝（均匀调节）式自动埋弧焊机，要求焊接电源具有_____的外特性曲线。

7. 自动埋弧焊机一般由_____、_____和_____三部分组成。

8. 埋弧焊在焊接工艺条件不变的情况下，焊件的装配间隙与坡口尺寸增大，会使熔合比与余高_____，同时熔深_____。

二、选择题

1. 焊条电弧焊、埋弧焊、钨极氩弧焊应该采用具有（　　）形状的电源外特性曲线。

A. 水平　　　　B. 上升　　　　C. 缓降　　　　D. 陡降

2. MZ1-1000 型焊机是（　　）。

A. 埋弧焊机　　B. 电阻焊机　　C. CO_2 焊机　　D. 焊条电弧焊机

3. MZ1-1000 型焊机外特性曲线的形状是（　　）。

A. 缓降　　　　B. 陡降　　　　C. 平硬　　　　D. 上升

4. 增大送丝速度时，MZ1-1000 型埋弧焊机的焊接电流（　　）。

A. 增大　　　　B. 减小　　　　C. 不变　　　　D. 不确定

5. 埋弧焊电弧电压自动调节系统静特线曲线的倾角随放大系数的增大而（　　）。

A. 增大　　　　B. 减小　　　　C. 不变　　　　D. 失效

6. 埋弧焊在其他焊接参数不变的情况下，焊接速度减小，则焊接线能量（　　）。

A. 增大　　　　B. 减小　　　　C. 不变　　　　D. 不确定

7. 埋弧焊时，焊接区内气体的主要成分是（　　）。

A. 氮气　　　　B. 氧气　　　　C. 一氧化碳　　D. 二氧化碳

8. 等速送丝埋弧焊送丝速度减小时，焊接电流（　　）。

A. 增大　　　　B. 减小　　　　C. 不变　　　　D. 不确定

9. 低合金结构钢及低碳钢的埋弧焊可采用低锰或无锰高硅焊剂，焊剂与（　　）焊丝相配合。

A. 低锰　　　　B. 中锰　　　　C. 高锰　　　　D. 高硅

10. 水平固定管道组对时应特别注意间隙尺寸，一般应（　　）。

A. 上大下小　　B. 上小下大　　C. 左大右小　　D. 左小右大

11. 埋弧焊过程中，焊接电弧稳定燃烧时，焊丝的送进速度（　　）焊丝的熔化速度。

A. 等于　　　　B. 大于　　　　C. 小于　　　　D. 大于或等于

12. 埋弧焊中，使（　　）随着弧长的波动而变化，保持弧长不变的方法称为电弧电压均匀调节。

A. 焊接速度　　B. 焊丝熔化速度　　C. 焊丝送进速度　D. 弧长调节速度

13. 埋弧焊收弧的顺序应当是（　　）。

A. 先停焊接小车，然后切断电源，同时停止送丝

B. 先停止送丝，然后切断电源，再停止焊接小车

C. 先切断电源，然后停止送丝，再停止焊接小车

D. 先停止送丝，然后停止焊接小车，同时切断电源

14. 埋弧焊的负载持续率通常为（　　）。

A. 50%　　　　B. 60%　　　　C. 80%　　　　D. 100%

15. 与焊条电弧焊相比，埋弧焊的优点有(   )。

A. 生产率高   B. 焊接接头质量好

C. 对气孔不敏感   D. 节约焊接材料和电能

E. 降低劳动强度、劳动条件好

16. 埋弧焊可焊接以下(   )金属材料。

A. 低碳钢   B. 低合金钢   C. 调质钢   D. 奥氏体型不锈钢

E. 铝   F. 钛

17. 埋弧焊最主要的焊接参数是(   )。

A. 焊接电流   B. 电弧电压   C. 焊接速度   D. 焊剂粒度

E. 焊剂层厚度

18. 埋弧焊时应注意选用容量恰当的(   )。

A. 弧焊电源   B. 电源开关   C. 熔断器   D. 送丝电动机

E. 小车行走电动机

三、判断题

1. 电弧的自身调节作用主要是依靠焊接电流的增减来改变焊丝熔化速度，而焊丝的送丝速度保持不变。(   )

2. 埋弧焊焊接电弧的引燃方法是接触短路引弧法。(   )

3. 埋弧焊由于采用较大的焊接电流，所以也应该相应提高电弧电压值。(   )

4. 一般埋弧焊焊剂在使用前必须在 250 ℃下烘干，并保温 1 ~2 h。(   )

5. 采用高锰高硅焊剂配合低锰焊丝进行埋弧焊时，向焊缝渗合金的途径主要是通过焊剂过渡。(   )

6. 埋弧焊用焊剂垫的作用是防止熔渣和熔池金属从焊缝背面流失，并防止焊件烧穿。(   )

7. 单面焊双面成形埋弧焊工艺，要求焊件装配时有最小的间隙，以保证反面焊缝的良好成形。(   )

8. 埋弧焊机按焊丝的数目分类，可分为单丝和多丝埋弧焊机。(   )

9. 埋弧焊机一般由弧焊电源、控制系统、焊机接头三大部分组成。(   )

10. 埋弧焊必须使用直流电源。(   )

11. 埋弧焊必须采用具有陡降外特性曲线的电源。(   )

12. 埋弧焊调整弧长有电弧自身调节和电弧电压均匀调节两种方法。(   )

13. 埋弧焊中，送丝速度保持不变，通过调节焊丝的熔化速度来保持弧长不变的方法，称为电弧电压的均匀调节。(   )

14. 常用的 MZ-1000 型埋弧焊机的送丝方式为等速送丝。(   )

15. 埋弧焊的引弧方法有尖焊丝引弧法和焊丝回抽引弧法。(   )

16. 埋弧焊引弧板和收弧板的大小，必须满足焊剂的堆放要求和使引弧点与收弧点的弧坑落在正常焊缝之外。(   )

17. 不同厚度板材对接埋弧焊时，焊丝中心线应偏向厚板一定距离。(   )

18. 埋弧焊只适用于平焊和平角焊。(   )

19. 埋弧焊与焊条电弧焊相比，对气孔敏感性较小。(   )

20. 埋弧焊停止焊接后，操作者离开岗位时应切断电源开关。（　　）

21. 当埋弧焊机电气部分出现故障时，应立即切断电源并及时通知电工进行修理。（　　）

22. 埋弧焊的线能量比焊条电弧焊大，焊缝和热影响区的晶粒较粗，因此，埋弧焊焊缝的冲击韧度比焊条电弧焊焊缝高。（　　）

四、简答题

1. 从加热效果看，埋弧焊时为什么可以提高焊接速度？

2. 埋弧焊有哪些冶金特点？

五、计算题

1. 焊工进行埋弧焊时，焊接电流为 600 A，电弧电压为 38 V，测得焊机外电路总电阻为 0.03 Ω，求施焊时焊机端电压。

2. 埋弧焊 $\delta=16$ mm 的圆筒，焊接规范为：$I=750$ A，$U=39$ V，$v=34$ m/h，求此时的焊接线能量。

 任务二　低碳钢或低合金高强度钢板对接平焊埋弧焊

学习目标及重点、难点

◎ 学习目标：能正确选择低碳钢、低合金高强度钢对接平焊埋弧焊参数。

◎ 学习重点：能正确选择焊丝和焊剂的牌号。

◎ 学习难点：掌握埋弧焊设备的操作方法。

▶ 焊接试件图（图 5–23）

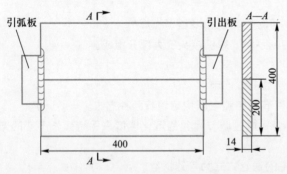

技术要求
1. 对接双面焊，保证焊透。
2. 试件材料为Q355R。
3. 根部间隙≤1mm，错边量≤0.5mm。
4. 正、背面焊接的焊缝宽度$C=20\pm2$mm，焊缝余高$h=3\pm1$mm，角变形≤3°。
5. 引弧板、引出板尺寸为80mm×40mm×14mm。

图 5–23　板对接平焊埋弧焊焊件

🔧 工艺分析

　　埋弧焊与焊条电弧焊相比有一些明显的优点。埋弧焊的生产率高，可采用较大的焊接电流，电弧热量集中，从而提高了焊接生产率。埋弧焊焊接质量好，因熔池有熔渣和焊剂的保护，焊缝表面光洁、平整。埋弧焊的劳动条件较好，由于实现了焊接过程机械化，操作较简便，而且没有弧光的有害影响，放出烟尘也少，因此焊工的劳动条件得到了改善。

低碳钢、低合金高强度钢焊接性良好,适合采用埋弧焊进行焊接。埋弧焊时,除了要选择正确的焊丝和焊剂外,还要选择合适的焊接参数,如焊接电流、电弧电压、焊接速度、焊丝直径和焊丝倾角等。合适的焊接参数是保证埋弧焊焊缝质量的关键因素。

▶ 焊接操作

一、焊前准备

(1)焊件材料　Q355R低合金高强度钢板两块,尺寸为400 mm×200 mm×14 mm。钢板表面用角向磨光机打磨焊缝两侧各20 mm处,至露出金属光泽,再准备引弧板和引出板。钢板两侧用机械方法或定位焊固定,以防焊接时钢板产生弯曲变形而影响后续焊缝的焊接。

(2)焊接材料　焊丝牌号选用H08MnA,直径为5 mm,焊前应去除焊丝表面的锈、油等杂质,然后装入焊丝盘内备用;焊剂牌号选用HJ431,焊前放入焊剂烘箱内烘干,烘干温度为200 ℃～250 ℃,保温1～2 h。

(3)辅助工具　角向磨光机、錾子、钢丝刷、敲渣锤、扳手、划针、直尺和焊缝万能量规等。

(4)辅助装置　焊接小车导轨。

二、焊接参数

本任务采用悬空双面焊法,焊接第一面时,焊件背面不用任何衬垫或其他辅助装置,为防止液态金属从间隙中流失或者引起烧穿,要求装配时不留间隙或间隙小于1 mm。焊接第一面时,应选择稍小的焊接参数,通常熔深达到板厚的40%～50%即可。然后翻转焊件进行第二面的焊接,此焊接过程,应采用较大的焊接参数,以保证焊件焊透,具体焊接参数见表5-13。

表5-13　焊接参数

焊接顺序	焊丝直径/mm	焊接电流/A	电弧电压/V	焊接速度/(m/h)
正	φ5	650～700	DC 36～38	30～35
反		700～750	DC 38～40	

三、焊接过程

(1)第一面焊缝的焊接

① 将焊机头部对准引弧板,小车轨道调整至与待焊的装配间隙平行。开动小车沿间隙行走,调整轨道使小车始终对准间隙。

② 将焊机头部对准引弧板,距焊缝起点50～70 mm。

③ 打开焊剂漏斗送剂扳手开关,使焊剂流下,覆盖焊接区域。

④ 检查并调整焊接参数。

⑤ 按下起动按钮开始焊接,焊接过程中要注意耳听眼看,发现异常应马上停机。

⑥ 焊机行走至引出板中央时,按下停止按钮,停止焊接。

(2)第二面焊缝的焊接

第一面焊缝经外观检查合格后,将焊件反面朝上(不必使用焊剂垫,因背面焊缝可托住熔池)悬空放置,如图5-24所示。焊接步骤与第一面焊缝的焊接完全相同,只是要保证第二面焊缝熔深达到板厚的 60% ~ 70% ,以防止产生未焊透和夹渣缺陷。焊接第二面焊缝时选用较大的焊接电流是为了避免焊件未焊透。

四、试件及现场清理

焊接结束后,关闭焊接设备。将焊好的试件用敲渣锤除去焊剂渣壳,清扫焊剂,用钢丝刷清理焊缝表面,禁止用水冷却焊件。清扫场地,按规定摆放工具,确认无安全隐患,并做好使用记录。

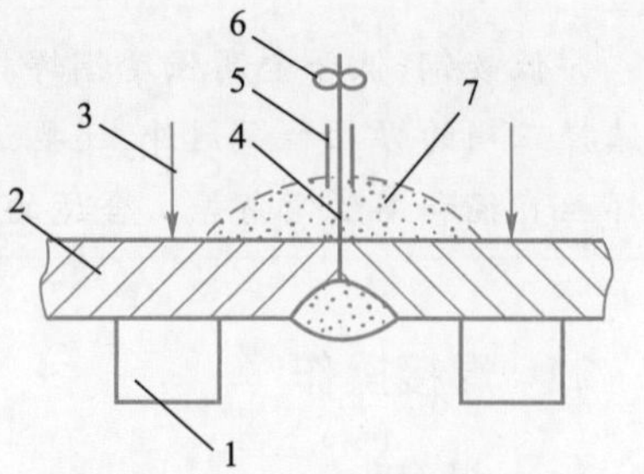

图 5-24 悬空双面焊接示意图

1—支承垫;2—焊件;3—压紧力;4—焊丝;
5—导电嘴;6—送丝滚轮;7—预放焊剂

▶ 任务评价

低碳钢、低合金高强度钢板对接埋弧焊评分表见表 5-14。

表 5-14 低碳钢、低合金高强度钢板对接埋弧焊评分表

试件编号		评分人			合计得分		
检查项目	评判标准及得分	评判等级				测量数值	实际得分
		I	II	III	IV		
焊缝余高/mm	尺寸标准	0 ~ 1	>1,≤2	>2,≤3	<0 或>3		
	得分标准	10 分	6 分	2.5 分	0 分		
焊缝高度差/mm	尺寸标准	0 ~ 1	>1,≤2	>2,≤3	>3		
	得分标准	10 分	6 分	2.5 分	0 分		
焊缝宽度/mm	尺寸标准	14 ~ 15	>13,≤14 或 >15,≤16	>12,≤13 或 >16,≤17	<12 或>17		
	得分标准	15 分	10 分	5 分	0 分		
焊缝宽度差/mm	尺寸标准	0 ~ 1	>1,≤2	>2,≤3	>3		
	得分标准	10 分	6 分	2.5 分	0 分		
咬边/mm	尺寸标准	无咬边	深度≤0.5		深度>0.5		
	得分标准	10 分	每 5 mm 长扣 2.5 分		0 分		
正面成形	标准	优	良	中	差		
	得分标准	10 分	6 分	2.5 分	0 分		
背面成形	标准	优	良	中	差		
	得分标准	10 分	6 分	2.5 分	0 分		
背面高度/mm	尺寸标准	0 ~ 1	>1,≤2	<0 或>2			
	得分标准	5 分	3 分	0 分			
焊缝侧面夹角	尺寸标准	<90°	>90°				
	得分标准	5 分	0 分				
角变形	尺寸标准	0° ~ 2°	>2°,≤3°	>3° ~ 5°	>5°		
	得分标准	10 分	6 分	2.5 分	0 分		
错边量/mm	尺寸标准	0 ~ 0.5	>0.5,≤1	>1			
	得分标准	5 分	2 分	0 分			

续表

试件编号		评分人			合计得分		
检查项目	评判标准及得分	评判等级				测量数值	实际得分
		I	II	III	IV		
外观缺陷记录							

焊缝外观(正、背)成形评判标准

优	良	中	差
成形美观,焊缝均匀、细密,高低宽窄一致	成形较好,焊缝均匀、平整	成形尚可,焊缝平直	焊缝弯曲,高低、宽窄相差明显

注:1. 试件焊接未完成,表面修补及焊缝正反面有裂纹、夹渣、气孔、未熔合缺陷的,该件按 0 分处理。

2. 试件两端 20 mm 处的缺陷不计。

任务三　不锈钢板对接平焊埋弧焊

学习目标及重点、难点

◎ 学习目标：能正确选择不锈钢板对接平焊埋弧焊焊接参数。

◎ 学习重点：正确选择焊丝和焊剂的牌号,掌握埋弧焊设备的操作方法。

◎ 学习难点：具备埋弧焊设备常见故障的分析、判断及排除能力。

▶ 焊接试件图（图 5-25）

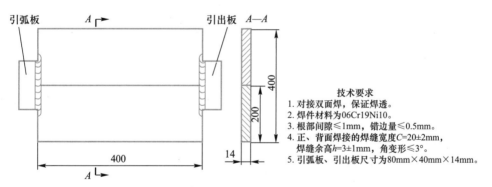

技术要求
1. 对接双面焊,保证焊透。
2. 焊件材料为06Cr19Ni10。
3. 根部间隙≤1mm,错边量≤0.5mm。
4. 正、背面焊接的焊缝宽度C=20±2mm,焊缝余高h=3±1mm,角变形≤3°。
5. 引弧板、引出板尺寸为80mm×40mm×14mm。

图 5-25　板对接平焊埋弧焊试件

🔩 工艺分析

　　埋弧焊属于自动焊,具有焊接生产率高、焊接质量好、焊接生产环境好等优点。不锈钢材料可以采用埋弧焊进行焊接,根据化学成分相近的原则,来考虑焊丝和焊剂的匹配问题。埋弧焊的焊接参数主要有焊接电流、电弧电压、焊接速度、焊丝直径和焊丝倾角等。选择合适的焊接参数是保证埋弧焊焊缝质量的关键因素。

▶ 焊接操作

一、焊前准备

（1）焊件材料 06Cr19Ni10 不锈钢板两块，尺寸为 400 mm×200 mm×14 mm。钢板表面用角向磨光机打磨焊缝两侧各 20 mm 处，至露出金属光泽，再用划针在钢板表面划出基准线，每条基准线间隔50 mm。钢板两侧用机械方法或定位焊固定，以防焊接时钢板产生弯曲变形而影响后道焊缝的焊接。

（2）焊丝和焊剂的选择 焊丝牌号选用 H00Cr22Ni10，直径为 5 mm，焊前应去除焊丝表面的锈、油，然后装入焊丝盘内备用；焊剂牌号选用 HJ260，焊前放入焊剂烘箱内烘干，烘干温度为 350 ℃~400 ℃，保温 2 h。

（3）辅助工具 角向磨光机、錾子、钢丝刷、敲渣锤、扳手、划针、直尺和焊缝万能量规等。

（4）辅助装置 焊接小车导轨。

二、焊接参数

选择预留间隙双面焊工艺，根据焊件的厚度预留一定的装配间隙，本任务预留 3~4 mm 的装配间隙。进行第一面的焊接时，为防止熔化金属流溢，接缝的背面应加临时工艺垫板，第一面的焊接参数应保证焊缝熔深超过焊件厚度的 60%~70%；焊完第一面后翻转焊件，进行反面的焊接，其焊接参数与第一面焊接时相同，但必须保证完全熔透。焊接参数见表 5-15。

表 5-15 焊 接 参 数

焊接顺序	焊丝直径/mm	焊接电流/A	电弧电压/V	焊接速度/（m/h）
正	5	700~750	DC34~36	30~35
反		700~750	DC34~36	

三、焊接过程

（1）第一面焊缝的焊接

① 将焊机头部对准引弧板，小车轨道调整至与待焊的装配间隙平行。开动小车沿间隙行走，调整轨道使小车始终对准间隙。

② 将焊机头部对准引弧板，距焊缝起点 50~70 mm。

③ 打开焊剂漏斗送剂扳手开关，使焊剂流下，堆满焊接区域。

④ 检查并调整焊接参数。

⑤ 按下按钮开关开始焊接，焊接过程中要注意耳听眼看，发现异常应马上停机。

⑥ 焊机行走至引出板中央时，按下停止焊接按钮。

（2）第二面焊缝的焊接

第一面焊缝焊接完成后，经外观检查合格后，将焊件背面朝上放置（不必使用焊剂垫，因背面焊缝可以托住熔池），临时垫板工艺结构示意图如图 5-26 所示。焊接第二面时，焊接背面朝上，去掉临时垫板，焊接步骤与第一面的焊接完全相同，焊接参数也与第一面相同，只是要保证第二面焊缝熔深达到板厚的 60%~70%，这样就可确保焊件的完全熔透。

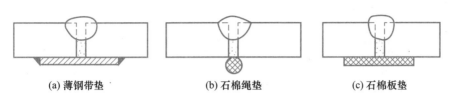

(a) 薄钢带垫	(b) 石棉绳垫	(c) 石棉板垫	

图 5-26 临时垫板工艺结构示意图

四、试件及现场清理

焊接结束后,关闭焊接设备。将焊好的试件用敲渣锤除去焊剂渣壳,清扫焊剂,用钢丝刷清理焊缝表面,禁止用水冷却焊件。清扫场地,按规定摆放工具,确保无安全隐患,并做好使用记录。

▶ 任务评价

不锈钢板对接平焊埋弧焊评分表见表 5-16。

表 5-16 不锈钢板对接平焊埋弧焊评分表

试件编号		评分人			合计得分			
检查项目	评判标准及得分	评判等级				测量数值	实际得分	
		I	II	III	IV			
焊缝余高/mm	尺寸标准	0~1	>1,≤2	>2,≤3	<0 或>3			
	得分标准	10 分	6 分	2.5 分	0 分			
焊缝高度差/mm	尺寸标准	0~1	>1,≤2	>2,≤3	>3			
	得分标准	10 分	6 分	2.5 分	0 分			
焊缝宽度/mm	尺寸标准	14~15	>13,≤14 或 >15,≤16	>12,≤13 或 >16,≤17	<12 或>17			
	得分标准	15 分	10 分	5 分	0 分			
焊缝宽度差/mm	尺寸标准	0~1	>1,≤2	>2,≤3	>3			
	得分标准	10 分	6 分	2.5 分	0 分			
咬边/mm	尺寸标准	无咬边	深度≤0.5		深度>0.5			
	得分标准	10 分	每 5mm 长扣 2.5 分		0 分			
正面成形	标准	优	良	中	差			
	得分标准	10 分	6 分	2.5 分	0 分			
背面成形	标准	优	良	中	差			
	得分标准	10 分	6 分	2.5 分	0 分			
背面高度/mm	尺寸标准	0~1	>1,≤2	<0 或>2				
	得分标准	5 分	3 分	0 分				
焊缝侧面夹角	尺寸标准	≤90°	>90°					
	得分标准	5 分	0 分					
角变形	尺寸标准	0°~2°	>2°,≤3°	>3°,≤5°	>5°			
	得分标准	10 分	6 分	2.5 分	0 分			

续表

检查项目	评判标准及得分	评判等级				测量数值	实际得分
		I	II	III	IV		
错边量/mm	尺寸标准	0~0.5	>0.5,≤1	>1			
	得分标准	5分	2分	0分			
外观缺陷记录							

焊缝外观(正、背)成形评判标准

优	良	中	差
成形美观,焊缝均匀、细密,高低宽窄一致	成形较好,焊缝均匀、平整	成形尚可,焊缝平直	焊缝弯曲,高低、宽窄相差明显

注:1. 试件焊接未完成,表面修补及焊缝正反面有裂纹、夹渣、气孔、未熔合缺陷的,该件按0分处理。

2. 试件两端20 mm处的缺陷不计。

项目六　激光焊技能训练

▶ 任务一　激光焊基础知识

 学习目标及重点、难点

◎ 学习目标：掌握激光焊的基本原理及工艺特点，了解激光焊设备，掌握典型材料的激光焊工艺制定与实施方法。

◎ 学习重点：激光焊的基本原理及工艺特点。

◎ 学习难点：激光焊工艺制定与实施。

▶ 6.1　激光焊原理

激光焊（LBW）是利用能量密度极高的激光束作为热源的一种高效精密焊接方法。与传统焊接方法相比，激光焊具有能量密度高、穿透力强、精度高、适应性强等优点。目前，激光焊已成为现代工业发展必不可少的加工工艺。随着车辆制造、航空航天、电子元件、医疗器械及核工业的迅猛发展，产品零件结构形状越来越复杂，对材料性能的要求不断提高，对加工精度和接头质量的要求日益严格；同时，企业对加工方法的生产率、工作环境的要求也越来越高，传统的焊接方法已难以满足要求，以激光焊为代表的高能束流焊接方法正日益得到重视并获得了广泛的应用。

激光是 20 世纪的一项重大发明，被称为"最快的刀""最准的尺"和"最亮的光"。激光焊技术利用激光束作为热源，集激光技术、焊接技术、自动化技术、材料技术、机械制造技术及产品设计为一体，以其高能量密度、深穿透、高精度、适应性强等优点，对焊件进行精密加工。

1. 激光的反射与吸收

激光是指激光活性物质，或称工作物质受到激励产生辐射，通过光放大而产生一种单色性好、方向性强、光亮度高的光束。经透射或反射镜聚焦后可获得直径小于 0.01 mm、功率密度高达 $10^6 \sim 10^{12}$ W/cm^2 的能束，可用作焊接、切割及材料表面处理的热源。

激光在焊件表面的反射和吸收，本质上是光波的电磁场与材料相互作用的结果。激光照射到被焊接件的表面，一部分被反射，另一部分被焊件吸收。金属对光束的反射能力与它所含的自由电子密度有关，自由电子密度越大，即电导率越大，对激光的反射率越高，金、银、铜、铝及其合金对激光的反射率比其他金属材料要大得多。

激光焊的热效应取决于焊件吸收光束能量的程度,常用吸收率来表征。金属对激光的吸收率主要与激光波长,金属的性质、温度、表面状况以及激光功率密度等因素有关。一般来说,金属对激光的吸收率随着温度的上升而增大,随着电阻率的增加而增大。光亮的金属表面对激光有很强的反射作用,室温时材料对激光的吸收率仅为10%以下,而在熔点以上吸收率将急剧提高。

金属材料的热导率、表面状态、激光波长、入射角等对吸收率均有一定影响。如增大表面粗糙度值或形成高吸收率薄膜可减少激光反射损失,纯铝原始表面的吸收率为7%,电解抛光后降为5%,喷砂后升为20%,表面有氧化层时为22%。另外,使用活性气体也能增加材料对激光的吸收率,试验表明,在保护气体氩中添加10%的氧可使熔深增加一倍。

此外,激光束的功率密度对激光的吸收率也有显著影响。激光焊时,激光光斑的功率密度超过阈值(大于10^6 W/cm^2),光子轰击金属表面导致汽化,金属对激光的吸收率就会发生变化。就材料对激光的吸收率而言,材料的汽化是一个分界线。当材料没有发生汽化时,不论处于固相还是液相,其对激光的吸收率仅随表面温度的升高而有较慢的变化;一旦材料发生汽化,蒸发的金属形成等离子体,可防止剩余能量被金属反射掉。如果被焊金属具有良好的导热性能,则会得到较大的熔深,形成小孔,从而大幅度提高激光吸收率。

2. 材料的加热

激光光子入射到金属晶体中,光子即与电子发生非弹性碰撞,光子将其能量传递给电子,使电子由原来的低能级跃迁到高能级。与此同时,金属内部的电子间也在不断地互相碰撞。每个电子两次碰撞间的平均时间间隔为10^{-13} s数量级,因此,吸收了光子而处于高能级的电子将在与其他电子的碰撞以及与晶格的互相作用中进行能量的传递,光子的能量最终转化为晶格的热振动能,引起材料温度升高,改变材料表面及内部温度。

3. 材料的熔化及汽化

激光加工时,材料吸收的光能向热能的转换是在极短时间(10^{-9} s)内完成的。在这个时间内,热能仅仅局限于材料的激光辐射区,而后通过热传导,热量由高温区传向低温区。激光焊时,材料达到熔点所需的时间为微秒级;脉冲激光焊时,当材料表面吸收的功率密度为10^5 W/cm^{2}时,达到沸点的时间为几毫秒;当功率密度大于10^6 W/cm^{2}时,被焊材料会发生急剧的蒸发。

▶ 6.2　激光焊分类

激光焊是最早开发的激光工业应用领域之一,它有两种基本类型,即传热焊和深熔焊。

1. 传热焊

焊接时,激光光斑的功率密度小于10^5 W/cm^2,焊件表面将所吸收的激光能转变为热能后,使金属表面温度升高而熔化,然后通过热传导的方式把热能传向金属内部,使熔化区迅速扩大,凝固后形成焊点或焊缝,其熔池形状近似为半球形。这种焊接机理称为传热焊,其焊接过程类似于钨极氩弧焊,如图6-1(a)所示。

传热焊的特点是激光光斑的功率密度小,很大一部分激光被金属表面所反射,激光的吸收率较低、熔深小、焊点小,主要用于薄板(厚度$\delta < 1$ mm)、小零件的精密焊接加工。

2. 深熔焊

焊接时,激光光斑的功率密度大于10^6 W/cm^2,焊件表面在激光束的照射下被迅速加热,温度在极短的时间内（$10^{-8} \sim 10^{-6}$ s）升高到沸点，使金属熔化和汽化。产生的金属蒸气以一定的速度离开熔池表面，从而对熔池的液态金属产生一个附加压力，使熔池金属表面向下凹陷，在激光光斑下产生一个小凹坑，如图 6-1（b）所示。当激光束在小孔底部继续加热时，所产生的金属蒸气一方面压迫坑底的液态金属，使小坑进一步加深；另一方面，向坑外逸出的蒸气将熔化的金属挤向熔池四周。随着加热过程的连续进行，激光可直接射入坑底，在液态金属中形成一个细长的小孔。当光束能量所产生的金属蒸气的反冲压力与液态金属的表面张力和重力平衡后，小孔不再继续加深，形成一

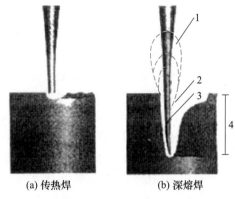

(a) 传热焊　　　(b) 深熔焊

图 6-1　激光焊的两种基本类型

1—等离子云；2—熔化材料；3—小孔；4—熔深

个深度稳定的孔而实现焊接，因此称其为激光深熔焊，也称小孔焊。

　　光斑功率密度很大时，所产生的小孔将贯穿整个板厚，形成深穿透焊缝（或焊点）。在连续激光焊时，小孔是随着光束相对于焊件沿焊接方向前进的。金属在小孔前方熔化，绕过小孔流向后方后，重新凝固形成焊缝。

　　深熔焊的激光束可深入到焊件内部，从而可形成深宽比较大的焊缝。如果激光功率足够大而材料相对较薄，则激光焊形成的小孔将贯穿整个板厚且背面可以接收到部分激光，这种方法也称为薄板激光小孔效应焊。为了保证焊透，需要一定的激光功率，通常每焊透 1 mm 的板厚，需要激光功率 1 kW。

▶ 6.3　激光焊设备

1. 激光焊设备的组成

　　激光焊设备主要由激光器、光学系统、机械系统、控制与监测系统、光束检测仪及一些辅助装置等组成，具体组成如图 6-2 所示。其中，用于焊接的激光器主要有两大类：YAG 固体激光器和 CO_2 气体激光器。光学系统包括导光及聚焦系统、光学系统的保护装置等。机械系统主要是工作台和计算机控制系统（或数控工作台）。控制与监测系统主要是进行焊接过程与质量的监控。光束检测仪的作用是监测激光器的输出功率，有的还能测量光束横截面积上的能量分布状况，判断光束模式。

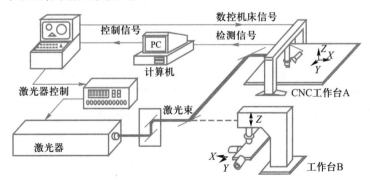

图 6-2　激光焊设备组成

（1）激光器

① 根据工作物质的形态分类。激光器是产生受激辐射光并将其放大的装置,是激光焊设备的核心部分。根据激光器中工作物质的形态分为固体、液体和气体激光器。焊接与切割用的激光器主要是固体激光器和 CO_2 气体激光器。极有发展前途的高功率半导体二极管激光器,随着其可靠性和使用寿命的提高及价格的降低,在某些焊接领域将替代 YAG（钇铝石榴石晶体）固体激光器和 CO_2 气体激光器。

● 固体激光器。固体激光器主要由激光工作物质（红宝石、YAG 或钕玻璃棒）、聚光器、谐振腔（全反镜和输出窗口）、泵灯、电源及控制装置等组成。激光焊用 YAG 固体激光器,其工作物质为掺钕的钇铝石榴石晶体,平均输出功率为 $0.3 \sim 3$ kW,最大功率可达 4 kW。YAG固体激光器可在连续或脉冲状态下工作,也可以在调 Q 状态下工作。三种输出方式的 YAG固体激光器的特点见表 6-1。典型的 Nd:YAG 固体激光器结构如图 6-3 所示。

表 6-1　三种输出方式的 YAG 固体激光器特点

输出方式	平均功率/kW	峰值功率/kW	脉冲持续时间	脉冲重复频率	脉冲能量/J
连续	$0.3 \sim 4$	—	—	—	—
脉冲	≈4	≈50	$0.2 \sim 20$ ms	$1 \sim 500$ Hz	≈100
Q 开关	≈4	≈100	<1 μs	≈100 kHz	10^{-3}

YAG 固体激光器输出的波长为 1.06 μm,是 CO_2 气体激光器的 1/10。波长较短有利于激光的聚焦和光纤传输,也有利于金属表面的吸收,这是 YAG 固体激光器的优势;但YAG 固体激光器需要使用光泵,而泵灯使用寿命较短,需要经常更换。YAG 固体激光器一般输出多模光束,模式不规则,发散角大。

● 气体激光器。焊接和切割所用气体激光器大多是 CO_2 气体激光器,其工作气体的主要成分是 CO_2、N_2 和 He。CO_2 分子是产生激光的粒子;N_2 分子的作用是与 CO_2 分子共振交换能量,使 CO_2 分子被激励,增加激光较高能级上的 CO_2 分子数,加速 CO_2 分子的弛豫过程。

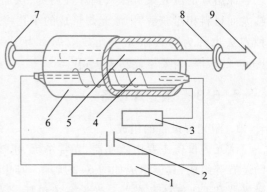

图 6-3　典型的 Nd:YAG 固体激光器结构
1—高压电源;2—储能电容;3—触发电路;4—泵灯;
5—激光工作物质;6—聚光器;7—全反射镜;
8—部分反射镜;9—激光

He 的主要作用是抽空激光较低能级的粒子。He 分子与 CO_2 分子相碰撞,使 CO_2 分子从激光较低能级尽快回到基极。He 的导热性很好,故又能把激光工作室气体中的热量传给管壁或热交换器,使激光的输出功率和效率得到极大提高。不同结构的 CO_2 激光器,其最佳工作气体成分不同。

CO_2 激光器的输出功率范围大,最小输出功率为数毫瓦,最大可输出几百千瓦的连续激光功率。CO_2 激光器的理论转换功率为 40%,实际应用中,其电光转换效率也可达到 15%,能量转换功率高于固体激光器。CO_2 激光波长为 10.6 μm,属于红外光,它可在空气中传播很远而衰减很小。因而,CO_2 激光器在医疗、通信、材料加工、武器装备等诸多领域得到了广泛应用。

② 根据结构形式分类。可将热加工应用的 CO_2 激光器分为以下四种:密闭式、横流式、快速轴流式和板条式。

● 密闭式 CO_2 激光器。其主体结构由玻璃管制成,其内部充以 CO_2、N_2 和 He 的混合气体,在电极间加上直流高压电,通过混合气体的辉光放电,激励 CO_2 分子产生激光,从窗口输出。为了得到较大的功率,常把多节放电管串联或并联使用。密闭式 CO_2 激光器结构示意图如图 6-4 所示。

● 横流式 CO_2 激光器。其混合气体通过放电区流动,气体直接与热交换器进行热交换,因而冷却效果好,允许输入大的电功率,每米放电管的输出功率可达 $2 \sim 3$ kW。横流式 CO_2 激光器结构示意图如图 6-5 所示。

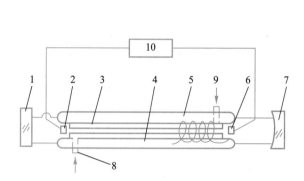

图 6-4　密闭式 CO_2 激光器结构示意图

1—平面反射镜;2—阴极;3—冷却管;4—储气管;

5—回气管;6—阳极;7—凹面反射镜;8—进水口;

9—出水口;10—激励电源

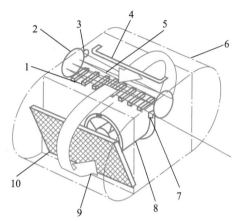

图 6-5　横流式 CO_2 激光器结构示意图

1—平板式阳极;2—折叠镜;3—后腔镜;4—阴极;

5—放电区;6—密封壳体;7—输出反射镜;

8—高速风机;9—气流方向;10—热交换器

● 快速轴流式 CO_2 激光器。其主要特点是气体的流动方向和放电方向与激光束同轴。气体在放电管中以接近声速的速度流动,约为 150 m/s,每米放电管长度上可输出 $0.5 \sim 2$ kW 的激光功率。快速轴流式 CO_2 激光器结构示意图如图 6-6 所示。

● 板条式 CO_2 激光器。如图 6-7 所示为板条式 CO_2 激光器结构示意图。其主要特点是光束质量好、消耗气体少、运行可靠、免维护、运行费用低。目前,板条式 CO_2 激光器的输出功率已达 3.5 kW。

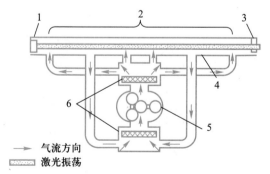

→ 气流方向

▨ 激光振荡

图 6-6　快速轴流式 CO_2 激光器结构示意图

1—后腔镜;2—高压放电区;3—输出镜;4—放电管;

5—高速风机;6—热交换器

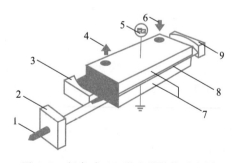

图 6-7　板条式 CO_2 激光器结构示意图

1—激光束;2—光束整形器;3—输出键;

4、6—冷却水;5—射频激励;7—后腔镜;

8—射频激励放电;9—波导电极

焊接用激光器的特点及用途见表6-2。

表6-2　焊接用激光器的特点及用途

激光器	波长/μm	工作方式	重复频率/Hz	输出功率或能量范围	主要用途
红宝石激光器	0.69	脉冲	0~1	1~100 J	点焊、打孔
钕玻璃激光器	1.06	脉冲	0~10	1~100 J	点焊、打孔
YAG激光器	1.06	脉冲连续	0~400	1~100 J,0~2 kW	点焊、打孔焊接、切割、表面处理
封闭式CO_2激光器	10.6	连续	—	0~1 kW	焊接、切割、表面处理
横流式CO_2激光器	10.6	连续	—	0~25 kW	焊接、表面处理
快速轴流式CO_2激光器	10.6	连续、脉冲	0~5 000	0~6 kW	焊接、切割

③ 半导体激光器。这类激光器以半导体二极管激光器最为常用,最简单的形式是P-N结型,其工作物质为半导体,可采用简单的注入电流的方式来泵浦,当提供一个足够大的直流电压时,就可产生粒子数反转。半导体二极管激光器的主要优点是激光波长短(0.85~1.65 μm),可用光纤传输,电能与光能的转换比极高,激光器体积小,输出功率已达 3 kW。

④ 光纤激光器。光纤激光器是以光纤为工作物质的中红外波段激光器。光纤是以SiO_2为基质材料拉成的玻璃实体纤维,其导光原理是利用光的全反射。裸光纤中心的高折射率玻璃芯直径一般为 4~62.5 μm,中间低折射率硅玻璃包层芯径一般为 125 μm,最外部为加强树脂涂层。光纤按传播光波的模式可分为单模光纤和多模光纤:单模光纤的芯径为 4~12 μm,只能传播一种模式的光;多模光纤的芯径大于 50 μm,可传播多种模式的光。

光纤激光器的主要特点:在低泵浦下容易实现连续运转;容易与光线耦合;辐射波长由基质材料中的稀土掺杂剂决定,不受泵浦光波长的影响,可以利用与稀土离子吸收光谱相应的短波长激光二极管作为泵浦源,得到中红外波段的激光输出;与目前的光纤器件,如调制器、耦合器、偏振器等相容,可制成全光纤系统;结构简单,体积小,操作和维护简单、可靠。光纤激光器消耗的电能仅为灯泵激光器的1%左右,而效率则是半导体激光泵浦YAG固体激光器的2倍以上;其光束质量不受激光功率的影响,输出的激光具有接近衍射极限的光束质量。

（2）光学系统

光束传输及聚焦系统又称为外部光学系统,用于把激光束传输并聚焦到焊件上。如图6-8所示为两种光束传输及聚焦系统示意图。平面反射镜用于改变光束的方向,球面反射镜或透镜用来聚焦。在固体激光器中,常用光学玻璃制造反射镜和透镜。而对于CO_2激光焊设备,由于激光波长较长,常用铜或反射率高的金属制造反射镜,用GaAs或ZnSe制造透镜。透射式聚焦用于中、小功率的激光加工设备,而反射式聚焦用

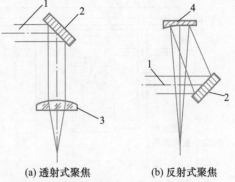

(a) 透射式聚焦　　(b) 反射式聚焦

图6-8　两种光束传输及聚焦系统示意图

1—激光束;2—平面反射镜;3—透镜;4—球面反射镜

于大功率激光加工设备。

（3）光束检测仪

光束检测仪主要用于检测激光器的输出功率或输出能量,并通过控制系统对功率或能量进行控制。电动机带动旋转反射针高速旋转,当激光束通过反射针的旋转轨迹时,一部分激光($<0.4\%$)被针上的反射面所反射,通过锗透镜衰减后聚焦,落在红外激光探头上,探头将光信号转变为电信号,由信号放大电路放大,通过数字毫伏表读数。由于探头给出的电信号与所检测到的激光能量成正比,因此,数字毫伏表的读数与激光功率成正比,它所显示的电压大小与激光功率的大小相对应。

（4）气源和电源

目前的 CO_2 激光器采用 CO_2、N_2、He(或 Ar)的混合气体作为工作介质,其体积配比为 $7:33:60$。He、N_2 均为辅助气体,混合后的气体可将输出功率提高 $5\sim10$ 倍。但 He 的价格昂贵,选用时应考虑其成本。为了保证激光器稳定运行,一般采用响应快、恒稳性高的电子控制电源。

（5）工作台和计算机控制系统

伺服电动机驱动的工作台可供安放焊件,以实现激光焊接或切割。激光焊的控制系统多采用数控系统。

2. 激光焊机的选用原则

早期的激光焊大多采用脉冲固体激光器,进行小型零部件的点焊和焊接由焊点搭接而成的缝焊,其焊接过程多属传热焊。20 世纪 70 年代,大功率 CO_2 激光器的出现,开辟了激光应用于焊接及工业领域的新纪元,从而使激光焊在汽车、钢铁、船舶、航空、轻工等行业得到日益广泛的应用。近年来,高功率 YAG 激光器有了突破性进展,出现了平均功率在 4 kW 左右的连续或重复频率输出的 YAG 激光器,可以用其进行深熔焊接,因其波长短,金属对这种激光的吸收率大,焊接过程受等离子体的干扰少,因而有良好的应用前景。

选择或购买激光焊设备时,应根据焊件尺寸、形状、材质,设备的特点、技术指标、适用范围以及经济效益等因素综合考虑。微型件、精密件的焊接可选用小功率焊机;点焊可选用脉冲激光焊机,直径在 0.5 mm 以下金属丝、丝与板或薄膜之间的点焊,特别是微米级细丝、薄膜的点焊等,则应选择小功率脉冲激光焊机。随着焊件厚度的增大,应选用功率较大的焊机。此外,还应考虑一次性投资,电能、冷却水及工作气体的消耗水平,易损、易耗件的价格,零配件的购置等因素。

▶ 6.4　激光焊的焊接工艺

激光焊是将光能转化为热能,以达到熔化焊件实现焊接的目的。激光能作用于固态金属表面时,按功率密度不同可产生三种不同加热状态:功率密度较低时,仅对表面产生无熔化的加热,这种状态用于表面热处理或钎焊;功率密度提高时,可产生热传导型熔化加热,这种状态用于薄板高速焊及精密点焊;功率密度进一步提高时,则产生熔孔型熔化,激光热源中心加热温度达到金属的沸点而形成等离子蒸气,用于深熔焊。由此可见,调节激光的功率密度,是实现不同加工工艺的基础。下面分别介绍连续激光焊、脉冲激光焊的焊接工艺及激光复合焊技术。

1. 连续激光焊

激光焊一般不使用填充金属,特殊情况下,也可以使用填充金属。填充金属的主要化学成分应与被焊母材相同或相近,通常制成光焊丝或者光焊条,自动焊时使用光焊丝。

（1）接头形式设计及装配要求

传统焊接方法使用的接头形式绝大部分都适用于激光焊,但激光焊由于聚焦后的光束直径很小,因而对装配精度要求很高。在实际应用中,连续激光焊最常用的接头形式是对接和搭接。

对接时,对于铁基合金和镍基合金材料,其装配间隙应小于焊件厚度的 15%,零件的错边和不平度不得大于焊件厚度的 25%;对于导热性好的材料,如铜合金、铝合金等,还应将误差控制在更小的范围内。

搭接是薄板焊接时常用的接头形式。焊接时,装配间隙应小于板材厚度的 25%。如果装配间隙过大,会造成上面焊件烧穿。焊接不同厚度的焊件时,应将薄件置于厚件之上。同时,搭接还可以焊接多层板。

T 形接头和角接焊时,接头允许的最大间隙通常不超过腹板厚度的 5%。

如图 6-9 所示为板材激光焊常用的接头形式。其中,卷边角接头的刚性最好,焊接时,如果焊接参数合适,熔化金属正好填满间隙,则可实现内角外缘双面成形。这种接头既省工又省料,在家用电器

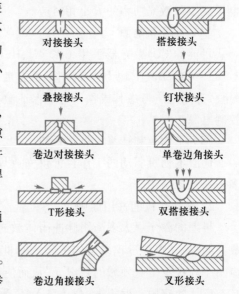

图 6-9　板材激光焊常用的接头形式

金属壳体的制造中较为常用。叉形接头因熔池正好在焊件两边吻合处形成并成小夹角,可以更好地汇集激光能量,但施焊中需要稍加压力,且装配必须良好。

对于钢铁等材料,焊前对焊件表面进行除锈、脱脂处理即可。在要求较严格时,需要用乙醚、丙酮或四氯化碳进行清洗。

为了获得成形良好的焊缝,焊前必须将焊件装配良好。尽管焊接变形较小,但为了确保焊接过程中焊件间的相对位置不变,最好采用适当的方式装夹定位。

（2）连续激光焊的焊接参数

① 激光功率。激光功率通常是指激光器的输出功率,而没有考虑激光传输和聚焦系统所引起的损失。连续工作的低功率激光器可在薄板上以低速产生有限传热焊缝。高功率激光器既可用熔孔型加热法在薄板上以高速产生窄的焊缝;也可用小孔法在中厚板上,以不低于 0.6 m/s 的焊接速度获得深宽比大的焊缝。

激光功率主要影响熔深。当光斑直径一定时,熔深随着激光功率的提高而增加。激光功率对不同材料焊缝熔深的影响如图 6-10 所示。

② 焊接速度。焊接速度影响焊缝的熔深和熔宽。深熔焊时,熔深与焊接速度成反比。在给定材料、功率条件下,对一定厚度范围的焊件进行焊接时,有一最佳的焊接速度范围与其对应。如果焊接速度过高,会导致焊不透;但若焊接速度过低,则会使材料过度熔化,熔宽

急剧增大,甚至导致烧损和焊穿。在焊接速度较高时,随着焊接速度的增加,熔深减小的速度与电子束焊时相近。但在焊接速度降低到一定值后,熔深增加的速度远比电子束焊时慢。因此,在较高速度下焊接可更大程度地发挥激光焊的优势。焊接速度对熔深的影响如图 6-11所示。

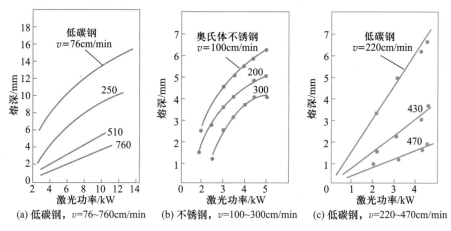

(a) 低碳钢, $v=76\sim760$cm/min　(b) 不锈钢, $v=100\sim300$cm/min　(c) 低碳钢, $v=220\sim470$cm/min

图 6-10　激光功率对不同材料焊缝熔深的影响

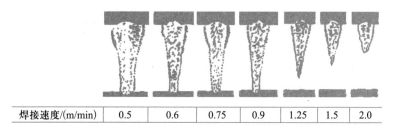

焊接速度/(m/min)	0.5	0.6	0.75	0.9	1.25	1.5	2.0

图 6-11　焊接速度对熔深的影响

③ 光斑直径。在入射功率一定的情况下,光斑直径决定了功率密度的大小。为了实现深熔焊,焊接时激光焦点上的功率密度必须大于 10^6 W/cm^2。要提高功率密度,有两种途径:一是提高激光功率;二是减小光斑直径。功率密度与激光功率之间是线性关系,而与光斑直径的二次方成反比关系,因此,减小光斑直径比增加激光功率的效果更明显。

④ 离焦量。离焦量是焊件表面至激光焦点的距离,用 ΔF 表示。焦点处激光光斑最小,能量密度最大,通过调节离焦量 ΔF,可以在光束的某一截面上选择一光斑直径,使其能量密度适合于焊接。焊件表面在焦点以内时为负离焦,与焦点的距离为负离焦量;反之为正离焦,$\Delta F>0$,如图 6-12 所示。离焦量不仅影响焊件表面光斑的大小,还影响光束的入射方向,因而对熔深和焊缝形状有较大影响。如图 6-13 所示为离焦量对熔深、焊缝宽度和截面积的影响。可以看出,熔深随 ΔF 的变化有一个跳跃性变化过程,当 $|\Delta F|$ 很大时,熔深很小,属于传热熔化焊;当 ΔF 减小到某一值后,熔深发生跳跃性增加,此处标志着小孔的产生。通过调节离焦量,可以在光束的某一截面上选择一光斑直径,使其能量密度适合于深熔焊缝的成形。

⑤ 保护气体。深熔焊时,保护气体有两个作用:一是保护焊缝金属免受有害气体的侵袭,防止氧化污染;二是抑制等离子体的负面效应。

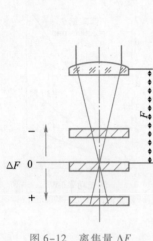

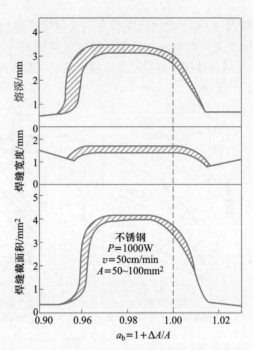

图 6-12　离焦量 ΔF　　　　图 6-13　离焦量对熔深、焊缝宽度和截面积的影响

　　深熔焊时,高功率激光束促使金属蒸发并形成等离子体,它对激光束起着阻隔作用,影响激光束被焊件所吸收。为了排出等离子体,通常用高速喷嘴向焊接区喷送惰性气体,迫使等离子体偏移,同时又对熔化金属起到了隔绝空气的保护作用。

　　保护气体多用氩(Ar)或氦(He)。He 具有优良的保护和抑制等离子体的效果,焊接时熔深较大;如果在 He 里加少量 Ar 或 O_2,可进一步提高熔深,因此,国外广泛使用 He 作为激光焊保护气体。He 的价格昂贵,国内多采用 Ar 作为保护气体,但由于 Ar 的电离能较低,容易解离,故焊缝熔深较小。如图 6-14 所示为保护气体对激光焊熔深的影响,其中 φ 表示对应气体浓度。

　　气体流量对熔深也有影响。在一定范围内,熔深随气体流量的增加而增大,超过一定值后,熔深则基本保持不变。这是因为流量由小变大时,保护气体去除熔池上方等离子的作用加强,减小了等离子体对光束的吸收和散射作用,因此熔深增大;一旦气体流量达到一定值后,仅靠吹气进一步抑制等离子体负面效应的作用已不明显,即使流量再增大,也不会对熔深产生较大的影响。此外,过大的气体流量不仅会造成浪费,同时会造成熔池表面下陷,严重时还会导致烧穿现象。

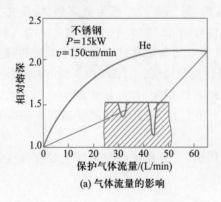

(a) 气体流量的影响

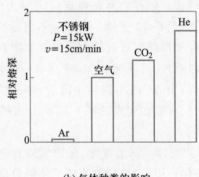

(b) 气体种类的影响

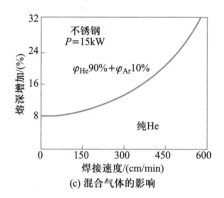

(c) 混合气体的影响

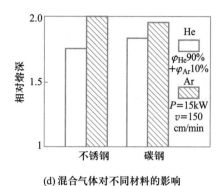

(d) 混合气体对不同材料的影响

图 6-14　保护气体对激光焊熔深的影响

不同材料连续激光焊的焊接参数见表 6-3。

表 6-3　不同材料连续激光焊的焊接参数

材料	厚度/mm	焊接速度/(cm/s)	焊缝宽度/mm	深宽比	功率/kW	接头形式
0Cr18Ni9	0.13	2.12	0.50	全焊透	5	对接接头
	0.20	1.27	0.50	全焊透	5	
	6.35	2.14	0.70	7	3.5	
	8.90	1.27	1.00	3	8	
	12.7	4.20	1.00	5	20	
	20.3	2.10	1.00	5	20	
因康镍合金 600	0.10	6.35	0.25	全焊透	5	
	0.25	1.69	0.45	全焊透	5	
镍合金 200	0.13	1.48	0.45	全焊透	5	
蒙乃尔合金 400	0.25	0.60	0.60	全焊透	5	
工业纯钛	0.13	5.92	0.38	全焊透	5	
	0.25	2.12	0.55	全焊透	5	
低碳钢	1.19	0.32	—	0.63	0.65	搭接接头
镀锡钢	0.30	0.85	0.76	全焊透	5	
0Cr18Ni9	0.40	7.45	0.76	部分焊透	5	
	0.76	1.27	0.60	部分焊透	5	
	0.25	0.60	0.60	全焊透	5	
奥氏体型不锈钢	0.25	0.85	—	—	5	角接接头
奥氏体型不锈钢	0.13	3.60	—	—	5	端接接头
	0.25	1.06	—	—	5	
	0.42	0.60	—	—	5	
因康镍合金 600	0.10	6.77	—	—	5	
	0.25	1.48	—	—	5	
	0.42	1.06	—	—	5	
镍合金 200	0.18	0.76	—	—	5	
蒙乃尔合金 400	0.25	1.06	—	—	5	
Ti-6Al-4V 合金	0.50	1.14	—	—	5	

2. 脉冲激光焊

脉冲激光焊时,每个激光脉冲在焊件上形成一个焊点。焊件是由点焊或由点焊搭接成的缝焊实现连接的。由于其加热斑点很小,主要用于微型、精密元件和一些微电子元件的焊接。

（1）接头形式设计

脉冲激光焊的加热斑点很小,为微米数量级,因而可用于厚度小于 0.1 mm 的薄片、厚度为几微米至几十微米的薄膜和直径小至 0.02 mm 金属丝等的焊接。如果使焊点重合,还可以进行零件的封装焊。如图 6-15 所示为脉冲激光焊的几种接头形式。

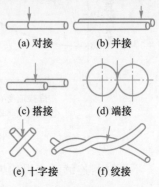

图 6-15　脉冲激光焊的
几种接头形式

（2）脉冲激光焊的焊接参数

① 脉冲能量和脉冲宽度。脉冲激光焊时,脉冲能量主要影响金属的熔化量,脉冲宽度则影响熔深。脉冲能量一定时,脉冲加宽,熔深逐渐增加;当脉冲宽度超过某一临界值时,熔深反而减小,即不同材料各有一个最佳脉冲宽度使焊接时熔深达到最大。例如,焊铜时脉冲宽度为 $(1\sim5)\times10^{-2}$ s,焊铝时为 $(0.5\sim2)\times10^{-2}$ s,焊钢时为 $(5\sim8)\times10^{-3}$ s。适当调节脉冲能量和脉冲宽度这两个参数,使被焊材料熔化,即可达到焊接目的。

② 功率密度 P_d。激光焊时,焊点的直径和熔深由热传导所决定。当功率密度达到 10^6 W/cm^2 时,焊接过程中将产生小孔效应,形成深宽比大于 1 的深熔焊点,这时金属虽有少量蒸发,却并不影响焊点的形成。但若功率密度过大,则金属蒸发剧烈,会导致汽化金属过多,在焊点中形成一个不能被液态金属填满的小孔,从而不能形成牢固的焊点。通常板厚一定时,焊接所需功率密度也一定,功率密度随着焊接厚度的增加而提高。

常用金属材料脉冲激光焊的焊接参数见表 6-4。

表 6-4　常用金属材料脉冲激光焊的焊接参数

材料	直径或厚度/mm	接头形式	输出能量/J	脉冲宽度/ms
奥氏体型不锈钢（导线）	φ0.38	对接	8	3.0
		重叠	8	3.0
		十字	8	3.0
		T 形	8	3.0
	φ0.76	对接	10	3.4
		重叠	10	3.4
		十字	10	3.4
		T 形	11	3.6
铜（导线）	φ0.38	对接	10	3.4
		重叠	10	3.4
		十字	10	3.4
		T 形	11	3.6

续表

材料	直径或厚度/mm	接头形式	输出能量/J	脉冲宽度/ms
镍（导线）	ϕ0.51	对接	10	3.4
		重叠	7	2.8
		十字	9	3.2
		T形	11	3.6
钽（导线）	ϕ0.38	对接	8	3.0
		重叠	8	3.0
		十字	9	3.2
		T形	8	3.0
	ϕ0.64	T形	11	3.6
铜和钽（导线）	ϕ0.38	对接	10	3.4
		重叠	10	3.4
		十字	10	3.4
		T形	10	3.4
镀金磷青铜与铝（薄板）	0.2/0.3	搭接	3.5	4.3
磷青铜与磷青铜（薄板）	0.145	搭接	2.3	4.0
不锈钢与不锈钢（薄板）	0.145	搭接	1.2	3.7
纯铜与纯铜（薄板）	0.05	搭接	2.3	4.0
不锈钢与纯铜（薄板）	0.145/0.08	搭接	2.2	3.6

由于脉冲激光焊的加热过程通常以毫秒计，光斑直径仅为数十至数百微米，焊点定位误差不超过数十微米，焊接热影响区仅数十微米。因此，脉冲激光焊时，焊缝周围几乎没有温升，焊接变形极小，特别适用于微电子元器件及仪器仪表制造业。

3. 激光复合焊技术

激光复合焊技术是将激光焊与其他焊接方法组合起来的集约式焊接技术。其优点是能充分发挥每种焊接方法的优点并克服某些不足，从而形成一种高效的热源。例如，由于高功率激光焊设备的价格较昂贵，当对厚板进行深熔、高速焊接时，可将小功率的激光器与常规的气体保护焊结合起来进行复合焊接，如激光–TIG 和激光–MIG 等。

（1）激光–电弧复合焊

激光复合焊技术中应用较多的是激光–电弧复合焊技术（也称为电弧辅助激光焊技术）。其主要目的是有效地利用电弧能量，在较小的激光功率下获得较大的熔深，同时提高激光焊对接头间隙的适应性，降低激光焊的装配精度，实现高效率、高质量的焊接过程。如图 6-16、图 6-17 所示分别为激光–TIG 与激光–MIG 复合焊示意图。

激光–电弧复合焊技术具有以下优点：

① 有效利用激光能量。母材处于固态时对激光的吸收率很低，而熔化后对激光的吸收率可高达 50% 以上。采用复合焊方法时，TIG 或 MIG 电弧先将母材熔化，然后用激光照射，从而提高了母材对激光的吸收率。

② 增加熔深。在电弧的作用下，母材熔化形成熔池，而激光则作用在已形成的熔池底

部,加之液态金属对激光束的吸收率高,因而复合焊较单纯激光焊的熔深大。

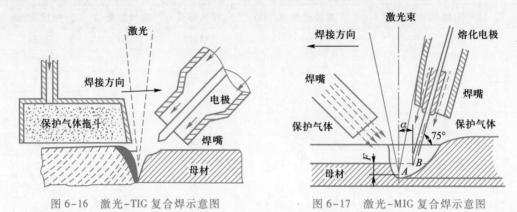

图 6-16 激光-TIG 复合焊示意图　　　　图 6-17 激光-MIG 复合焊示意图

③ 稳定电弧。单独采用电弧焊时,焊接电弧有时不稳定,特别是在小电流情况下,当焊接速度提高到一定值时会引起电弧飘移,使焊接过程无法进行。而采用激光-电弧复合焊时,激光产生的等离子体有助于稳定电弧。

如图 6-18 所示为单纯 TIG 焊和激光-TIG 复合焊时电弧电压及焊接电流的波形比较。图 6-18(a)中焊接速度为 135 cm/min、TIG 焊焊接电流为 100 A,激光-TIG 复合焊时电弧电压明显下降,焊接电流明显上升。图 6-18(b)中焊接速度为 270 cm/min、TIG 焊焊接电流为 70 A,当焊接速度很高时,单纯 TIG 焊时电弧电压及焊接电流均不稳定,很难进行焊接;而激光-TIG 复合焊时电弧电压和焊接电流均很稳定,可以顺利地进行焊接。

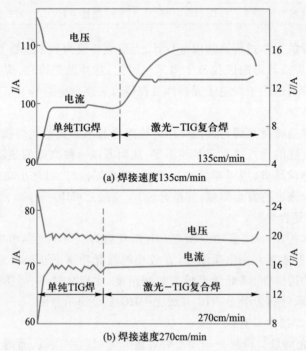

图 6-18 单纯 TIG 焊和激光-TIG 复合焊时电弧电压及焊接电流的波形比较

（2）激光-高频复合焊

该方法是在高频焊管的同时,采用激光对接合处进行加热,使焊件在整个焊缝厚度上的加热更均匀,有利于进一步提高焊管的质量和生产率。

（3）激光-压力复合焊

该方法是将聚焦的激光束照射到焊件的接合面上,利用材料表面对垂直偏振光的高反射将激光导向焊接区。由于接头具有特定的几何形状,激光能量在焊接区被完全吸收,使焊件表层的金属加热或熔化,然后在压力的作用下实现焊接。采用激光-压力复合焊,不仅接头强度高,而且焊接速度快,使生产率得到了大幅度提高。

近年来,将激光与电弧相互复合而诞生的复合焊技术获得了长足的发展,在航空、军工等领域中部分复杂构件上的应用日益受到重视。目前,激光与不同电弧的复合焊技术已成为激光焊接领域发展的热点之一。

▶ 6.5　激光焊操作规范

1. 激光的危害

焊接和切割中所用激光器的输出功率或能量非常高,激光设备中又有数千伏至数万伏的高压激励电源,会对人体造成伤害。激光加工过程中,应特别注意对激光的安全防护,激光是不可见光,不容易被发现,故易于忽视。激光安全防护的重点对象是眼睛和皮肤。此外,也应注意防止火灾和电击等,否则将导致人身伤亡或其他一些危害极大的事故。

（1）激光对眼睛的伤害

眼睛是人体上最为重要也是极为脆弱的器官,最容易受到激光的伤害。一般情况下,眼睛直接受太阳光或电弧之类的光照射时就会受到伤害,而激光的亮度比太阳光、电弧光的亮度高数十个数量级,会对眼睛造成严重损伤。

① 受激光直接照射,会因激光的加热效应引起烧伤,可瞬间使人致盲,危险最大,后果严重。即使是数毫瓦的 He-Ne 激光,虽然功率小,但由于人眼的光学聚焦作用,也会引起眼底组织的损伤。

② 激光加工时,由于工件表面对激光的反射,也会对眼睛造成伤害。强反射的危险程度与直接照射相差无几,而漫反射光会对眼睛造成慢性损伤,从而导致视力下降。因此,在激光加工时,眼睛是需要重点保护的对象。

（2）激光对皮肤的伤害

皮肤受到激光的直射会造成烧伤,特别是聚焦后激光的功率密度极高,伤害力更大,会造成皮肤严重烧伤。长时间受紫外光、红外光漫反射的影响,可能导致皮肤老化、炎症和皮肤癌等病变。

（3）其他方面的危害

激光束直接照射或强反射会引起可燃物的燃烧而导致火灾。激光焊时,材料受激光加热而蒸发、汽化,产生各种有毒的金属烟尘。高功率激光加热时会产生臭氧,对人体健康也有一定危害。长时间在激光环境中工作,会产生疲劳的感觉。同时,激光器中还存在着数千至数万伏特的高压电,存在着电击的危险。

2. 激光的安全防护

（1）一般防护

激光的安全防护应从激光焊设备做起,具体做法如下:

① 在激光加工设备上应设有明显的危险警告标志,如"激光危险""高压危险"等,设备

应有各种安全保护装置。

② 激光光路系统应尽可能全封闭。例如,让激光在金属管中传递,以防止直接照射。激光光路如不能全封闭,则要求激光从人体身高的高度以上通过,使光束避开眼、头等重要器官。激光加工工作台应用玻璃等屏蔽,防止反射光的影响。

③ 激光加工场地也应设有安全标志,并采用预防栅栏、隔墙、屏风等,防止无关人员误入危险区。

（2）人身防护

① 激光器现场操作和加工工作人员必须佩戴激光防护眼镜,穿白色工作服,以减少漫反射的影响。

② 只允许有经验的工作人员对激光器进行操作和进行激光加工。

③ 焊接区应配备有效的通风装置。

3. 激光焊操作规范

进行激光焊时,必须遵循以下操作规程:

① 严格按照激光焊机起动程序起动焊机。

② 操作者须经过培训,熟悉设备结构、性能,掌握操作系统有关知识。

③ 按规定穿戴好劳动防护用品,在激光束附近必须佩戴符合规定的防护眼镜。

④ 在未弄清某种材料是否能用激光照射或加热前,不要对其进行加工,以免产生烟雾和蒸气的潜在危险。

⑤ 将灭火器放在随手可及的地方;不生产时要关掉激光器或光闸;不允许在未加防护的激光束附近放置纸张、布或其他易燃物。

⑥ 在加工过程中发现异常时,应立即停机,及时排除故障并上报主管人员。

⑦ 保持激光器、床身及周围场地整洁、有序、无油污,焊件、废料等按规定堆放。

⑧ 使用气瓶时,应避免压坏焊接电线,以免发生漏电事故。气瓶的使用、运输应遵守气瓶监察规程。禁止将气瓶在阳光下暴晒或靠近热源。开启瓶阀时,操作者必须站在瓶嘴侧面。

⑨ 开机后,应低速开动机器,检查确认有无异常情况。

⑩ 输入新的工件程序后,应先试运行,并检查其运行情况。

⑪ 工作时,注意观察机器运行情况,以免机器走出有效行程范围或发生碰撞而造成事故。

⑫ 雷雨天时应避免开机工作。

⑬ 必须可靠接地,如果不接地,发生异常时可能导致触电事故。

⑭ 保证机器散热顺畅,不允许有外部热量直接吹向机器。

⑮ 不要频繁开关机,关机后至少 3 min 后才能开机。

⑯ 开机状态下和关机 15 min 以内不可触摸机器内部。

⑰ 不准私自拆卸、安装、改装焊机,否则可能导致触电或火灾;禁止任何操作手册规定以外的行为。

⑱ 不要目视或触摸激光,激光直射皮肤是高度危险的,激光直射入眼睛可能导致失明。

⑲ 不要触摸正在焊接或者刚焊接完成的工件。

⑳ 必须使用规定的电缆,使用其他电缆或者电缆连接不良可能引起火灾。

㉑ 不可损坏电源线和各种连接线。不可踩踏、拉伸或扭曲电源线和任何连接线,否则可能引起短路或火灾。

㉒ 若机器出现烧焦、异响、过热或冒烟等异常情况,应立即关机停止使用,否则可能引起触电或火灾。

练习题

一、填空题

1. 激光焊接是利用_____作为热源的一种高效精密焊接方法,这种焊接方法属于_____焊接。

2. 激光器是产生受_____并将其_____的装置,是激光焊设备的核心部分。

3. 采用激光焊铝及铝合金时,除了能量密度的问题,还有三个很重要的问题需要解决:_____、_____和严重的_____。

4. 激光焊设备主要由_____、光学系统、光速检测器、_____、工作台及控制系统等组成。

5. 激光复合焊技术是将_____与_____组合起来的集约式焊接技术,其优点是能充分发挥每种焊接方法的优点并克服某些不足,从而形成一种_____,如激光–TIG复合焊和激光–MIG复合焊等。

6. 激光束不受电磁干扰,不存在 X 射线防护问题,也不需要_____。

7. 根据激光器中工作物质的形态分类,有_____、_____和_____激光器。

8. 激光焊具有_____、_____、_____、_____等优点。

9. _____由于其加热斑点很小,主要用于微型、精密元件和一些微电子元件的焊接。

10. _____是指激光器的输出功率,它主要影响熔深。 当光斑直径一定时,熔深随着_____的提高而增加。

二、判断题

1. 激光探头给出的电信号与所检测到的激光能量成正比。( )

2. 激光熔化切割中,工件被全部熔化后借助气流把熔化的材料喷射出去。( )

3. 激光束不受电磁场的影响,无磁偏吹现象,适合焊接磁性材料。( )

4. 激光熔化焊中,焊件被全部熔化后借助气流把熔化的材料喷射出去。( )

5. 激光焊只能对金属及其合金进行切割。( )

6. 激光焊尺寸比较小的焊件时,焊件不动,焊枪移动。( )

7. 激光器是激光焊设备中的重要部分,提供加工时所需的光能。( )

8. 激光焊的功率密度较低,加热分散,焊缝熔宽小。( )

9. 操作激光焊时,要严格按照激光器起动程序起动激光器。( )

10. 聚焦后的激光束功率密度可达 $10^5 \sim 10^7$ W / cm², 甚至更高。( )

11. 激光焊加热速度快,热影响区窄,焊接应力和变形小,易于实现深熔焊和高速焊,特别适用于精密焊接。( )

12. 激光焊可获得深宽比大的焊缝,焊接厚件时可不开坡口一次成形。( )

13. 激光焊不适用于常规焊接方法难以焊接的材料。( )

14. 激光焊可借助反射镜使光束达到一般焊接方法无法施焊的部位,因此特别适用于微型焊件的焊接和远距离焊接。( )

15. 激光焊可穿过透明介质对密闭容器内的焊件进行焊接。（　　）

16. 激光焊时激光束不受电磁干扰。（　　）

17. 激光焊时，不存在 X 射线防护问题，也不需要真空保护。（　　）

18. 激光焊可以焊接反射率较高的金属。（　　）

19. 激光焊对焊件的加工、组装、定位要求相对较高。（　　）

20. 激光焊设备简单，一次性投资不大。（　　）

21. 与电子束焊相比，激光焊不需要真空室，且观察及对中方便。（　　）

22. 随着新材料、新结构的出现，激光焊技术将逐步取代一些传统的焊接工艺，在工业生产中占据重要地位。（　　）

23. 激光焊不像电子束焊，它对焊件尺寸和形状没有限制，并且易于实现加工自动化。（　　）

三、简答题

1. 简述激光焊的工作原理。

2. 什么是激光传热焊？　什么是激光深熔（小孔焊）焊？

3. 连续激光深熔焊的焊接参数有哪些？　对激光焊接头质量有什么影响？

4. 脉冲激光焊和连续 CO_2 激光焊在选择焊接参数时有什么不同？

 任务二　低合金高强度钢板对接平焊自动化激光焊

学习目标及重点、难点

◎ 学习目标：能正确选择低合金高强度钢板对接平焊自动化激光焊的焊接参数，掌握低合金高强度钢板对接平焊自动化激光焊的操作方法。

◎ 学习重点：低合金高强度钢板对接自动化激光焊的操作流程以及焊接参数的制定。

◎ 学习难点：低合金高强度钢板对接自动化激光焊的操作方法。

▶ 焊接试件图（图 6-19）

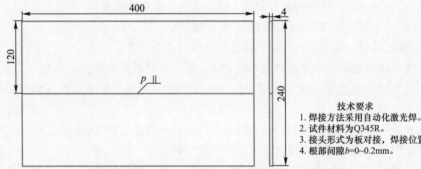

技术要求
1. 焊接方法采用自动化激光焊。
2. 试件材料为 Q345R。
3. 接头形式为板对接，焊接位置为平焊。
4. 根部间隙 b=0~0.2mm。

图 6-19　低合金高强度钢板对接平焊试件图

工艺分析

　　低合金高强度钢具有较高的强度和良好的塑性、韧性和耐磨性,采用激光焊时具有较好的焊接性,但材料的含碳量不应高于0.2%,否则焊接难度将会增加。在接头中应当考虑到一定的收缩量,这样有利于降低焊缝和热影响区的残余应力及裂纹倾向。含碳量较少的低合金钢应选用较小的焊接热输入,含碳量偏高的低合金钢则选用适中的焊接热输入。

▶ **焊接操作**

一、焊前准备

　　(1)焊件材料　Q355R低合金高强度钢板两块,尺寸为400 mm×120 mm×4 mm,如图6-19所示。

　　(2)焊接材料　采用纯氩作为保护气体,氩气纯度要求达到99.99%以上。

　　(3)焊机　6 000 W连续光纤机器人激光焊接设备。

　　(4)焊前清理　矫平试件,检查焊接面边缘粗糙度,去除毛刺及切割残留飞溅,使用细砂纸清理焊缝。使用蘸丙酮的无纺布对焊接边缘25 mm范围内进行清洁,确保没有油污及其他影响焊接的污染物。

　　(5)设备准备　选用连续光纤机器人激光焊接设备,如图6-20所示,功率为0~6 000 W可调,焊枪带振镜摆动功能。将设备电源、保护气体、冷却水正确连接,开机后按要求设置好各参数。同时做好激光安全防护工作,佩戴专业的激光防护眼镜。

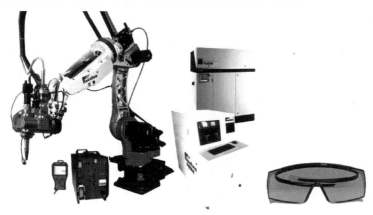

图6-20　机器人激光焊接设备

　　(6)装配定位　将两块钢板放于水平位置,使两端头平齐,在两端头处进行定位焊,定位焊缝长度为10~15 mm,装配间隙小于等于0.2 mm,错边量不大于0.4 mm,如图6-21所示。定位焊焊接参数见表6-5。

定位焊　　　　　　　　　　定位焊

10~15　　　　　　　　　　10~15

图6-21　定位焊缝位置

表 6-5　定位焊焊接参数

焊层	焊接角度	振镜宽度 /mm	焊接功率 /W	焊接速度 /(mm/min)	保护气体流量 /(L/min)	背保气体流量/(L/min)	离焦量 /mm
定位焊	10°	3	1 500	3 000	15	5	0

二、焊接参数

低合金高强度钢板对接平焊自动化激光焊焊接工艺卡见表 6-6。

表 6-6　低合金高强度钢板对接平焊自动化激光焊焊接工艺卡

焊接工艺卡		编号：			
材料牌号	Q355R	接头简图			
材料规格/mm	400×120×4，两块				
接头种类	对接				
坡口形式	I 形				
坡口角度	—				
钝边	—				
根部间隙/mm	≤0.2				
焊接方法	激光深熔焊				
焊接设备	机器人激光焊接机				
电源种类	连续光纤激光	焊后热处理	种类	—	保温时间	—
电源极性	—		加热方式	—	层间温度	—
焊接位置	1G		温度范围	—	测量方法	—

焊接参数

焊层	焊接角度	振镜宽度 /mm	焊接功率 /W	焊接速度 /(mm/min)	保护气体流量/(L/min)	背保气体流量/(L/min)	离焦量 /mm
	10°	3	4 000	4 000	15	5	-2

三、焊接过程

采用平焊方式，自右向左（从始端向终端）一次性焊透，单面焊双面成形，如图 6-22 所示。焊枪角度如图 6-23 所示。

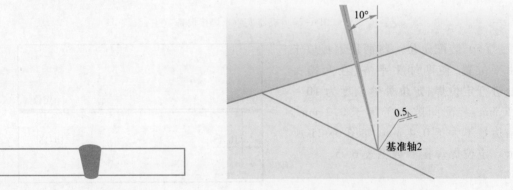

图 6-22　焊缝成形　　　　　图 6-23　焊枪角度

正式焊接流程如下：

① 对试件进行有效装夹，保证焊缝间隙和错边量。

② 安装好背面保护气管，确保背面保护有效。

③ 使用机器人示教焊缝，先在一端调整机械手定位，使激光指示光覆盖焊缝；再在另一端调整定位，使激光指示光覆盖焊缝。调整好后，将焊枪沿焊缝右拉检验红光是否全程都覆盖焊缝，如果中途有偏移，则需要加一个定位点，然后重复检验，直至程序运行过程中指示光全程覆盖焊缝。

④ 设置定位焊参数，启动定位焊。

⑤ 检查定位焊后试件的状态和焊接路径。

⑥ 检验完成后按下起动按钮开始焊接，焊接时注意安全防护。

师傅点拨

① 设置焊接参数时，应有一个缓升出光的参数，目的是防止起弧时因能量过高而引起焊接缺陷，所以在控制起弧点时，需要把这个延迟时间考虑进去。一般操作是延长焊缝，但在焊接结束时也会形成收弧坑。在试件焊缝的两端增加引弧板和引出板，以保证焊接区域的焊缝都是有效的。

② 正式焊接前要预过一遍焊接路径，以保证程序运行的准确性。

③ 焊接过程中一定要佩戴防护眼镜，注意焊接激光防护。

④ 正式焊接时，应提前接通背面保护气，确保背部槽空气完全溢出。

⑤ 示教机器人定位点时注意测量离焦量。

四、试件清理与质量检验

① 将焊好的试件用钢丝刷反复拉刷焊道，除去焊缝氧化层。严禁破坏焊缝原始表面，禁止用水冷却。

② 对焊缝表面质量进行目视检验，使用 5 倍放大镜观察表面是否存在缺陷，并使用焊接检验尺对焊缝进行测量，应满足相关要求。

五、现场清理

焊接结束后，首先关闭氩气气瓶阀门，点动设备面板上的焊接检气开关，放掉减压器内的余气，然后关闭焊接电源。清扫场地，按规定摆放工具，整理焊接电缆，确认无安全隐患，并做好使用记录。

任务评价

低合金高强度钢板对接平焊自动化激光焊评分表见表 6-7。

表 6-7 低合金高强度钢板对接平焊自动化激光焊评分表

试件编号		评分人			合计得分		
检查项目	评判标准及得分	评判等级				测量数值	实际得分
		I	II	III	IV		
焊缝余高/mm	尺寸标准	0~1	>1,≤2	>2,≤3	<0 或>3		
	得分标准	4 分	3 分	1 分	0 分		

续表

检查项目	评判标准及得分	评判等级				测量数值	实际得分
		I	II	III	IV		
焊缝高度差/mm	尺寸标准	0~1	>1,≤2	>2,≤3	>3		
	得分标准	8分	4分	2分	0分		
焊缝宽度/mm	尺寸标准	8~9	>7,≤8 或 >9,≤10	>6,≤7 或 >10,≤11	<6 或>11		
	得分标准	4分	3分	1分	0分		
焊缝宽度差/mm	尺寸标准	0~1	>1,≤2	>2,≤3	>3		
	得分标准	8分	4分	2分	0分		
咬边/mm	尺寸标准	无咬边	深度≤0.5		深度>0.5		
	得分标准	12分	每5 mm长扣2分		0分		
正面成形	标准	优	良	中	差		
	得分标准	8分	4分	2分	0分		
背面成形	标准	优	良	中	差		
	得分标准	6分	4分	2分	0分		
背面凹/mm	尺寸标准	0~0.5	>0.5,≤1	>1,≤2	长度>30		
	得分标准	2分	1分	0分	0分		
背面凸/mm	尺寸标准	0~1	>1,≤2	>2			
	得分标准	2分	1分	0分			
角变形/(°)	尺寸标准	0~1	>1,≤3	>3,≤5	>5		
	得分标准	4分	3分	1分	0分		
错边量/mm	尺寸标准	0~0.5	>0.5,≤1	>1			
	得分标准	2分	1分	0分			
外观缺陷记录							

焊缝外观(正、背)成形评判标准

优	良	中	差
成形美观,焊缝均匀、细密,高低宽窄一致	成形较好,焊缝均匀、平整	成形尚可,焊缝平直	焊缝弯曲,高低、宽窄相差明显

焊缝内部质量检验	按 GB/T 3323.1—2019 标准	I 级片无缺陷/有缺陷	II 级片无缺陷/有缺陷	III 级片无缺陷/有缺陷	
	40分	40分/36分	28分/16分	0	

注:1. 试件焊接未完成,表面修补及焊缝正反面有裂纹、夹渣、气孔、未熔合缺陷的,该件按0分处理。

2. 试件两端20 mm处的缺陷不计。

任务三 不锈钢板对接平焊自动化激光焊

学习目标及重点、难点

◎ 学习目标：能正确选择不锈钢板对接平焊自动化激光焊的焊接参数，掌握不锈钢板对接平焊自动化激光焊的操作方法。

◎ 学习重点：不锈钢板对接平焊自动化激光焊焊接参数的制定。

◎ 学习难点：不锈钢板对接平焊自动化激光焊的操作工艺。

▶ 焊接试件图（图6-24）

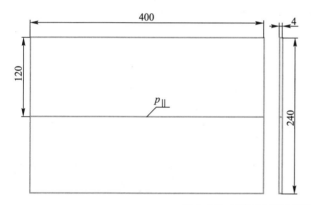

技术要求
1. 焊接方法采用自动化激光焊。
2. 试件材料为06Cr19Ni10。
3. 接头形式为板对接接头，焊接位置为平焊。
4. 根部间隙b=0~0.2mm。

图6-24 不锈钢板对接平焊试件图

工艺分析

　　奥氏体型不锈钢的焊接性能非常好，但其热导率低，只有普通碳钢的1/3左右，在焊接过程中散热慢；奥氏体组织在高温下不稳定，会生产Cr的碳化物，导致不锈钢的耐蚀性下降；同时，奥氏体型不锈钢的热胀系数是普通碳钢的1.5倍，焊接时在同样的热量下，变形量比碳钢大得多，因此，奥氏体型不锈钢非常适合用热输入量小的激光焊来焊接。焊接时要选择热输入集中、快速焊接的优化参数来控制热输入量，同时应在正反面使用保护气体来保护焊缝。

▶ 焊接操作

一、焊前准备

（1）试件材料　06Cr19Ni10不锈钢板两块，尺寸为400 mm×120 mm×4 mm，如图6-24所示。

（2）焊接材料　采用纯氩作为保护气体，氩气纯度要求达到99.99%以上。

（3）焊机　6 000 W连续光纤机器人激光焊接设备。

（4）焊前清理　矫平试件，检查焊接面边缘的粗糙度，去除毛刺及切割残留飞溅，使用细砂纸清理焊缝。使用蘸丙酮的无纺布对焊接边缘 25 mm 范围内进行清洁,确保没有油污及其他影响焊接的污染物。

（5）设备准备　选用连续光纤机器人激光焊接设备,功率为 0 ~ 6 000 W 可调,焊枪带振镜摆动功能。将设备电源、保护气体、冷却水正确连接,开机后按要求设置好各参数。同时做好激光安全防护工作,佩戴专业的激光防护眼镜。

（6）装配定位　将两块钢板放于水平位置,使两端头平齐,在两端头进行定位焊,定位焊缝长度为 10 ~ 15 mm,装配间隙小于等于 0.2 mm,错边量不大于 0.4 mm,如图 6-25 所示。定位焊焊接参数见表 6-8。

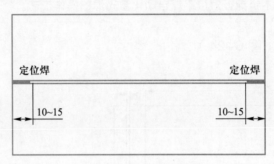

图 6-25　定位焊缝位置

表 6-8　定位焊焊接参数

焊层	焊接角度	振镜宽度 /mm	焊接功率 /W	焊接速度 /(mm/min)	保护气体流量/(L/min)	背保气体流量/(L/min)	离焦量 /mm
定位焊	10°	3	2 000	2 500	15	5	0

二、焊接参数

不锈钢板对接平焊自动化激光焊焊接工艺卡见表 6-9。

表 6-9　不锈钢板对接平焊自动化激光焊焊接工艺卡

焊接工艺卡		编号:			
材料牌号	06Cr19Ni10	接头简图			
材料规格/mm	400×120×4,两块				
接头种类	对接				
坡口形式	I 形				
坡口角度	—				
钝边高度	—				
根部间隙/mm	≤0.2				
焊接方法	激光深熔焊				
焊接设备	机器人激光焊接机				
电源种类	连续光纤激光	焊后热处理	种类	—	保温时间	—
电源极性	—		加热方式	—	层间温度	—
焊接位置	1G		温度范围	—	测量方法	—

续表

焊接参数							
焊层	焊接角度	振镜宽度/mm	焊接功率/W	焊接速度/(mm/min)	保护气体流量/(L/min)	背保气体流量/(L/min)	离焦量/mm
正式焊	10°	3	4 500	3 800	15	5	−2

三、焊接过程

采用平焊方式,自右向左(从始端向终端)一次性焊透,单面焊双面成形,如图 6-26 所示。焊枪角度如图 6-27 所示。

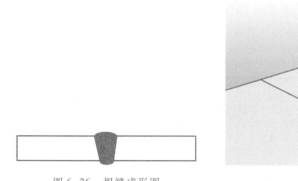

图 6-26　焊缝成形图　　　　　　　　　图 6-27　焊枪角度

正式焊接流程如下:

① 将试件进行有效装夹,保证焊缝间隙和错边量。

② 安装好背面保护气管,确保背面保护有效。

③ 使用机器人示教焊缝,先在一端调整机械手定位,使激光指示光覆盖焊缝;再在另一端调整定位,使激光指示光覆盖焊缝。调整好后,使焊枪沿焊缝运行,检验红光是否全程都覆盖焊缝,如果中途有偏移,则需要加一个定位点,然后重复检验,直至程序运行时指示光全程覆盖焊缝。

④ 设置定位焊焊接参数,启动定位焊。

⑤ 检查定位焊后的试件状态和焊接路径。

⑥ 检验完成后按下起动按钮开始焊接,焊接时注意安全防护。

🖐 **师傅点拨**

① 设置焊接参数时有一个缓升出光的参数,目的是防止起弧时因能量过高而引起焊接缺陷,所以在控制起弧点时,需要把这个延迟时间考虑进去。一般操作是延长焊缝,但在焊接结束时也会形成收弧坑。在试件焊缝的两端增加引弧板和引出板,以保证焊接区域的焊缝都是有效的。

② 正式焊接前要预过一遍焊接路径,以保证程序运行的准确性。

③ 焊接过程中一定要佩戴防护眼镜,注意对焊接激光的防护。

④ 正式焊接时应提前接通背面保护气体,确保背部槽空气完全溢出。

四、试件清理与质量检验

① 将焊好的试件用钢丝刷反复拉刷焊道,除去焊缝氧化层。严禁破坏焊缝原始表面,禁止用水冷却。

② 对焊缝表面质量进行目视检验,使用5倍放大镜观察表面是否存在缺陷,并使用焊接检验尺对焊缝进行测量,应满足相应要求。

五、现场清理

焊接结束后,首先关闭氩气气瓶阀门,点动设备面板上的焊接检气开关,放掉减压器内的余气,然后关闭焊接电源。清扫场地,按规定摆放工具,整理焊接电缆,确认无安全隐患,并做好使用记录。

▶ 任务评价

不锈钢板对接平焊自动化激光焊评分表见表6-10。

表6-10 不锈钢板对接平焊自动化激光焊评分表

试件编号		评分人			合计得分		
检查项目	评判标准及得分	评判等级				测量数值	实际得分
		I	II	III	IV		
焊缝余高/mm	尺寸标准	0~1	>1,≤2	>2,≤3	<0或>3		
	得分标准	4分	3分	1分	0分		
焊缝高度差/mm	尺寸标准	0~1	>1~2	>2~3	>3		
	得分标准	8分	4分	2分	0分		
焊缝宽度/mm	尺寸标准	8~9	7~8或9~10	6~7或10~11	<6或>11		
	得分标准	4分	3分	1分	0分		
焊缝宽度差/mm	尺寸标准	0~1	>1~2	>2~3	>3		
	得分标准	8分	4分	2分	0分		
咬边/mm	尺寸标准	无咬边	深度≤0.5		深度>0.5		
	得分标准	12分	每5mm长扣2分		0分		
正面成形	标准	优	良	中	差		
	得分标准	8分	4分	2分	0分		
背面成形	标准	优	良	中	差		
	得分标准	6分	4分	2分	0分		
背面凹/mm	尺寸标准	0~0.5	>0.5~1	>1~2	长度>30		
	得分标准	2分	1分	0分	0分		
背面凸/mm	尺寸标准	0~1	>1~2	>2			
	得分标准	2分	1分	0分			

续表

检查项目	评判标准及得分	评判等级				测量数值	实际得分
		I	II	III	IV		
角变形/(°)	尺寸标准	0~1	>1~3	>3~5	>5		
	得分标准	4分	3分	1分	0分		
错边量/mm	尺寸标准	0~0.5	>0.5~1	>1			
	得分标准	2分	1分	0分			
外观缺陷记录							

焊缝外观(正、背)成形评判标准							

优	良	中	差
成形美观,焊缝均匀、细密,高低宽窄一致	成形较好,焊缝均匀、平整	成形尚可,焊缝平直	焊缝弯曲,高低、宽窄相差明显
焊缝内部质量检验	按 GB/T 3323.1—2019 标准	I级片无缺陷/有缺陷	II级片无缺陷/有缺陷	III级片无缺陷/有缺陷
	40分	40分/36分	28分/16分	0

注:1. 试件焊接未完成,表面修补及焊缝正反面有裂纹、夹渣、气孔、未熔合缺陷的,该件按0分处理。

2. 试件两端 20 mm 处的缺陷不计。

任务四　低合金高强度钢管对接水平转动自动化激光焊

学习目标及重点、难点

◎ 学习目标:能正确选择低合金高强度钢管对接水平转动自动化激光焊的焊接参数,掌握低合金高强度钢管对接水平转动自动化激光焊的操作方法。

◎ 学习重点:低合金高强度钢管对接水平转动自动化激光焊焊接参数的制定。

◎ 学习难点:低合金高强度钢管对接自动化激光焊的操作流程。

▶ 焊接试件图(图6-28)

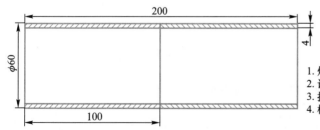

技术要求
1. 焊接方法采用自动化激光焊。
2. 试件材料为Q355R。
3. 接头形式为管对接接头,焊接位置为水平转动。
4. 根部间隙b=0~0.2mm。

图6-28　低合金高强度钢管对接水平转动焊试件图

工艺分析

低合金高强度钢具有较高的强度和良好的塑性、韧性和耐磨性,采用激光焊时具有较好的焊接性能,但材料的碳当量不宜高于 0.2%,否则焊接难度将会增加。在接头中应当考虑到一定的收缩量,这样有利于降低焊缝和热影响区中的残余应力和裂纹倾向。碳含量较低的低合金高强度钢应选用较小的焊接热输入,碳含量偏高的低合金高强度钢应选用适中的焊接线能量。在低合金钢管对接水平转动自动化激光焊过程中,要特别注意焊接速度与热输入的匹配关系。

▶ 焊接操作

一、焊前准备

(1)试件材料 Q355R 管两根,尺寸为 φ60 mm×100 mm×4 mm,如图 6-28 所示。

(2)焊接材料 采用纯氩作为保护气体,氩气纯度要求达到 99.99% 以上。

(3)焊机 6 000 W 连续光纤机器人激光焊接设备。

(4)焊前清理 检查管件焊接面边缘粗糙度,去除毛刺及切割残留飞溅,使用细砂纸清理焊缝。使用蘸丙酮的无纺布对焊接边缘 25 mm 范围内进行清洁,确保没有油污及其他影响焊接的污染物。

(5)设备准备 选用连续光纤机器人激光焊接设备,由焊接机器人、光纤激光器、振动激光焊接头、水冷机及控制系统等组成,激光功率为 0~6 000 W 可调,另外,还配备了用于焊件水平旋转的变位机。将设备电源、保护气体、冷却水正确连接,开机后按要求设置好各参数。同时做好激光安全防护工作,佩戴专业的激光防护眼镜。

(6)装配定位焊 将两根钢管放于水平位置,使焊接面端头对齐,在接头处进行定位焊,定位焊缝长度为 10 mm,装配间隙小于 0.2 mm,错边量不大于 0.4 mm,如图 6-29 所示。定位焊焊接参数见表 6-11。

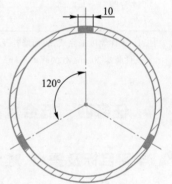

图 6-29 定位焊缝位置

表 6-11 定位焊焊接参数

焊层	焊接角度	振镜宽度/mm	焊接功率/W	焊接速度/(mm/min)	保护气体流量/(L/min)	背保气体流量/(L/min)	离焦量/mm
定位焊	10°	3	1 500	3 000	15	5	0

二、焊接参数

低合金高强度钢管对接水平转动自动化激光焊焊接工艺卡见表 6-12。

表 6-12 低合金高强度钢管对接水平转动自动化激光焊焊接工艺卡

焊接工艺卡		编号:
材料牌号	Q355R	
材料规格/mm	φ60×100×4,两根	

续表

接头种类	对接	接头简图				
坡口形式	I 形					
坡口角度	—					
钝边高度	—					
根部间隙/mm	≤0.2					
焊接方法	激光深熔焊					
焊接设备	机器人激光焊接机					
电源种类	连续光纤激光	焊后热处理	种类	—	保温时间	—
电源极性	—		加热方式	—	层间温度	—
焊接位置	1 G		温度范围	—	测量方法	—

焊接参数							
焊层	焊接角度	振镜宽度/mm	焊接功率/W	焊接速度/(mm/min)	保护气体流量/(L/min)	背保气体流量/(L/min)	离焦量/mm
正式焊	15°	3	4 000	4 000	15	5	-2

三、焊接过程

采用焊枪固定、管件水平转动焊法,焊件沿顺时针方向转动一次性焊透,单面焊双面成形,如图 6-30 所示。焊枪角度如图 6-31 所示。

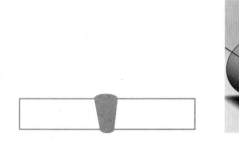

图 6-30　焊缝成形　　　　图 6-31　焊枪角度

正式焊接流程如下:

① 在水平台上,按图 6-29 所示位置对管件进行定位焊,保证焊缝间隙和错边量。

② 将旋转变位机调整到夹头垂直于水平转动的位置,将点固好的焊件一端进行有效装夹,然后慢速旋转焊件,使用机器人红光示教焊缝,检测焊缝是否有位置偏差,调整装夹位置,直至程序运行时指示光全程覆盖焊缝。

③ 安装好背面保护气管,确保背面保护有效。

④ 根据管件外径,将焊接速度转换成电动机旋转角速度,并在设备上设置正式的焊接参数。

⑤ 通过机器人控制激光焊接头到达固定的焊接位置,测量确认离焦量。

⑥ 检验完成后按下起动按钮开始焊接。

师傅点拨

① 激光焊起弧和收弧处容易形成弧坑，因此，焊接参数在起弧处要设置功率缓升出光，收弧时功率应缓降，以避免出现弧坑。

② 收弧点要盖过起弧点一段距离，以保证整段焊缝完整熔透。设置旋转角度时，焊接的时间应该是焊件旋转375°，起弧、收弧重叠长度为14 mm。

③ 焊枪头固定位置要使激光光束垂直于管件外径切线，激光光束落在焊接方向稍前的位置，光束入射方向与管件中心线的垂线成15°角。

④ 焊接前要预过一遍焊接路径，以保证程序运行的准确性。

⑤ 提前接通背面保护气体，确保管件内部空气完全溢出。

四、试件清理与质量检验

① 将焊好的试件用钢丝刷反复拉刷焊道，除去焊缝氧化层。严禁破坏焊缝原始表面，禁止用水冷却。

② 对焊缝表面质量进行目视检验，使用5倍放大镜观察表面是否存在缺陷，并使用焊接检验尺对焊缝进行测量，应满足相关要求。

五、现场清理

焊接结束后，首先关闭氩气气瓶阀门，点动设备面板上的焊接检气开关，放掉减压器内的余气，然后关闭焊接电源。清扫场地，按规定摆放工具，整理焊接电缆，确认无安全隐患，并做好使用记录。

▶ 任务评价

低合金高强度钢管对接水平转动自动化激光焊评分表见表6-13。

表6-13　低合金高强度钢管对接水平转动自动化激光焊评分表

试件编号		评分人			合计得分		
检查项目	评判标准及得分	评判等级				测量数值	实际得分
		I	II	III	IV		
焊缝余高/mm	尺寸标准	0~1	>1,≤2	>2,≤3	<0或>3		
	得分标准	4分	2分	1分	0分		
焊缝高度差/mm	尺寸标准	0~1	>1,≤2	>2,≤3	>3		
	得分标准	6分	4分	2分	0分		
焊缝宽度/mm	尺寸标准	8~9	>7,≤8或>9,≤10	>6,≤7或>10,≤11	<6或>11		
	得分标准	4分	2分	1分	0分		
焊缝宽度差/mm	尺寸标准	0~1	>1,≤2	>2,≤3	>3		
	得分标准	6分	4分	2分	0分		
咬边/mm	尺寸标准	无咬边	深度≤0.5		深度>0.5		
	得分标准	12分	每5 mm长扣2分		0分		

续表

检查项目	评判标准及得分	评判等级				测量数值	实际得分
		I	II	III	IV		
正面成形	标准	优	良	中	差		
	得分标准	4分	2分	1分	0分		
背面成形	标准	优	良	中	差		
	得分标准	6分	4分	2分	0分		
通球检验/mm	尺寸标准	过球直径 50×90% = 45	过球直径 50×85% = 42.5	未过球直径 50×85% = 42.5			
	得分标准	6分	4分	0分			
角变形/(°)	尺寸标准	0~1	>1,≤3	>3,≤5	>5		
	得分标准	10分	6分	2分	0分		
错边量/mm	尺寸标准	0~0.5	>0.5,≤1	>1			
	得分标准	2分	1分	0分			
外观缺陷记录							

焊缝外观（正、背）成形评判标准

优	良	中	差
成形美观,焊缝均匀、细密,高低宽窄一致	成形良好,焊缝均匀、平整	成形尚可,焊缝平直	焊缝弯曲,高低、宽窄相差明显

焊缝内部质量检验	按 GB/T 3323.1—2019 标准	I级片无缺陷/有缺陷	II级片无缺陷/有缺陷	III级片无缺陷/有缺陷
	40分	40分/36分	28分/16分	0

注:试件焊接未完成,表面修补及焊缝正反面有裂纹、夹渣、气孔、未熔合缺陷的,该件按0分处理。

任务五　不锈钢管对接水平转动自动化激光焊

学习目标及重点、难点

◎ 学习目标:能正确选择不锈钢管对接水平转动自动化激光焊的焊接参数,掌握不锈钢管对接水平转动自动化激光焊的操作方法。

◎ 学习重点:自动化激光焊焊接设备与辅助设备的配合使用。

◎ 学习难点:不锈钢管对接自动化激光焊的操作工艺。

▶ 焊接试件图（图6-32）

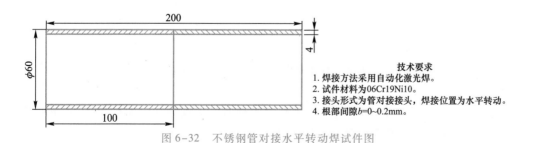

技术要求
1. 焊接方法采用自动化激光焊。
2. 试件材料为06Cr19Ni10。
3. 接头形式为管对接接头,焊接位置为水平转动。
4. 根部间隙 $b=0~0.2mm$。

图6-32　不锈钢管对接水平转动焊试件图

工艺分析

　　奥氏体型不锈钢的焊接性能非常好,但其热导率低,只有普通碳钢的1/3,在焊接过程中散热慢;奥氏体组织在高温下不稳定,会生产Cr的碳化物,导致不锈钢的耐蚀性下降;同时,奥氏体型不锈钢的热胀系数是普通碳钢的1.5倍,焊接时在同样的热量下,其变形量比碳钢大得多。因此,奥氏体型不锈钢非常适合用热输入量小的激光焊来焊接。焊接时,应选择线能量集中、快速焊接的优化参数来控制热输入量,同时应在正反面使用保护气体来保护焊缝。

▶ 焊接操作

一、焊前准备

　　(1)试件材料　06Cr19Ni10不锈钢管两根,尺寸为ϕ60 mm×100 mm×4 mm,如图6-32所示。

　　(2)焊接材料　采用纯氩作为保护气体,氩气纯度要求达到99.99%以上。

　　(3)焊机　6 000 W连续光纤机器人激光焊接设备。

　　(4)焊前清理　检查管件焊接面边缘粗糙度,去除毛刺及切割残留飞溅,使用细砂纸清理焊缝。使用蘸丙酮的无纺布对焊接边缘25 mm范围内进行清洁,确保没有油污及其他影响焊接的污染物。

　　(5)设备准备　选用连续光纤机器人激光焊接设备,由焊接机器人、光纤激光器、振动激光焊接头、水冷机及控制系统等组成,激光功率为0~6 000 W可调。另外,还配备了用于焊件水平旋转的变位机。将设备电源、保护气体、冷却水正确连接,开机后按要求设置好各参数。同时做好激光安全防护工作,佩戴专业的激光防护眼镜。

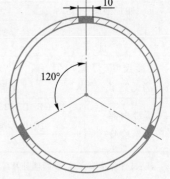

图6-33　定位焊缝位置

　　(6)装配定位焊　将两根钢管放于水平位置,使焊接面端头对齐,在接头处进行定位焊,定位焊缝长度为10 mm,装配间隙小于0.2 mm,错边量不大于0.4 mm,如图6-33所示。定位焊焊接参数见表6-14。

表6-14　定位焊焊接参数

焊层	焊接角度	振镜宽度/mm	焊接功率/W	焊接速度/(mm/min)	保护气体流量/(L/min)	背保气体流量/(L/min)	离焦量/mm
定位焊	10°	3	2 000	2 500	15	5	0

二、焊接参数

　　不锈钢管对接水平转动自动化激光焊焊接工艺卡见表6-15。

三、焊接过程

　　采用焊枪固定、管件水平转动焊法,使焊件沿顺时针方向转动一次性焊透,单面焊双面成形,如图6-34所示。焊枪角度如图6-35所示。

表 6-15 不锈钢管对接水平转动自动化激光焊焊接工艺卡

焊接工艺卡		编号：			
材料牌号	06Cr19Ni10	接头简图			
材料规格/mm	φ60×100×4，两根				
接头种类	管对接				
坡口形式	I 形				
坡口角度	—				
钝边高度	—				
根部间隙/mm	≤0.2				
焊接方法	激光深熔焊				
焊接设备	机器人激光焊接机				
电源种类	连续光纤激光	焊后热处理	种类	—	保温时间	—
电源极性	—		加热方式	—	层间温度	—
焊接位置	1G		温度范围	—	测量方法	—

焊接参数

焊层	焊接角度	振镜宽度/mm	焊接功率/W	焊接速度/(mm/min)	保护气体流量/(L/min)	背保气体流量/(L/min)	离焦量/mm
正式焊	15°	3	4 500	3 800	15	5	-2

图 6-34 焊缝成形

图 6-35 焊枪角度

正式焊接流程如下：

① 在水平台上，按图 6-33 所示位置对管件进行定位焊，保证焊缝间隙和错边量。

② 将旋转变位机调整到夹头垂直于水平转动的位置，对点固好的焊件一端进行有效装夹，然后慢速旋转焊件，使用机器人红光示教焊缝，检测焊缝是否有位置偏差，调整装夹位置，直至程序运行时指示光全程覆盖焊缝。

③ 安装好背面保护气管，确保背面保护有效。

④ 根据管件外径，将焊接速度转换成电动机旋转角速度，并在设备上设置正式的焊接参数。

⑤ 通过机器人控制激光焊接头到达固定的焊接位置,测量确认离焦量。

⑥ 检验完成后按下起动按钮开始焊接。

师傅点拨

① 激光焊起弧和收弧处容易形成弧坑,因此,焊接参数在起弧处要设置功率缓升出光,收弧时功率应缓降,以避免出现弧坑。

② 收弧点要盖过起弧点一段距离,以保证整段焊缝完整熔透。设置旋转角度时,焊接的时间应该是焊件旋转375°,起弧、收弧重叠长度为14 mm。

③ 焊枪头固定位置要使激光光束垂直于管件外径切线,激光光束落在焊接方向稍前的位置,光束入射方向与管件中心线的垂线成15°角。

④ 焊接前要预过一遍焊接路径,以保证程序运行的准确性。

⑤ 提前接通背面保护气体,确保管件内部空气完全溢出。

四、试件清理与质量检验

① 将焊好的试件用钢丝刷反复拉刷焊道,除去焊缝氧化层。严禁破坏焊缝原始表面,禁止用水冷却。

② 对焊缝表面质量进行目视检验,使用5倍放大镜观察表面是否存在缺陷,并使用焊接检验尺对焊缝进行测量,应满足相关要求。

五、现场清理

焊接结束后,首先关闭氩气气瓶阀门,点动设备面板上的焊接检气开关,放掉减压器内的余气,然后关闭焊接电源。清扫场地,按规定摆放工具,整理焊接电缆,确认无安全隐患,并做好使用记录。

▶ **任务评价**

不锈钢管对接水平转动自动化激光焊评分表见表6-16。

表6-16　不锈钢管对接水平转动自动化激光焊评分表

试件编号		评分人			合计得分		
检查项目	评判标准及得分	评判等级				测量数值	实际得分
		I	II	III	IV		
焊缝余高/mm	尺寸标准	0~1	>1,≤2	>2,≤3	<0 或>3		
	得分标准	4分	2分	1分	0分		
焊缝高度差/mm	尺寸标准	0~1	>1,≤2	>2,≤3	>3		
	得分标准	6分	4分	2分	0分		
焊缝宽度/mm	尺寸标准	8~9	>7,≤8 或 >9,≤10	>6,≤7 或 >10,≤11	<6 或>11		
	得分标准	4分	2分	1分	0分		
焊缝宽度差/mm	尺寸标准	0~1	>1,≤2	>2,≤3	>3		
	得分标准	6分	4分	2分	0分		

续表

检查项目	评判标准及得分	评判等级				测量数值	实际得分
		Ⅰ	Ⅱ	Ⅲ	Ⅳ		
咬边/mm	尺寸标准	无咬边	深度≤0.5		深度>0.5		
	得分标准	12 分	每 5 mm 长扣 2 分		0 分		
正面成形	标准	优	良	中	差		
	得分标准	4 分	2 分	1 分	0 分		
背面成形	标准	优	良	中	差		
	得分标准	6 分	4 分	2 分	0 分		
通球检验/mm	尺寸标准	过球直径 50×90% =45	过球直径 50×85% =42.5	未过球直径 50×85% =42.5			
	得分标准	6 分	4 分	0 分			
角变形/(°)	尺寸标准	0 ~ 1	>1,≤3	>3,≤5	>5		
	得分标准	10 分	6 分	2 分	0 分		
错边量/mm	尺寸标准	0 ~ 0.5	>0.5,≤1	>1			
	得分标准	2 分	1 分	0 分			
外观缺陷记录							

焊缝外观(正、背)成形评判标准

优	良	中	差
成形美观,焊缝均匀、细密,高低宽窄一致	成形良好,焊缝均匀、平整	成形尚可,焊缝平直	焊缝弯曲,高低、宽窄相差明显
焊缝内部质量检验	按 GB/T 3323.1—2019 标准	Ⅰ级片无缺陷/有缺陷	Ⅱ级片无缺陷/有缺陷	Ⅲ级片无缺陷/有缺陷
	40 分	40 分/36 分	28 分/16 分	0

注:试件焊接未完成,表面修补及焊缝正反面有裂纹、夹渣、气孔、未熔合缺陷的,该件按 0 分处理。

项目七 机器人焊接技能训练

任务一 机器人焊接基础知识

7.1 焊接机器人概述

1. 认识焊接机器人

焊接机器人是一种仿人操作、自动控制、可重复编程、能在三维空间完成各种焊接作业的自动化生产设备。

目前,焊接机器人已成为工业机器人家族中的主力军,它能在恶劣的环境下连续工作,并能提供稳定的焊接质量,提高了焊接生产率,减轻了工人的劳动强度。

2. 工业机器人的发展历史

1959,美国研制出第一台工业机器人 Unimate;1972,日本机器人工业协会(JIRA)成立;

1973,第一台机电驱动的 6 轴机器人面世,德国库卡公司改造了 Unimate,命名为 Famulus;1974,瑞典通用电机公司(ASEA 公司,ABB 公司的前身)开发出世界上第一台全电力驱动、微处理器控制的工业机器人 IRB-6;同年,日本松下公司开发出自用机器人;1980,日本松下公司发布 PANA Robo。

(1)研发初期的工业机器人

如图 7-1 所示为早期工业机器人工作现场,当时的工业机器人自由度少,仅有简单的动作。

图 7-1 早期工业机器人工作现场

(2)焊接机器人与作业者的区别见表 7-1。

表 7-1 焊接机器人与作业者的区别

项目	焊接机器人	作业者	区别
焊接、切割品质稳定性	○	×	前者不依赖于经验
生产率的提高	○	×	前者能够实现高速焊接,缩短生产节拍
人才录用	○	×	前者操作人才不足

项目	焊接机器人	作业者	区别
长时间作业	○	×	深夜作业/加班
生产一个产品	×	○	前者需要示教
精度不好的工件	×	○	前者需要配置传感器

注:○—擅长;×—不擅长。

▶ 7.2　机器人的结构（以松下机器人为例）

1. 机器人单体结构

TAWERS 机器人单体结构如图 7-2 所示。

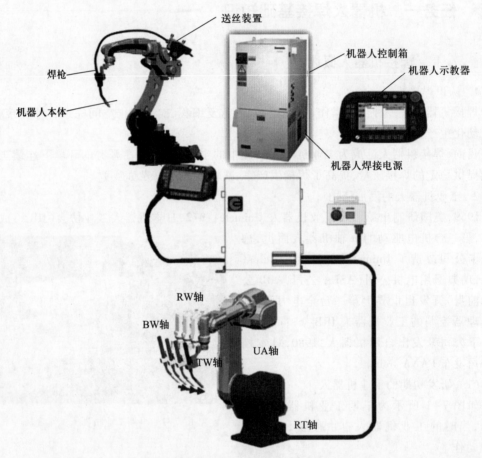

图 7-2　TAWERS 机器人单体结构

（1）机器人本体结构如图 7-3 所示。

（2）气体保护焊焊接机器人标准配置如图 7-4 所示。

（3）TM 机器人本体主要规格参数

TM 机器人本体主要规格参数如图 7-5 和表 7-2 所示。

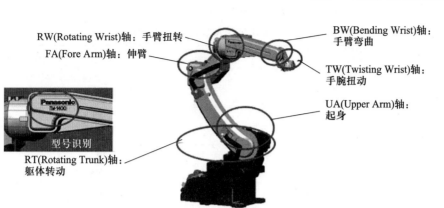

RW(Rotating Wrist)轴：手臂扭转
FA(Fore Arm)轴：伸臂

BW(Bending Wrist)轴：手臂弯曲

TW(Twisting Wrist)轴：手腕扭动

UA(Upper Arm)轴：起身

型号识别

RT(Rotating Trunk)轴：躯体转动

图 7-3　机器人本体结构

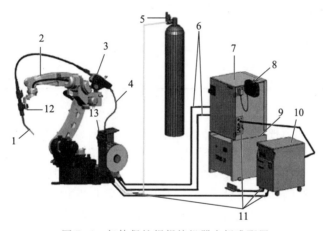

图 7-4　气体保护焊焊接机器人标准配置

1—焊枪；2—机器人本体；3—送丝机；4—后送丝管；5—气体流量计；6—机器人连接电缆；
7—机器人控制器；8—示教器；9—变压器；10—焊接电源；11—电缆单元；12—安全支架；13—焊丝盘架

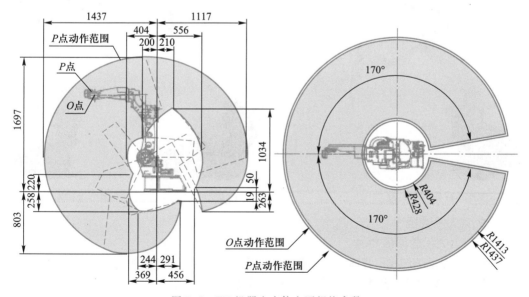

图 7-5　TM 机器人本体主要规格参数

表 7-2　TM 机器人本体主要规格参数

项目		参数
结构		6 轴独立多关节型
手腕负载/kg		6
重复定位精度/mm		±0.08
最远到达距离/mm		1 437
功率/W	RT 轴	750
	UA 轴	1 600
	FA 轴	750
	RW 轴	100
	BW 轴	100
	TW 轴	100
安装姿态		普通、天吊
质量/kg		≈170
环境温度/℃		0~45
环境湿度/(% RH)		20~90

（4）焊枪配置方式

机器人本体有以下三种焊枪配置方式。

① 外置型焊枪。焊枪电缆围绕在机器人手臂外侧,如图 7-6 所示,相当于以往的 TA-1400。

② 内藏型焊枪。焊枪电缆内藏于机器人手臂内,如图 7-7 所示。焊枪电缆无干涉,外观最流畅,但在 TW 轴回转时需要注意焊丝的扭曲,相当于以往的 TB-1400。

③ 分离型焊枪。动力线内藏,作为送丝路径的送丝管外置,如图 7-8 所示。这种配置方式可确保在获得高送丝性的同时,将动力线内藏于机器人手臂内,巧妙地解决了送丝性与焊枪的干涉问题。

图 7-6　外置型焊枪　　　　图 7-7　内藏型焊枪　　　　图 7-8　分离型焊枪

2. 机器人示教器

（1）机器人示教器的功能

机器人示教器的正面、背面分别如图 7-9 和图 7-10 所示,具体功能如下。

① 启动开关:在运行(AUTO)模式下,启动或重启机器人。

② 暂停开关:在伺服电源打开的状态下暂停机器人运行。

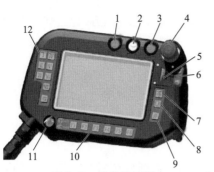

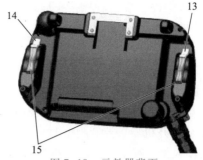

图 7-9　示教器正面　　　　　　　　图 7-10　示教器背面

③ 伺服 ON 开关:打开伺服电源。

④ 紧急停止开关:按下后机器人立即停止动作,且伺服电源关闭;沿顺时针方向旋转后,解除紧急停止状态。

⑤ 拨动旋钮:负责机器人手臂的移动、外部轴的旋转、光标的移动、数据的移动及选定。

⑥ +/-键:代替拨动旋钮,连续移动机器人手臂。

⑦ 登录键:在示教时登录示教点,以及登录、确定窗口上的项目。

⑧ 窗口切换键:在示教器上显示多个窗口时,切换窗口。

⑨ 取消键:在追加或修改数据时,结束数据输入,返回原来的界面。

⑩ 用户功能键:执行用户功能键上侧图标所显示的功能。

⑪ 模式切换开关:进行示教(TEACH)模式和运行(AUTO)模式的切换,开关钥匙可以取下。

⑫ 动作功能键:可以选择或执行动作功能键右侧图标所显示的动作、功能。

⑬ 左切换键:用于切换坐标系的轴及转换数值输入列。轴的切换按照"基本轴"→"手腕轴"→("外部轴")的顺序进行("外部轴"只限于连接了外部轴的情况)。

⑭ 右切换键:用于缩短功能选择及转换数值输入列。对拨动旋钮的移动量进行"高、中、低"切换。

⑮ 安全开关:同时松开两个安全开关,或用力按住其中一个,伺服电源立即关闭,以保证安全。按下伺服 ON 开关后,再次接通伺服电源。

(2)示教器的焊接导航功能

示教器焊接导航设置界面如图 7-11 所示。

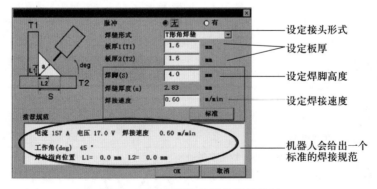

图 7-11　示教器焊接导航设置界面

输入有关焊件参数(板厚、接头形式、焊脚高度、焊接速度等)后,焊接规范会自动修改为导航里提供的标准专家数据。

▶ 7.3　机器人安全操作

1. 机器人操作规程

① 机器人送电程序。先合上空气断路器,再接通机器人变压器电源,然后合上焊接电源开关,最后旋开机器人控制柜电源。

② 机器人关电程序。先旋闭机器人控制柜电源,再断开焊接电源开关,然后切断机器人变压器电源,最后拉下空气断路器。

③ 机器人控制柜送电后,系统启动(数据传输)需要一定时间,要等待示教器的显示屏进入操作界面后再进行操作。

④ 操作机器人之前,所有人员应退至安全区域(警戒安全线)以外。

⑤ 示教过程中要将示教器时刻拿在手上,不要随意乱放,左手套进挂带里,避免失手掉落。电缆线顺放在不易踩踏的位置,使用中不要用力拉拽,应留出宽松的长度。

⑥ 从操作者安全角度考虑,机器人应预先设定好一些运行数据和程序,初学者未经许可不要进入这些菜单进行更改,以免发生危险。操作中如遇到异常提示应及时报告,不要盲目操作。

⑦ 机器人动作中遇到危险状况时,应及时按下紧急制动开关,使机器人停止,以免造成人员伤害或物品的损坏。

⑧ 程序编好后,用跟踪操作把程序空走一遍,逐行修改轨迹点,检查行走轨迹和各种参数准确无误后,旋开保护气瓶的阀门,然后按亮示教器上的检气图标,调整流量计的悬浮小球,一般在 15 L/min 的位置,关闭检气,把光标移至程序的起始点。

⑨ 进行焊接作业前,先将示教器挂好,钥匙旋转到"Auto"侧,打开除烟尘设备后,按下机器人启动按钮。观察电弧时,应手持面罩,避免眼睛裸视或皮肤外露而被弧光灼伤,发现焊接异常应立刻按下停止按钮,并做好记录。

⑩ 结束操作后,将模式开关的钥匙旋转到"Teach"侧,关闭除尘设备,旋闭保护气瓶上的气阀,放空气管内的残余气体,将机器人归零,退出示教程序。然后按要求关闭电源,把示教器的控制电缆线盘整理好,将示教器挂在指定的位置,整理完现场后离开。

2. 机器人安全使用注意事项

与机器人使用相关的安全标识见表 7-3。

表 7-3　安 全 标 识

标识	含义	标识	含义
⚠ 危险	操作不当时,将导致死亡或严重人身伤害事故	❗	必须执行的工作
⚠ 警告	操作不当时,将导致潜在的引起死亡或重大人身伤害的事故	🚫	严禁操作事项
⚠ 注意	操作不当时,将导致潜在的引起非重大人身伤害的事故以及对设备潜在的损坏	⚠ ⚡	应当心的事项

（1）焊接电源

① 不得将焊机用于焊接之外的工作。

② 使用焊机时，必须遵守相关注意事项。

③ 输入动力工程、安装场所的选定；高压气体的使用、保管及配管；焊接后工件的保管和废弃物的处理等，应遵守相关规定。

④ 焊接场所周围应设置安全装置，以避免无关人员进入焊接工作区域。

⑤ 只有具有相关资格或熟悉焊机的人员才能对焊机进行维护保养及修理。

⑥ 为确保安全，只有完全了解使用说明书，并掌握安全操作知识及技能的人员才能操作焊机。

⑦ 不得使用本焊接电源融化冻结物品。

（2）触电

触摸任何带电的电气部件都可引起致命的电击或严重的烧伤，因此应注意以下事项：

① 应由有资格的专业电工按相关规定，对焊接电源、母材、夹具等做好接地线工作。

② 必须在关闭了所有输入侧电源，并等待 5 min 以上，确保设备内部电容的电量完全放电后，再进行安装以及维护保养工作。

③ 请勿使用功率不足的电缆，以及破损或导体裸露的部件。

④ 电缆连接位置必须做好绝缘。

⑤ 焊机机箱或机箱盖打开时请勿工作。

⑥ 请勿使用破损或潮湿的手套。

⑦ 进行高空作业时，应设置好安全网。

⑧ 定期进行维护保养，损坏部分必须先修理好后再使用。

⑨ 不使用时，务必切断所有装置的输入侧电源。在较狭窄的空间或高空进行焊接作业时，应按照规定使用防电击用具。

（3）电磁波的伤害

为防止焊接电流和起弧时生成的高频电磁波，必须注意以下事项：

① 正在运行的焊机及焊接作业区域周围产生的电磁波会对医疗器械的功能产生不良影响。因此，使用心脏起搏器或助听器的人员，未经医生的许可不得进入焊接作业周围区域。

② 在焊接作业周围区域，包括电子设备及安全装置必须做好接地，必要时可设置电磁屏蔽设备。

③ 焊接电缆应尽量缩短，并且沿着地面设置。当母材的电缆与焊枪电缆互相靠近时，可以减少电磁波的产生。

④ 母材及焊机不要与其他设备共用一条地线。

⑤ 减少不必要焊机开关的操作。

（4）通风设备及防护用具

在狭窄的空间里进行焊接作业时，会出现缺氧窒息的情况；焊接过程中产生的气体烟尘会危害身体健康。因此，应使用通风设备及防护用具，并注意以下事项：

① 为防止发生气体中毒和窒息等事故，应在规定场所做好换气工作或配备空气呼吸器。

② 为防止焊接烟尘等粉尘危害及中毒,应使用规定的局部排气设备及呼吸保护用具。

③ 在箱体、锅炉、船舱等地方作业时,比空气重的二氧化碳、氩气等气体滞留在底部,为防止缺氧,应充分换气或使用空气呼吸器等。

④ 在狭窄场所进行焊接时,必须充分换气或使用空气呼吸器,并接受受过培训的监督员的监督。

⑤ 请勿在脱脂、清洗、喷雾作业区域附近进行焊接。在该区域附近进行焊接时,会产生有害气体。

⑥ 焊接有镀层或涂层的钢板时会产生有害气体及烟尘,必须做好换气工作或使用呼吸保护用具。

（5）火灾、爆炸或破裂

为防止发生火灾、爆炸、破裂等事故,应遵守以下规定:

① 为防止焊接飞溅引燃易燃物,应将易燃物移开;不能移开时,应用防火材料盖好。

② 请勿在可燃性气体附近施焊,不允许将焊机放置在可燃性气体附近。

③ 请勿将刚焊完的炽热母材靠近易燃物。

④ 焊接天花板、地面、墙壁前,应清除其隐藏位置的易燃物。

⑤ 电缆的连接位置必须固定好并做好绝缘。

⑥ 母材侧电缆的连接要尽可能接近焊接位置。

⑦ 请勿焊接装有气体的气管、密封箱、密封管等。

⑧ 焊接作业区域附近应放置灭火器。以防万一。

（6）禁止拆解

为了防止发生火灾、触电及产品故障,严禁对焊机实施拆解、改造。

① 需要维修时,应联系焊机供应商。

② 进行内部检查或部件拆卸、安装作业时,应参照使用说明书的要求实施。

▶ 7.4　机器人的操作

1. 机器人电源打开方法

（1）打开一次电源设备的开关。

（2）接通焊机及其附属设备的电源（电源内藏时无须接通）。

（3）接通机器人控制装置的电源。

（4）输入用户 ID 和密码。

① ID 输入界面如图 7-12 所示。

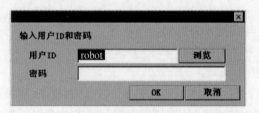

图 7-12　ID 输入界面

变更示教或机器人的各种设定时,必须登录系统管理界面（出厂时的设置为自动登录）

进行以下操作:

- 双击"登录(LOGIN)"按钮。
- 在"用户 ID"栏输入"robot"(小写半角英文字母)。
- 在"密码"栏输入"0000"(半角数字)。
- 单击"OK"按钮,变更为可对示教或机器人进行各种设定的用户。

注意:机器人出厂时会设置一个登录密码,用户可以根据需要更换密码;用户 ID(robot) 是不可以删除的。

② 自动登录。当设定为有效时,不会显示用户 ID 输入界面,此设定为出厂默认设定; 当设定为无效时,启动后显示用户 ID 输入界面。

2. 机器人坐标系介绍

对机器人进行示教操作时,其运动是在不同的坐标系中进行的。在松下机器人控制系统中,设计了六种坐标系,如图 7-13 所示,各坐标系功能等同,机器人在某一坐标系中完成的动作,在其他坐标系中也能实现。

① 机器人各关节(轴)进行单独运动。对于大范围运动,且不要求机器人 TCP 点姿态时,选择关节坐标系。

② 直角坐标系是机器人示教与编程时经常使用的坐标系之一,其原点定义在机器人的安装面与第一转动轴的交点处,X 轴向前,Z 轴向上,Y 轴按右手规则确定。

③ 工具坐标系的原点定义为机器人 TCP 点,并且假定工具的有效方向为 X 轴,Y 轴和 Z 轴由右手规则确定。因此,工具坐标的方向随腕部的移动而发生变化,与机器人的位置、姿势无关。

图 7-13 坐标系设置界面

机器人系统默认开启关节、直角和工具三种坐标系,能够满足通常工作的需要。

3. 示教模式下的机器人运动

① 要运行机器人时,按下机器人运行按钮。示教器机器人运动界面如图 7-14 所示。

② 动作功能键变成当前机器人手臂的选择键。在按下动作功能键的同时转动拨动旋钮时,相应的机器人手臂将开始运行;松开动作功能键后,动作停止。

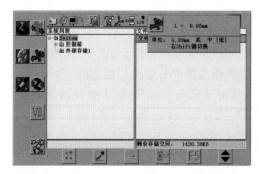

动作ON	机器人手臂动作
动作OFF	光标在窗口内移动

图 7-14 示教器机器人运动界面

注意:界面右上角显示的小窗口中的数值表示机器人控制点(工具尖端)的移动量,一旦松开动作功能键,其数值将归零。

示教器机器人运动操作规范见表7-4。

表7-4 示教器机器人运动操作规范

序号	图例	操作
1	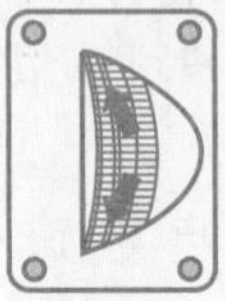	转动拨动旋钮
2	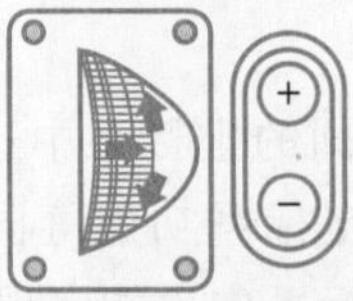	拖动拨动旋钮,或者单击⊕⊖键
3	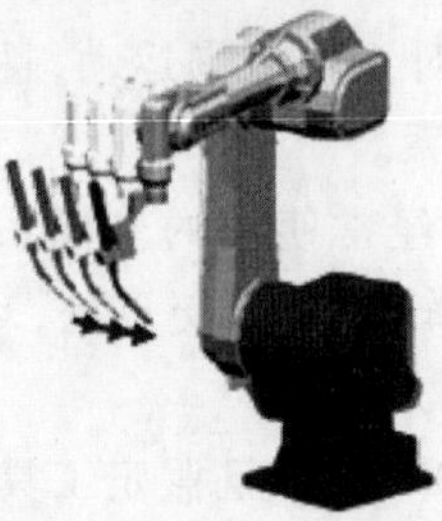	机器人按照转动量移动
4	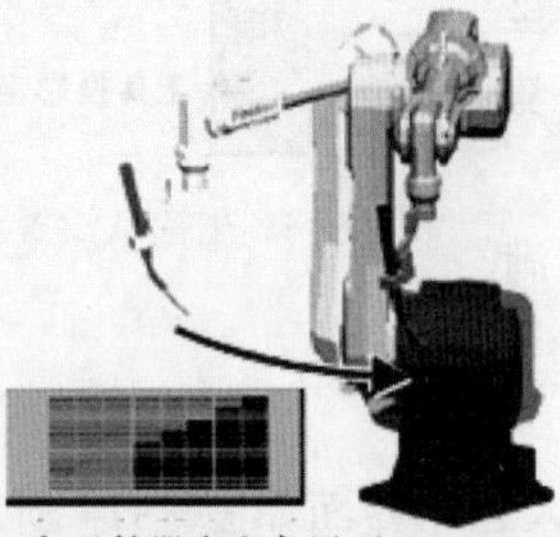 在示教器右上角显示 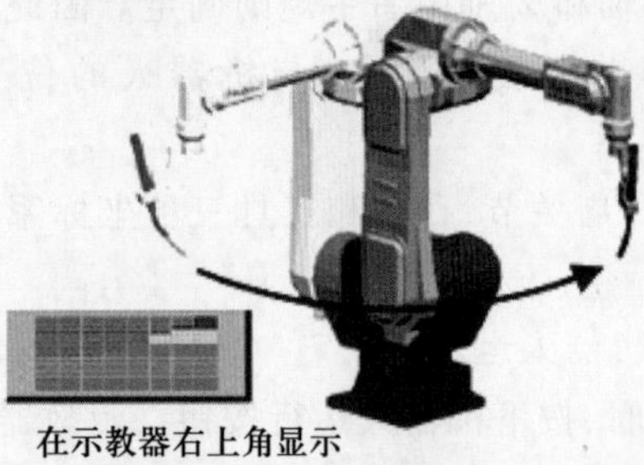　　在示教器右上角显示	拨动旋钮的拖动量小时,机器人移动速度慢;拖动量大时,机器人移动速度快 使用 ⊕ ⊖ 键时,将按照窗口右上角显示的高、中、低速移动

注意:用右切换键来切换高、中、低速移动显示,在设定窗口中更改移动量。

(1)坐标系的切换

通过选择不同的动作坐标系,可以更改机器人手臂的移动方向。

① 使用右换挡键,可以切换动作功能键的动作坐标系的分配,如图7-15所示。

② 在动作坐标系选择菜单中,也可以实现动作功能键分配的切换,如图7-16所示。

如果不选择动作坐标系,机器人将默认按照关节坐标系运行;如果想在其他坐标系中运行,可按照切换坐标系的操作切换坐标系。

需要切换到圆柱坐标系、用户坐标系、工具投影坐标系时,应在坐标系设定中(设定菜单:扩展设定)将各坐标系设定为"有效"。

(2)机器人的示教操作

1)操作流程如图7-17所示。

① 轻握三段位式安全开关,示教器显示界面见表7-5。

192

图 7-15　右换挡键

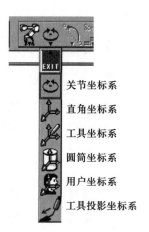

图 7-16　坐标系选择菜单

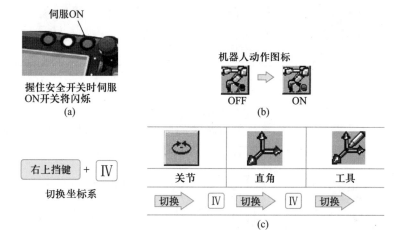

图 7-17　操作流程

表 7-5　示教器显示界面

图标	状态	伺服
	未握住的状态[OFF]	伺服 OFF
	轻轻握住的状态[第一段 ON]	伺服 ON
	用力握住的状态[第二段 ON]	伺服 OFF

② 打开伺服电源。

③ 将机器人动作图标选在"ON"上。

④ 选择坐标系。

⑤ 选择需要动作的坐标系,坐标系选择界面见表 7-6。

表 7-6　坐标系选择界面

动作功能键	机器人在直角坐标系下移动	机器人移动时工具点固定	以工具为基准的机器人移动	以工具点为原点的机器人移动	外部轴选购
Ⅰ　Ⅳ					
Ⅱ　Ⅴ					
Ⅲ　Ⅵ					

注：用左上挡键替换机器人动作与外部轴动作（仅限于外部轴被设定的情况）。

2）移动方法：移动机器人有以下三种方法：

① 使用拨钮移动机器人。按下动作功能键的同时按下并转动拨钮，根据拨钮的旋转量，动作速度有七段变化，如图 7-18 所示。

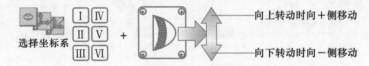

图 7-18　使用拨钮移动机器人

② 使用"+""-"键移动机器人。按下动作功能键的同时按下"+""-"键，可获得与显示器右上方高、中、低相对应的动作速度，速度值可使用 More→示教设定进行设定，如图 7-19 所示。

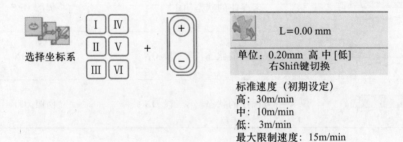

图 7-19　使用"+""-"键移动机器人

③ 用点动动作移动机器人。按下安全键的同时，一个点动动作转动一次拨钮，如图 7-20 所示。

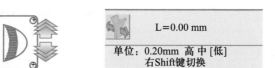

● 可进行点动动作移动量设定的范围：0.01~0.99mm

● 旋转动作坐标的同时，发生角度单位的变动。

标准点动动作移动量（初期设定）

高：1.00mm

中：0.50mm

低：0.20mm

在规定范围内可改变

图7-20　用点动动作移动机器人

3）插补方式：

① 示教点包括以下内容：位置坐标，移动速度（来到当前示教点的速度），插补形态（来到当前示教点的动作类型），次序指令、焊接规范、收弧规范、焊接开始/结束的次序指令、输入输出信号。

示教点的分类如图7-21所示。

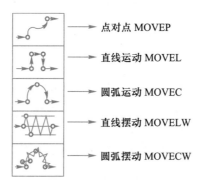

图7-21　示教点的分类

② 空走点、焊接点示意图如图7-22所示。其中,空走点包括不焊接的点和焊接结束点;焊接点包括焊接开始点和焊接中间点。一旦登录焊接点,则焊接开始次序指令自动被输入。焊接中间点的次序指令无自动输入。

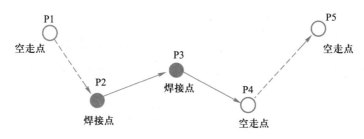

图7-22　空走点、焊接点示意图

（3）示教编程方法

1）进入示教编程：

① 将模式切换开关置于"Teach"上。

② 在文件菜单中选择"新建",打开如图7-23所示的新建文件界面。

模式切换开关

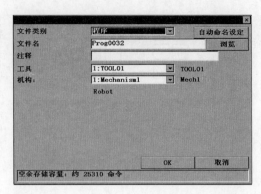

图 7-23 新建文件界面

③ 输入文件名(最多 28 个字:半角英文字母、数字)。如果同意显示文件名,则选择"OK"。需要更换文件名时,操作步骤如下:

- 将光标移至文件名处并选定。
- 用动作功能键选择英文字母、数字的种类。
- 操作 BS 键用光标单击以消除现有文件名。
- 输入新文件名。
- 按"登录"键。
- 按"OK"键,切换至程序编写界面。

④ 将机器人移动到目标位置。

⑤ 登录示教点,如图 7-24 所示。

- 插补形态、速度、空走点/焊接点的选择可在登录前使用右切换键来实现。
- 按下"登录"键并不能马上显示登录确认界面。
- 显示确认界面的方法是同时按右切换键+"登录"键。

2)示教中的确认界面:

① 将机器人移至目标位置。

② 按右切换键+"登录"键登录示教点。

③ 显示确认界面,如图 7-25 所示。

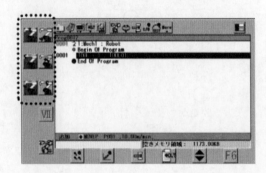

图 7-24 登录示教点

3)示教中经常使用的图标,如图 7-26 所示。

插补形态	到达目标示教点的移动方法
空走/焊接	到下一个示教点如果有实际焊接选择[焊接]，如果无实际焊接选择[空走]
位置名	被登录示教点的名称
示教速度	到被登录示教点为止的速度
手动插补形态	通常指定为0。需要特殊手动计算时可指定1~4。(MOVEP使用时不能显示。)
流畅水平	通常设定为"default"。根据移动命令需要变更内旋时可在0~10的范围内进行设定。(default值的基本设定：为标准流畅水平设定，出厂设定为[6]) ·详细内容请参考说明书94页的[10.9流畅水平]。

图 7-25　确认界面

关节　直角　工具

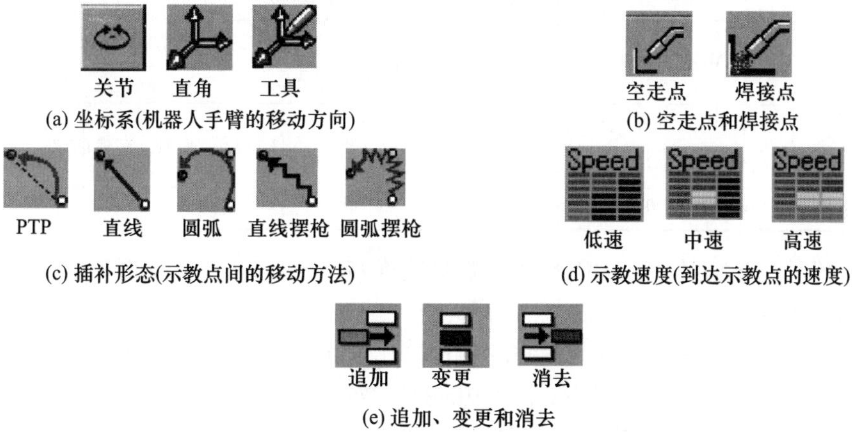

(a) 坐标系(机器人手臂的移动方向)

空走点　焊接点

(b) 空走点和焊接点

PTP　直线　圆弧　直线摆枪　圆弧摆枪

(c) 插补形态(示教点间的移动方法)

低速　中速　高速

(d) 示教速度(到达示教点的速度)

追加　变更　消去

(e) 追加、变更和消去

图 7-26　示教中经常使用的图标

4）操作结束方法(保存文件)：

① 单击窗口切换键。

② 选择文件菜单中的"关闭"，如图 7-27 所示。

③ 弹出"是否保存？"提示，如果保存，则单击"是"或"登录"；如果无须保存，则单击"否"。

④ 回到初期界面。

注意：光标位于"否"的位置按下"登录"键时，其结果与选择"是"键相同(即保存)。

5）示教速度与动作速度：

① 在空走区间以示教速度移动，见表 7-7。

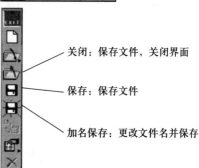
关闭：保存文件，关闭界面
保存：保存文件
加名保存：更改文件名并保存

图 7-27　文件关闭、保存图标

表 7-7　空走区间移动速度

示教点	次序指令	内容
P8	● MOEL P8 30 m/min	到达 P8 点时的直线速度为 30 m/min
P9	● MOEL P9 10 m/min	到达 P9 点时的直线速度为 10 m/min

197

② 在焊接区间以焊接速度移动,见表 7-8。

表 7-8 焊接区间移动速度

示教点	次序指令	内容
P8 焊接开始点次序指令	• MOVEL P8 30 m/min	
	• ARC-SET AMP=170 VOLT=22.0 S=0.60	焊接规范:电流、电压、速度
	• ARC-ON ArcStart1.prg	开始焊接
P9 焊接结束点次序指令	• MOVEL P9 10 m/min	向 P9 点直线移动,速度 10 m/min 被忽略,焊接速度优先
	• CRATER AMP=100 VOLT=19.0 T=0.20	收弧条件:电流、电压、收弧时间
	• ARC-OFF ArcEnd1.prg	结束焊接

③ 运转时与跟踪时,以 ARC-SET 的焊接速度移动,跟踪速度可变更为示教速度

6) 示教中的各种设定内容:

① 示教设定方法:打开"More"菜单→打开"示教设定"→确认后修改内容。

示教设定界面如图 7-28 所示,示教中的初期数据会以示教设定内容为基础自动输入。

② 扩展设定方法:打开"More"菜单→打开"扩展设定",如图 7-29 所示。

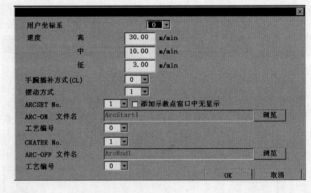

图 7-28 示教设定界面

(4) 确认运动(跟踪)

跟踪是为了确认示教生成的动作和焊丝指向位置是否已登录,也是验证程序正确性的方法。如果有需要修改的点,可按照下述操作进行修改。

1) 操作前的准备:

① 确认运行中可执行的操作:追加位置坐标、更改位置坐标、删除位置坐标、修改空走点和焊接点、修改速度、修改插补形态、修改或追加焊接规范、修改或追加次序指令。

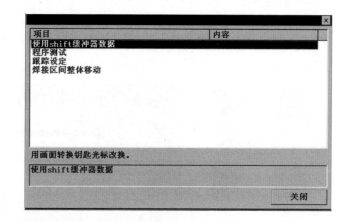

图7-29　扩展设定界面

② 跟踪操作常用图标见表7-9。

表7-9　跟踪操作常用图标

图标	名称	功能
	追加	追加示教点或追加次序指令
	变更	更改示教点(位置、速度、焊接)或次序指令
	消去	删除示教点或次序指令

③ 跟踪动作操作方法见表7-10。

表7-10　跟踪动作操作方法

功能键	各个步骤的动作		
IV		<前进>　根据次序指令前进	IV + 或 ⊕
V		<后退>　根据次序指令后退	V + 或 ⊖
VI		<跟踪的切换>　绿灯　　亮　跟踪 ON　　　　　　灭　跟踪 OFF	

2）开始操作的方法：

① 示教中。

- 将"机器人动作"图标(如图7-30所示)置于 OFF。
- 将光标移至要进行的步骤处。
- 将"机器人动作"图标置于 ON。

199

● 将"跟踪"图标置于 ON。

● 进行跟踪操作,包括跟踪前进(移向光标的下一点)和跟踪后退(移向光标点),如图 7-31 所示。

ON　　OFF

(a) 机器人动作图标

ON　　OFF

(b) 跟踪图标

图 7-30　操作示意图标　　　　　图 7-31　跟踪操作界面

注意:从现在位置直接移动到目标点时,应先用手动将机器人移动到安全位置后再进行跟踪操作。这是因为如果现在位置与目标位置之间有障碍物,则存在碰撞的危险。

可通过机器人工具位置图标,来判断机器人工具(焊枪的焊丝端部)是处于示教点上方还是示教点间的路径上等,如图 7-32 所示。

② 从文件中选择时。

● 将切换模式开关置于"Teach"上。

● 打开文件菜单。

● 从"程序"或"最近使用过的文件"中选择文件名,按下"OK"键或"登录"键,如图 7-33 所示。

● 重复上述操作。

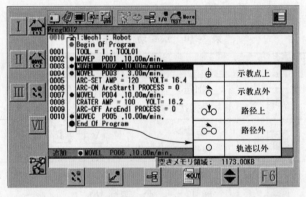

	示教点上
	示教点外
	路径上
	路径外
	轨迹以外

图 7-32　跟踪操作界面中的机器人工具位置图标

3) 操作方法:

① 示教点的追加。

● 跟踪至要追加点的附近。

● 确认到达示教点。

● 手动操作机器人到追加点。

图 7-33　选择已建立的文件

- 登录示教点。

② 示教点的变更 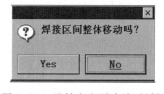。

- 跟踪至要变更的示教点附近。
- 手动操作机器人移至变更位置。
- 登录示教点。
- 确认界面中的内容,按下"OK"键或"登录"键。

焊接起始点的变更:使用扩展功能,当"焊接区间整体移动"功能设定为有效时,将出现如图 7-34 所示对话框;该功能设定为无效时,将不显示对话框。

③ 示教点插补形态与速度变更。

- 跟踪至变更示教点。
- 确认是否到达要变更的示教点。
- 按下"登录"键,出现如图 7-35 所示界面。

图 7-34　示教点变更确认对话框

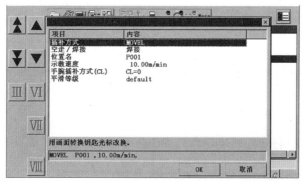

图 7-35　示教点插补形态与速度变更界面

④ 示教点的删除 。

- 跟踪至要删除的示教点。
- 确认是否到达要删除的示教点。
- 选择"删除"图标并按下"登录"键。

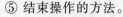

● 在如图 7-36 所示的对话框中选择"Yes"或"No"。

或者按以下步骤操作：关掉机器人动作键→选择用户功能键 F1～F6 中的剪切键→用光标选择要删除的命令→右击拨轮，完成操作。

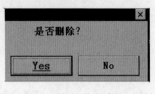

图 7-36　示教点删除确认对话框

⑤ 结束操作的方法。

● 单击光标切换键。

● 单击文件菜单。

● 选择"保存"或"换名保存"，如表 7-11 和图 7-37 所示。

● 在文件菜单中选择"关闭"。

表 7-11　文件操作图标

图标	功能
保存	以相同文件名覆盖保存
换名保存	另存
	关闭打开的文件。关闭文件前，将显示确认是否保存对话框

（5）圆弧的示教

1）示教方法：

① 示教半圆。通过三个以上的点进行示教，如图 7-38 所示。

② 示教整圆。通过四个以上的点进行示教，如图 7-39 所示。

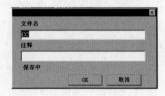

图 7-37　保存文件对话框

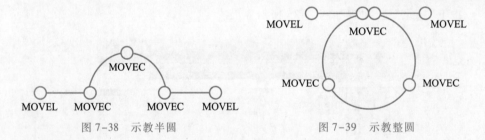

图 7-38　示教半圆　　　　　　　图 7-39　示教整圆

2）错误示教：

① 圆弧中点位置偏移时（轨迹偏离），如图 7-40 所示。

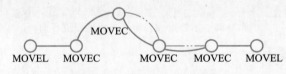

图 7-40　圆弧中点位置偏移

② 圆弧示教点之间距离太近时，如图 7-41 所示。

图 7-41　圆弧示教点之间距离太近

3）圆弧分离点

如图 7-42 所示，两个不同的圆弧连接时，将第一个圆弧的终点作为圆弧分离点进行登录。

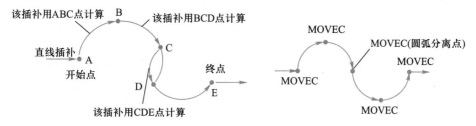

图 7-42　两个不同的圆弧连接

将圆弧的终点作为圆弧分离点进行登录的方法如下：

① 在圆弧登录后的编辑工作中登录圆弧分离点。

• 在编辑模式下，用光标对准圆弧终点进行微调。

• 因为 MOVEC 命令的设定界面将被显示，单击插补形态，检查 MOVEC 命令显示的圆弧分离点并进行登录。

② 将圆弧终点作为圆弧分离点进行登录。

• 用登录圆弧终点，单击设定界面的插补形态。

• 插补形态是 MOVEC 时，将显示检查圆弧分离点界面，如图 7-43 所示，检查并登录示教点。

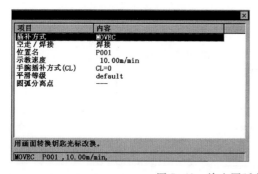

图 7-43　检查圆弧分离点界面

（6）摆枪的示教

1）示教方法：

① 移至摆动开始点，如图 7-44 所示。

② 选择插补形态"MOVELW"，按下"登录"键，如图 7-45 所示。

③ 在如图 7-46 所示的"将下一示教点作为振幅点登录吗?"对话框中单击"Yes"。

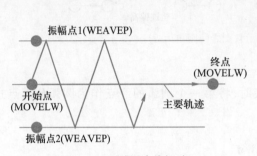

图 7-44 选择(直线摆动)

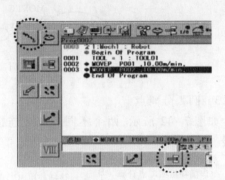

图 7-45 确认"追加"成功

④ 登录振幅点 1 和 2。移动机器人并按下"登录"键,将自动选择 WEAVEP 并登录。

⑤ 移至摆动终点并按下"登录"键(确认 MOVELW)。

⑥ 再次弹出如图 7-46 所示对话框,在其中单击"No"。

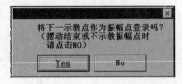

图 7-46 示教点振幅确认对话框

2)摆动条件的输入

① 输入摆动条件的规则。

● 在开始点设定摆动方式。

● 在振幅点设定振幅、时间。

● 在结束点设定摆动频率。

② 摆动条件的输入(编辑)方法。

● 参考上文进行摆动示教。

● 切换至编辑模式(将机器人动作键置于 OFF)。

● 将光标移到编辑点并单击拨动旋钮。

● 在如图 7-47 所示的界面中进行编辑。

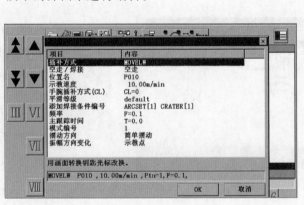

图 7-47 摆动条件输入编辑界面

焊枪摆动方式见表 7-12。

表 7-12 焊枪摆动方式

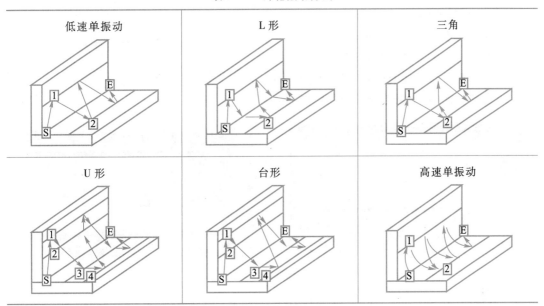

3）跟踪时机器人的动作：

① 前进。在区间内边摆枪边动作，其路径如图 7-48 所示。

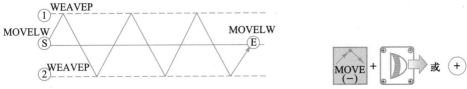

图 7-48 前进区间内边摆枪边动作路径

② 后退。后退时无摆动动作，运作顺序为 Ⓔ→②→①→Ⓢ，如图 7-49 所示。

图 7-49 后退无摆动动作路径

此操作在改变振幅、删除振幅点时使用。另外，振幅点的变更在编辑界面可进行数值输入。

4）在摆动振幅点上增加停留时间时的动作

停留时间中（T1、T2），与已设定速度动作相同，其路径如图 7-50 所示。

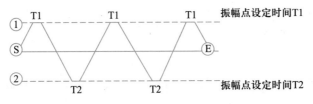

图 7-50 增加停留时间的动作路径

4. 编辑

（1）开始操作的方法

① 模式切换开关置于"Teach"位置。

② 选择文件菜单中的"打开"。

③ 打开程序或最近使用的文件，如图7-51所示。

④ 选择文件，侧击拨轮或单击"登录"键。

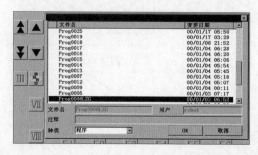

图7-51 选择编辑文件界面

⑤ 当机器人动作键为ON时，要调到OFF位置进入编辑模式。

（2）焊接规范的设定

① 变更时将光标移至"ARC-SET"。

② 单击"登录"键。

③ 将光标移至需要变更的项目（电流、电压、速度）。

④ 更改数值，按下"OK"或"登录"键，如图7-52所示。

（3）焊接导航功能

① 一旦设定了母材接头形状与板厚，将自动显示推荐的焊脚、焊枪速度、指向位置等。

② 变更焊脚和焊接速度，将自动显示推荐焊接规范（电流、电压、焊接速度等），如图7-53所示。

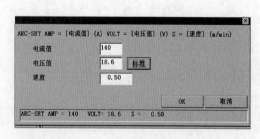

图7-52 焊接规范设置界面

注：单击"电压值"后的"标准"键，将自动设定与设定电流相匹配的电压。

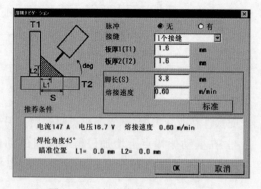

图7-53 自动推荐焊接规范界面

③ 单击"OK"键后显示确认界面，如果选择"是"，则推荐焊接参数将被登录在ARC-SET命令下。

（4）追加命令

1）使用延时操作：

① 选择图标菜单中的"追加命令"。

② 选择"流程"。

③ 选择"DELAY"，按下"OK"键。

④ 输入延时操作数据，按下"OK"键，如图 7-54 所示。

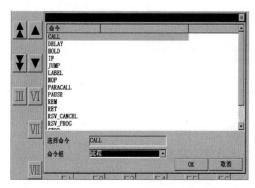
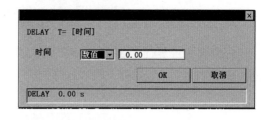

图 7-54　延时操作界面

2）追加按命令实例（循环运行）：

延时、标签、暂停、跳跃使用实例如下：

<-> Begin of Program

TOOL = 1:TOOL01

[ ]:LABL0001　　//标签

(+) MOVEP P1 10.00 m/min

(+) MOVEP P2 10.00 m/min

(*) MOVEL P3 10.00 m/min

ARC-SET AMP=166 VOLT=16.0 S=1.00

ARC-ON ArcStart1.prg RETRY=0

DELAY 0.20 s　　//延时

(+) MOVEL P4 10.00 m/min

CRATER AMP=100 VOLT=16.2 T=0.00

ARC-OFF ArcEnd1.prg RELEASE=0

(+) MOVEP P5 10.00 m/min

(+) MOVEP P1 10.00 m/min

PAUSE　　　　//暂停

JUMP LABL0001　//跳换至 LABL0001

<-> End of Program

（5）用 MDI 修正位置（直接变更坐标数值）

① 光标指在需要编辑的示教点上。

② 选择并单击位置名，如图 7-55 所示。

③ 输入需要变更的坐标数值,单击"OK"键。

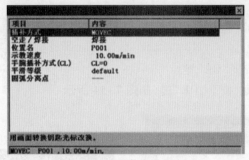

图 7-55   MDI 修正位置界面

例:位置变更界面如图 7-56 所示,假设要移至示教点 0.5 mm 前。此时,只要将 X 置于+侧并移动 0.5 mm 即可,变更后的数值为:

$$X = (759.48 + 0.5) \, \text{mm} = 759.98 \, \text{mm}。$$

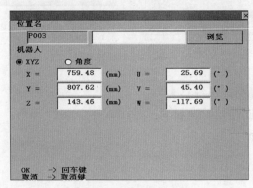

图 7-56   位置变更界面

注意:坐标值有正负之分,注意不要输入错误。

(6) 重新排号的操作方法

重新排号是将示教点的编号按顺序重新排列的操作。

① 选择"编辑"。

② 选择"附加机能"。

③ 选择"示教点编号重新排序",如图 7-57 所示。

图 7-57   示教点编号重新排序界面

（7）替换功能

替换功能可实现对移动速度、焊接条件、外部轴数据等的一次性变更。

① 选择"编辑"。

② 选择"替换"。

③ 选择替换区间和替换项目，如图 7-58 所示。

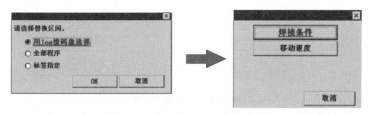

图 7-58　选择替换界面

④ 输入移动速度或焊接条件，单击"执行"键，如图 7-59 和图 7-60 所示。

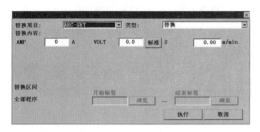

图 7-59　移动速度替换界面

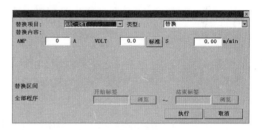

图 7-60　焊接条件替换界面

如果用延时选择"增加减"，则可对现有值进行增加减值设定。

⑤ 替换处理完成后，弹出图 7-61 所示对话框，根据需要进行选择即可。

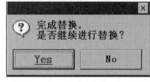

图 7-61　替换确认对话框

（8）文件排序整理

使用打开文件等方法浏览文件时，可按如图 7-62 所示对文件进行排序整理。

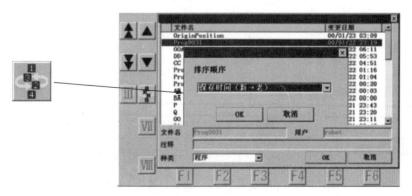

图 7-62　文件排序界面

5. 运行(启动)操作

(1) 启动方式(图7-63和表7-13)

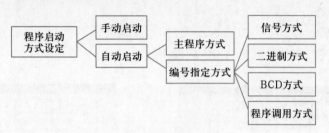

图 7-63　启动方式

表 7-13　启动说明

启动方式	启动选择		说　明
手动启动			使用示教器的启动按钮运行程序
自动启动 (由外部输入 信号来运行 程序)	主程序方式		自动循环设定,由外部输入启动信号,启动主程序设定的程序
	编号指定方式	信号方式	可启动1、2、4、8、16、32、64、128、256、512号程序
		二进制方式	启动综合号码对应的程序,可启动1~1023号程序
		BCD方式	把四个设定端子按一位号计算,即启动对应的程序,可启动1~399号程序
		程序调用方式	输入端子收到外部信号后,启动指定程序,最多四个

使用自动启动时,必须事先编制外部启动控制盒(如图7-64所示)的控制程序。

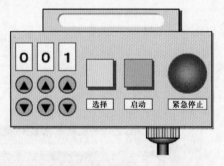

图 7-64　外部启动控制盒

1) 动作功能键说明见表7-14。

表 7-14　动作功能键说明

动作功能键		动作内容
	送丝	按住此键,焊丝送出。初始3 s为低速,之后为高速送丝

动作功能键		动作内容
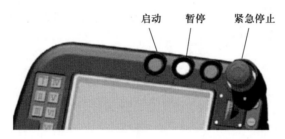	抽丝	按住此键,焊丝逆抽。初始 3 s 为低速,之后为高速抽丝
	检气	ON(绿灯)亮为放开气管,此键用于 ON、OFF 的切换

2）运行限制:指对机器人机能进行某些限制。在自动运行模式▄下,可以选择以下限制内容:

① 最高运行速度:限制最高运行速度。

② I/O 锁定:不执行输入输出的次序指令。

③ 电弧锁定:不执行焊接关联命令。

3）暂停与再启动:在自动运行中按下暂停键,机器人在伺服电动机 ON 状态下停止动作。再启动时按下启动键即可,如图 7-65 所示。

图 7-65　示教器按键示意图

4）紧急停止与再启动:按下紧急停止按钮,机器人将禁止运行,伺服电动机显示 OFF。排除紧急停止故障后,伺服电动机显示 ON,按下启动键再次启动机器人。

（2）信号方式和程序调用方式简介

所需硬件:松下外部启动单元 TSMYU503 或者市场上的启动按钮,如图 7-66 所示。

适用条件:一般用于机器人双工位焊接。

1）信号方式:输入端子收到外部信号后,只能启动文件名为 Prog0001、Prog0002、Prog0004、Prog0008、Prog0016、Prog0032、Prog0064、Prog0128、Prog0512 的文件。

图 7-66　启动按钮

① 示教器设定步骤:设定→基本设定→程序启动→启动方式选择→编号方式选择→选择信号方式→输入分配→输入端子分配,如图 7-67 ~ 图 7-74 所示。

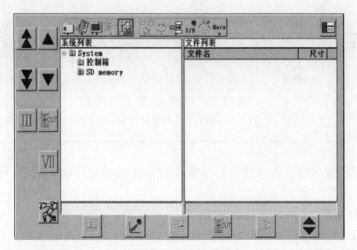

图 7-67　示教器设定界面

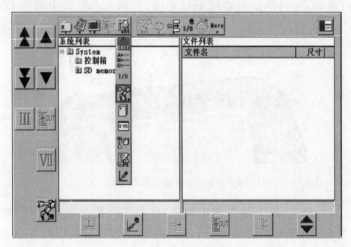

图 7-68　示教器基本设定界面

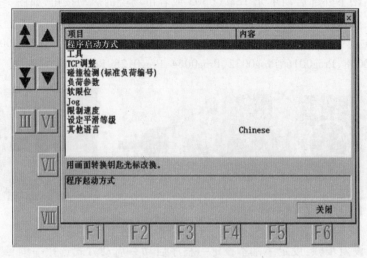

图 7-69　示教器程序启动界面

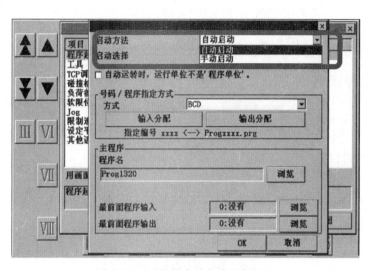

图 7-70　示教器启动方式选择界面

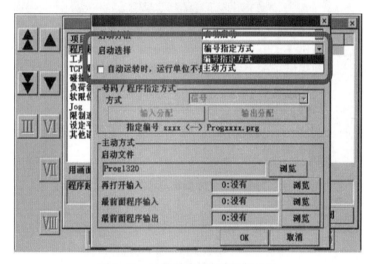

图 7-71　示教器编号方式选择界面

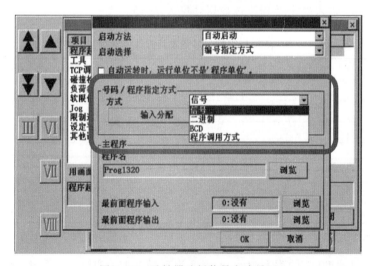

图 7-72　示教器选择信号方式界面

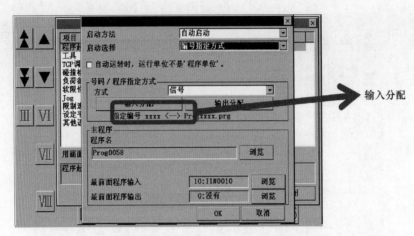

图 7-73 示教器输入分配界面

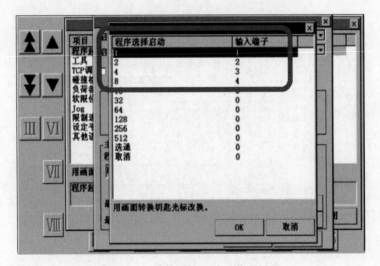

图 7-74 示教器输入端子分配界面

② 设定示例。输入端子及程序选择启动见表 7-15。

表 7-15 输入端子及程序选择启动

输入端子				启动程序名
1	2	3	4	
程序选择启动				
1	2	3	4	
○				Prog0001
	○			Prog0002
		○		Prog0004
			○	Prog0008

注:○—有输入信号。

以文件名为 Prog0001 的程序为例,A 程序为现场 1 工位实际焊接程序,如图 7-75 所示。

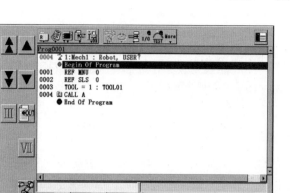

图 7-75 程序界面

2）程序调用方式:输入端子收到外部信号后,启动指定程序,最多可启动四个程序。

示教器设定步骤:步骤①~⑤与信号方式的设定相同,步骤⑥~⑪为:程序调用方式选择→输入分配→输入端子分配→程序调用→设置→选择程序,如图7-76~图7-81所示。

（3）连接设置

连接设置示意图如图7-82所示。其中,COM端子用于公共线;状态输入7用于启动输入;状态输入8用于停止输入;通用输入1~8,用于启动与所选工位相对应的焊接程序。

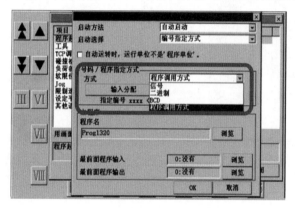

图 7-76 程序调用方式选择界面

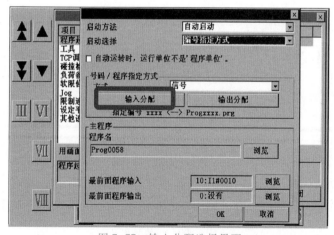

图 7-77 输入分配选择界面

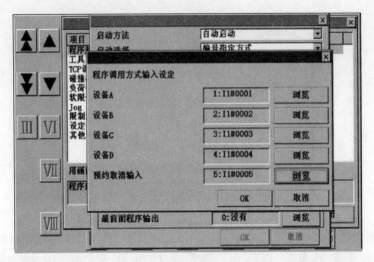

图 7-78 输入端子分配选择界面

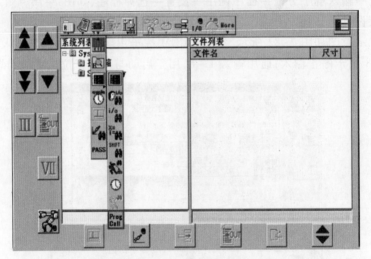

图 7-79 程序调用功能界面

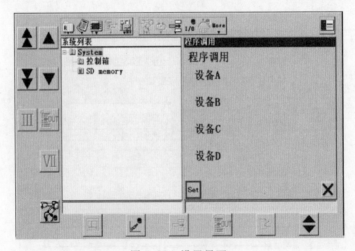

图 7-80 设置界面

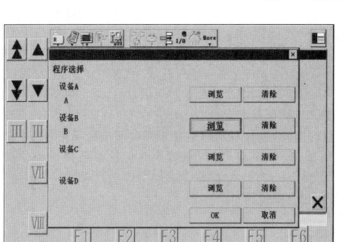

图 7-81　选择程序界面

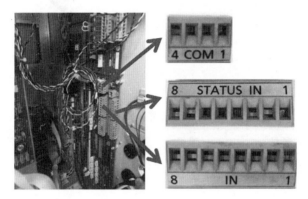

图 7-82　连接设置示意图

6. 机器人操作流程(图 7-83)

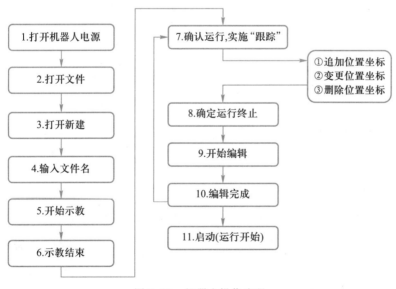

图 7-83　机器人操作流程

7.5　机器人的维护保养

1. 机器人的定期检查与保养

为了保证机器人操作安全,以及经过长时间运行后,为了保持并充分发挥其功能,防患于未然,应力行机器人维护保养工作。

对于维护保养的间隔时间,可依照标准工作时间进行设定。"月数"与"时间"以先到达时间为主。例如,如果是双班倒,则每 500 h 进行维护保养中的 500 h 就是 1.5 个月。

一般按以下计划进行维护保养:

① 每日检查。
② 每 500 h(每 3 个月)检查。
③ 每 2 000 h(每 1 年)检查。
④ 每 4 000 h(每 2 年)检查。
⑤ 每 6 000 h(每 3 年)检查。
⑥ 每 8 000 h(每 4 年)检查。
⑦ 每 10 000 h(每 5 年)检查。

2. 日常保养(打开电源前)(表 7-16)

表 7-16　日常保养项目表

部件	项目	维修	备注
接地电缆/ 其他电缆	是否松动、断开或损坏	拧紧、更换	
机器人本体	是否沾有飞溅和灰尘	去除	请勿用压缩空气清理灰尘或飞溅,否则异物可能进入护盖内部,对机器人本体造成损害,建议用干布擦拭
	UA 轴是否流出润滑油	擦拭干净	UA 本体的润滑油注入口的释放阀可能会有润滑油流出。这是为了保持内部具有一定的压力,并非异常情况
	是否松动	拧紧	
安全护栏	是否损坏	维修	
作业现场	是否整洁	清理现场	

3. 日常检查(闭合电源后)(表 7-17)

表 7-17　日常检查项目表

部件	项目	维修	备注
紧急停止开关	按下开关后,是否立即断开伺服电源	维修	开关修好前请不要使用机器人

部件	项目	维修	备注
原点对中标记	执行原点复位后,看各原点对中标记是否重合	如果不重合,应联系生产厂家	按下急停开关,断开伺服电源后,才允许接近机器人进行检查
机器人本体	自动运转、手动操作时,看各轴运转是否平滑、稳定(无异常噪声、振动)	如果原因不明,应联系生产厂家	修好前不要使用机器人
风扇	查看风扇的转动情况,以及是否沾有灰尘	清洁风扇	清洁风扇前应断开所有电源
送丝机	中心管、SUS 管上是否附着杂物或灰尘	去除	

4. 维护保养特别注意事项

维护保养特别注意事项见表 7-18 ~ 表 7-20。

表 7-18　机器人部分维护保养特别注意事项

部位	注意事项	后果
本体	本体的注油孔不允许加注普通润滑脂	各轴不能灵活转动
	不允许用压缩空气清理灰尘或飞溅	对本体造成损害
控制箱	所有电缆不允许踩踏、砸压、挤碰	电缆破损
	可以用适当压力的干燥压缩空气除尘	—
	不能与大容量用电设备接在一起	死机
示教器	不能摔碰	黑屏
	避免电缆缠绕	电缆断
	避免划擦显示面板	液晶面板损坏

表 7-19　焊机及其附件维护保养特别注意事项

部位	注意事项	后果
焊机	不能过载使用	焊机烧损
	输出电缆连接牢靠	焊接不稳、接头烧损
焊枪	导电嘴磨损后必须及时更换	送丝不稳,不能正常焊接
	送丝管必须及时清理	送丝阻力大,不能正常焊接
送丝机	压臂压力调整应与焊丝直径相符	送丝不稳,不能正常焊接
送丝导管	送丝管必须及时清理	送丝阻力大,不能正常焊接
	弯曲半径不能太小	送丝阻力大,不能正常焊接
送丝盘	注意盘轴的润滑	送丝阻力大,不能正常焊接

表 7-20　焊材和保护气体维护保养特别注意事项

部位	注意事项	后果
焊丝	选用优质焊丝	材质不合格,焊接不稳定
		丝径不均、镀层不匀、送丝不畅,不能正常焊接
		镀层强度不好,镀铜容易脱落,阻塞送丝管路,送丝阻力大,不能正常焊接
保护气	CO_2 气体必须纯净	容易产生气孔,飞溅大
	混合气配比准确、混合均匀	焊接不稳

5. 原点标记确认

打开并执行原点程序,检查各轴原点对中标记是否重合,如图 7-84 所示。若不重合,应联系专业人员。

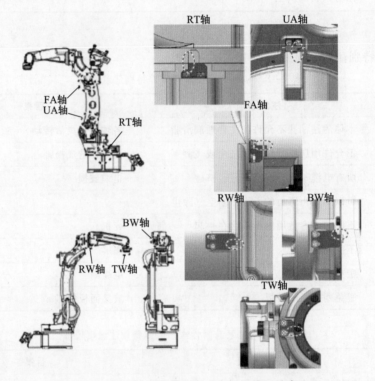

图 7-84　检查各轴原点对中标记是否重合

6. 本体内编码器电池更换

TM 型机器人本体内安装有电池,用于记忆伺服电动机编码器数据。电池的使用寿命随工作环境的不同而有所变化,建议每两年更换一次,否则电动机编码器数据可能丢失。更换电池前应备份示教数据,以防示教程序或设定参数丢失。本体内编码器电池的位置如图 7-85 所示。

说明:本体内有六节电池(型号为 ER6BWK67PT),此电池是为松下机器人特制的,更换时必须购买原厂电池,不能使用其他电池。

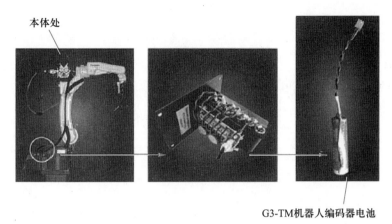

本体处

G3-TM机器人编码器电池

图 7-85　本体内编码器电池的位置

7. 各轴减速器润滑油脂的补充和更换

机器人本体的六个关节内均包含减速器,不同关节的减速器都有指定型号的油品,并且对补充或更换油品的量也有严格要求。油品只能通过正规渠道购买,切忌加注普通润滑脂。

机器人的定期检查项目见表 7-21。

表 7-21　机器人的定期检查项目

间隔						项目	检查和维修
3个月 (500 h)	1 年 (2 000 h)	2 年 (4 000 h)	3 年 (6 000 h)	4 年 (8 000 h)	5 年 (10 000 h)		
○						机器人固定螺栓	检查是否有松动,必要时拧紧
○						盖板上的螺栓	检查是否有松动,必要时拧紧
○						连接电缆及接头	检查是否有松动,必要时拧紧
	○					电动机固定螺栓	检查是否有松动,必要时拧紧
	○					转动/驱动部件	检查拧紧力矩,看是否有松动
	○					减速齿轮	检查拧紧力矩,目视检查外观
	○					机器人内部配线及接头	传导检查,检查外观并及时添加润滑油
		○				电池(本体内)	必要时更换新电池
		○				电池(控制箱内)	必要时更换新电池
			○			减速器	补充润滑油
			○			齿形带	检查张紧力,必要时进行调整

续表

间隔						项目	检查和维修
3 个月 (500 h)	1 年 (2 000 h)	2 年 (4 000 h)	3 年 (6 000 h)	4 年 (8 000 h)	5 年 (10 000 h)		
				○		本体内配线	更换新部件,涂抹润滑油
				○		电池(**TP**)	必要时更换新电池
					○	齿形带	必要时更换新部件,调节张紧力
					○	电池(控制箱内)	更换新电池
○						其他消耗品	必要时更换

▶ 7.6 机器人常见错误报警(表 7–22)

表 7–22　机器人常见错误报警

显示代码	显示信息	发生原因	处理方法
A4010	Spare 紧急停止熔接	检测到电路熔接,可能是安全板发生了破损	① 检查与报警信息中显示的端子相连的电路 ② 更换安全板
A4020	面板紧急停止熔接		
A4030	TP 紧急停止熔接		
A4040	Door Stop 熔接		
A4041	Door Stop 熔接(UDS)		
A4042	Door Stop 熔接(Line)		
A4050	Over Run 熔接		
A4060	外部紧急停止熔接		
A4070	软件紧急停止熔接		
A4080	启动 Relay 紧急停止熔接		
A4090	保护停止 1 熔接		
A4100	保护停止 2 熔接		
A4110	协调紧急停止 1 熔接		
A4120	协调紧急停止 2 熔接		
A4130	模式切换开关熔接(Line)		
A4131	模式切换开关熔接(DED、ENBL)		
A4132	模式切换开关熔接(DS、ENBL)		
A4140	解除检测到 Over Run 输入	解除 Over Run 输入时发生了矛盾	关闭电源后,再次检查 Over Run 解除开关

显示代码	显示信息	发生原因	处理方法
A4150	安全电路24V电源异常	在安全电路中检测到电压异常	关闭电源,重新检查安全板的熔断器
A4160	次序板PWR24 V电源异常	在次序电路中检测到电压异常	关闭电源后,检查电源控制板和次序板上的熔断器,并确认供电的电线是否有异常
A4900	独立放大外部轴伺服OFF输入熔接	在独立放大外部轴的伺服OFF输入中检测到熔接	检查独立放大外部轴的伺服OFF输入的接线情况
A5000	系统报警(＊＊)(＊＊指发生要因)	系统中发生异常	关闭电源后重新启动频繁发生时,联系生产厂家
A5010	Abort异常		
A5020	IOP CPU异常		
A5030	伺服CPU异常		
A5040	外1:伺服CPU异常	系统中发生异常	
A5050	外2:伺服CPU异常		
A5060	焊接控制板CPU异常		
A5300	TP通信异常	控制器、TP发生异常,遭到噪声干扰	
A5310	IOP CPU异常	控制器发生异常	
A6010	伺服通信超时		
A6011	伺服通信超时(结束ACK)		
A6020	伺服通信异常		
A6110	外1:伺服通信超时		关闭电源后重新启动。频繁发生时,联系生产厂家
A6111	外1:伺服通信超时(结束ACK)	控制器异常,遭到噪声干扰	
A6120	外1:伺服通信异常		
A6210	外2:伺服通信超时		
A6211	外2:伺服通信超时(结束ACK)		
A6220	外2:伺服通信异常		
A7000	插补数据异常	插补数据处理中检出异常	

显示代码	显示信息	发生原因	处理方法
A8000	编码器电池异常	备份编码器数据用的电池电量低	更换电池
	编码器超速异常	检测到编码器超速	关闭电源后重新启动
	编码器计数溢出	检测到编码器超出了计数器的范围	频繁发生时,联系生产厂家
	编码器电缆未连接	接通电源后,检测到发生了"编码器接线脱落,请接好线后,将编码器复位"的报警	该报警只保留在报警记录中,发生时并不显示。发生该报警时,应按照界面提示内容,对编码器进行复位。频繁发生时,应联系生产厂家
	R/D 异常	接通电源后,检测到发生了"R/D 发生异常,请检查传感器周围接线后,将编码器复位"的报警	
E4000	超程	发生了超程,硬限位发生了动作	在超程解除模式下,将超程的轴返回到可动范围内
E4010	安全支架动作	由于发生干涉等原因,引起安全支架动作	解除干涉状态
E7006	碰撞停止	发生了碰撞,或者发生了判断为碰撞的一些其他干扰	撤出干扰物后重新启动
E7101	外1:检测到碰撞	检出冲突	外1:检测到碰撞
W0000	焊接异常 1:一次侧过电流	接收到一次侧过电流错误	检查焊机
W0010	焊接异常 1:无电流检测	打开焊枪开关且经过了一定时间后,从焊机接收到测电流错误	调查没有焊接电流的原因。使用气压计时,应确认压缩气体是否压力低下
W0020	焊接异常 1:断弧	接收到断弧错误	更改焊接条件,检查送丝路径有无异常
W0030	焊接异常 1:黏丝	从焊机接收到黏丝错误	① 切断黏连的焊丝 ② 更改示教到不易发生黏丝的位置,并检查焊接电源
W0040	焊接异常 1:焊枪接触接收到焊枪接触错误	接收到焊枪接触错误	排除原因
W0050	焊接异常 1:焊丝、保护气	接收到焊丝、保护气错误	

显示代码	显示信息	发生原因	处理方法
W0900	焊机通信异常 0001	与焊机的通信发生了错误	按下订正键,关闭错误信息对话框。在运行模式下发生时,先结束运行模式,再重新置于运行模式下
	焊机通信异常 0002	在与焊机通信的过程中,焊机的电源被切断了,或者电缆发生了断线	
	焊机通信异常 0003	焊机电源被关闭;焊机电源未接通或者电缆发生了断线	切断控制器的电源,检查电缆后重新接通焊机电源
	焊机通信异常 0004	接收到的一元化特性数据校验中发现异常	重新设定焊机特性
	焊机通信异常 0005	在与电焊机通信的过程中,焊机电源被切断,或电缆发生断线	检查焊机
W0920	焊接电源被关闭	焊机电源被切断	检查焊机
W0930	焊机通信中断	在焊机未正常通信时开始了焊接	再次接通焊机电源,并进行与焊机的初始通信(先置于示教模式,再返回运行模式)
W1010	焊接异常:断弧	焊接过程中发生了断弧	① 修改焊接参数,检查送丝路径有无异常。 ② 如果电弧本身没有问题,则修改断弧检测时间
W1020	焊接异常:黏丝	通过黏丝检测功能检测到了黏丝	切断发生黏连的焊丝
W1030	焊接异常:电极和母材短路	检测到电极和母材间发生了短路	确认电极和母材间的距离,修改位置
W1040	焊接异常:电极黏连	电极发生了黏连	从黏连状态下恢复

▶ 7.7　机器人焊接工艺举例

如图 7-86 所示为机器人焊接的 T 形角焊缝,如图 7-87 所示为汽车配件 MAG 圆周焊,焊接参数分别见表 7-23 和表 7-24。

图 7-86　机器人焊接的 T 形角焊缝　　　　图 7-87　MAG 圆周焊

表 7-23　T 形角焊缝焊接参数

工件	冷轧板	板厚 $t2.3 \times t3.2$ mm	T 形角焊缝
焊接条件	电流 160 A	电压 22.5 V	焊接速度 80 cm/min
焊接方法、气体	CO_2/MAG	Ar80% + $CO_2$20%	流量 15 L/min
焊丝	金桥	ER50-6	ϕ1.0 mm

表 7-24　MAG 圆周焊焊接参数

工件	铸钢	板厚 $t8 \times t3.2$ mm	圆周焊
焊接条件	电流 260 A	电压 26.0 V	焊接速度 60 m/min
焊接方法、气体	CO_2/MAG	Ar80% + CO_2 20%	流量 15 L/min
焊丝	神钢	MG-51T(相当于 ER50-6)	ϕ1.2 mm

初始焊枪位置与焊枪角度如图 7-88 所示。

在现场实际调试时,由于工件的圆度误差、长度误差等,使被焊部位存在间隙,导致焊接时非常容易出现烧穿和未焊合等缺陷,因此,焊接前需要调整焊枪的角度。

加大向下焊的趋势,调节焊枪的角度,如图 7-89 所示,可增加熔池流淌的作用,使其覆盖面积更大,且不易烧穿,气体保护效果好,产品的合格率高。

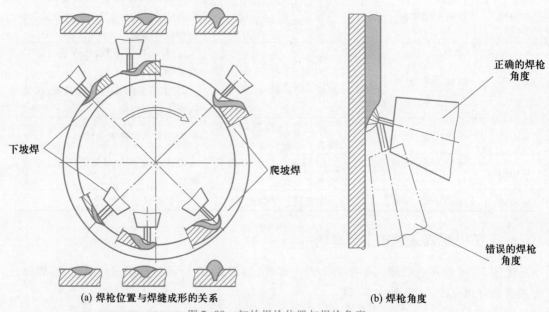

(a) 焊枪位置与焊缝成形的关系　　　　(b) 焊枪角度

图 7-88　初始焊枪位置与焊枪角度

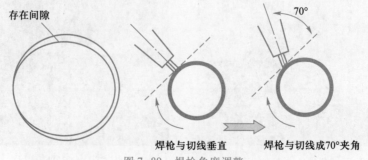

图 7-89　焊枪角度调整

任务二 低碳钢容器机器人弧焊

学习目标及重点、难点

◎ 学习目标：能根据焊件结构正确选择机器人弧焊焊接参数，掌握用机器人弧焊焊接常见结构件的操作方法及编程注意事项。

◎ 学习重点：能按照安全文明生产操作规程的要求规范操作；能正确识读焊接图样，按图样要求进行焊接材料、焊接设备及工量具的准备；能进行试件的清理、组对、定位焊；能分析可能出现的焊接结构变形，并制定合理的焊缝焊接顺序；能对结构件进行合理的编程；能分析可能出现的问题并采取相应措施；能根据焊接工艺要求确定并正确设置焊接参数；能对焊缝表面进行清理，并对焊缝外观质量进行自检。

◎ 学习难点：根据结构特点预判可能出现的焊接问题，并能采取相应措施防止相关缺陷的产生；能正确制定焊接顺序；能差异化设置焊接参数。

▶ 焊接试件图（图 7-90、图 7-91）

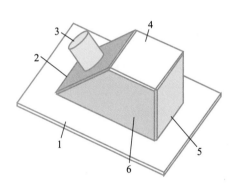

图 7-90 低碳钢容器三维视图

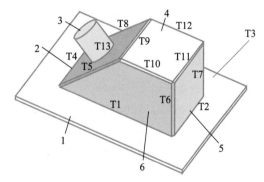

图 7-91 低碳钢容器焊缝分布及代号

低碳钢容器材料清单见表 7-25。

表 7-25 材 料 清 单

编号	名称	规格/mm	材料
1	底板	350×250×6	Q235B
2	斜板	170×100×3	Q235B
3	圆管	φ60×50×3	Q235B
4	上盖板	100×100×3	Q235B
5	立板	120×100×3	Q235B
6	侧立板	100（上边长）×120（直边长）×170（斜边长）×220（底边长）×3（厚）	Q235B

焊接要求如下：

① 焊接方法采用机器人 GMAW 弧焊，试件材料为 Q235B。

227

② 接头形式为如图 7-91 所示的角接接头,焊接位置为试件如图固定后的实际位置。

③ 组装时,装配间隙应小于 1 mm,试件的焊接要求实现整体编程,焊接过程中不允许人工介入。

④ 启动焊接后,除非出现涉及安全的问题,否则禁止暂停焊接及挪动试件方位。

⑤ 底板角焊缝(四条焊缝)、盖板角焊缝(四条焊缝),要求一次性焊接完成。

⑥ 容器焊接后须进行水压试验。

⑦ 焊接结束后,机器人必须回到原点位置。

⑧ 要求焊缝表面无缺陷,焊缝波纹均匀、宽窄一致、高低平整、与母材圆滑过渡,焊后无明显变形,具体要求参照评分标准。

工艺分析

　　组装顺序不正确不但会导致个别根部间隙过大或过小,增加编程难度及焊接参数设置难度,而且容易引起焊接缺陷。熔池受重力的作用容易下淌,在焊接立焊缝(T5~T8)及管板角焊缝(T13)时,熔池的控制较困难,焊缝成形困难,应注意焊枪角度的配合。如果焊接参数选择不当或焊丝角度不合适,则容易造成焊缝外观成形差,甚至导致焊瘤、未焊透等缺陷。焊接焊缝T1~T4时易造成咬边、焊缝截面不对称、未熔合、焊缝不饱满等缺陷。为避免上述缺陷的产生,应采用正确的组装及焊接顺序,并正确设置焊接参数。根据焊缝的不同位置调整合适的焊枪角度。

▶ 焊接操作

一、焊前准备

(1) 试件材料　Q235B,均未开坡口,具体尺寸规格见表 7-25。

(2) 焊接材料　ER50-6 焊丝,直径为 1.2 mm;保护气体为 82% Ar+18% CO_2 的混合气体。

(3) 焊接机器人　KUKA 的 KR16-2 型焊接机器人;机器人配套焊接电源为山东奥太 MAG-350RPL(空冷);定位焊用焊接电源为松下 YD350FR,直流反接。

(4) 防护用品　焊工服、手套、面罩、劳保鞋等。

(5) 辅助工量具　钢丝刷、角磨机、锤子、錾子、钢直尺、直角尺、游标卡尺、磁力定位器、斜口钳、活扳手、焊缝测量尺等。

(6) 焊前清理　组装前检查钢板平直度,必要时进行修复甚至更换。将待焊位置及其两侧至少 20mm 范围内的油污、铁锈及其他污染物清理干净,直至露出金属光泽。

二、焊前试件的组装

(1) 规划组装顺序

根据组装过程中容易操作、容易调整及容易保证试件位置尺寸的原则,制定试件组装顺序,见表 7-26。

(2) 组装

根据组装标准,借助钢直尺、直角尺、磁力定位器等,在保证焊点有效性的前提下,在允许的范围内尽可能多地增加定位焊焊点,从而提高结构刚度,尽可能减少后续焊接过程中试件变形对焊接的影响。装配间隙应小于 1 mm,避免出现明显错边(所有拐点处 20 mm 范围内禁止定位焊)。装配定位焊的焊接参数见表 7-27。

表 7-26 试件组装顺序

顺序号	组装顺序	顺序号	组装顺序
1	斜板 2+圆管 3	4	侧立板 6+立板 5
2	立板 5+底板 1	5	上盖板 4+立板 5+侧立板 6
3	侧立板 6+底板 1	6	斜板 2

表 7-27 装配定位焊的焊接参数

焊材型号	焊材直径/mm	焊接电流/A	焊接电压/V	保护气体流量/(L/min)	焊丝伸出长度/mm
ER50-6	φ1.2	90～100	19～21	12～15	12～18

三、焊接参数

该容器各焊缝的焊接参数见表 7-28。考虑到各拐角处的散热条件较差,焊接熔池温度升高速度较快,存在过烧及焊穿的风险。因此,各拐角处的焊接参数在焊接速度不变的情况下,应将焊接电流降低 10A 左右。

表 7-28 各焊缝的焊接参数

序号	焊缝	焊缝标号	电流/A	焊接速度/(m/min)	电压/V	保护气体流量/(L/min)	焊丝伸出长度/mm
1	斜板与圆管内角焊缝	T13	110	0.35	标准	12～15	12～15
2	两道立焊缝	T6、T7	100	0.40	标准	12～15	12～15
3	两道斜焊缝	T5、T8	100	0.40	标准	12～15	12～15
4	四道上盖板与立板外角焊缝	T9～T12	100	0.38	标准	12～15	12～15
5	三道底板与立板内角焊缝	T1～T3	120	0.35	标准	12～15	12～15
6	底板与立板外角焊缝	T4	125	0.30	标准	12～15	12～15

四、试件的摆放及固定

试件的摆放及固定需要注意三方面的问题:试件摆放的位置、方向及试件夹紧程度。

这是因为不同的工业机器人均有其自身的工作范围。试件摆放的位置和方向决定了机器人在各个编程示教点的位姿,示教点的位姿又决定了机器人各关节轴的负载大小,进而限制了各关节轴的运行速度,而各关节轴的运行速度最终决定了所编程序运行的快慢。

对试件进行良好的夹紧固定可以在一定程度上增加试件的刚度,减少焊接过程中焊接变形对整个试件的影响;也可避免因意外情况导致试件移动而造成示教点偏移。

五、焊接顺序分析

根据先焊短焊缝后焊长焊缝、先焊立焊缝再焊横焊缝、先焊刚度小的焊缝后焊刚度大的焊缝的基本原则,考虑整个试件在焊接过程中温度场的分布,避免出现局部热输入量过大的情况,制定了试件焊缝的焊接顺序见表 7-29。即先焊管板角焊缝,再焊立焊缝及斜焊缝,最后焊接刚度最大的 T1～T4 焊缝。

表 7-29 试件焊缝的焊接顺序

顺序号	焊缝	焊缝标号
1	斜板与圆管内角焊缝	T13
2	两道立焊缝	T6、T7
3	两道斜焊缝	T5、T8
4	四道上盖板与立板外角焊缝	T9 ~ T12
5	四道底板与立板内角焊缝	T1 ~ T4

六、焊接过程

1. 斜板与圆管角焊缝 T13 的焊接

斜板与圆管角焊缝 T13 属于全位置焊缝,焊接过程中,熔池受到电弧力、重力等作用力的影响,单一的焊枪角度不能较好地控制熔池的形状,因此,应按如图 7-92 所示调整焊枪角度,从左右两个方向由下向上施焊。

焊缝接头处理不当容易造成外观成形不良、未焊透等焊接缺陷,在焊缝接头处采用 3 ~ 5 mm 的搭接量可以有效避免缺陷的产生。

2. 两道立焊缝 T6 和 T7、两道斜焊缝 T5 和 T8 的焊接

焊接两道立焊缝 T6 和 T7、两道斜焊缝 T5 和 T8 时,焊缝方向为由上向下,焊枪角度按如图 7-93 所示随时进行调整。

在起弧点停留 0.5 s 以保证充分熔透,焊枪行走角由 45°转变为 100°左右。为防止撞枪,在距离焊接结束点 25 mm 位置处开始再次变换焊枪行走角为 45°。为防止出现焊瘤,在距离底板 2 mm 处结束焊接。

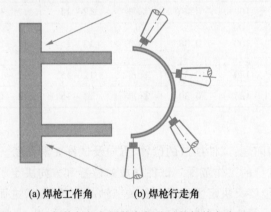

(a) 焊枪工作角　　(b) 焊枪行走角

图 7-92　焊接斜板与圆管角焊缝时的焊枪角度

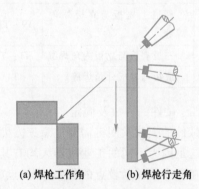

(a) 焊枪工作角　　(b) 焊枪行走角

图 7-93　焊接立焊缝及斜焊缝时的焊枪角度

3. 四道上盖板与立板外角焊缝 T9 ~ T12 的焊接

焊接四道上盖板与立板外角焊缝 T9 ~ T12 时,焊枪姿态为左焊法,即焊枪行走角为 80°~85°,工作角为 45°左右,拐角处焊枪角度按如图 7-94 所示随时进行调整。

4. 四道底板与立板外角焊缝 T1 ~ T4 的焊接

焊接四道底板与立板外角焊缝 T1 ~ T4 时,要考虑底板与立板之间的板厚差对焊缝成形的影响,焊枪应稍指向厚板侧,以增加厚板侧的热输入。即焊枪行走角为 80°~85°,工作角为 67.5°左右,焊枪角度按如图 7-95 所示随时进行调整。

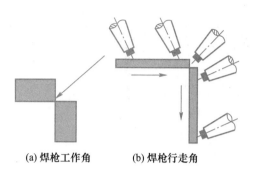

(a) 焊枪工作角　　(b) 焊枪行走角

图 7-94　焊接上盖板与立板外角
焊缝时的焊枪角度

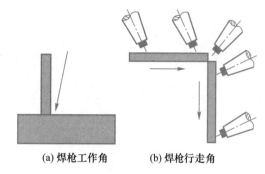

(a) 焊枪工作角　　(b) 焊枪行走角

图 7-95　焊接底板与立板外角焊缝时的
焊枪角度

师傅点拨

① 焊枪角度的准确设置是操作过程中的一个难点,必须给予足够重视。

② 组装时应保证间隙宽窄均匀,以便于后续焊枪角度的调整。

③ 拐角点的焊接应保证焊枪过渡平滑,避免大姿态调整焊枪角度而造成焊缝成形不良。

④ 焊缝接头处应有必要的搭接量,以保证焊缝成形美观,避免出现未焊透或未熔合等缺陷。

七、试件清理与质量检验

① 将焊好的试件用钢丝刷反复拉刷焊道,除去焊缝氧化层,必要时使用錾子除去试件表面的飞溅。严禁破坏焊缝原始表面,禁止用水冷却。

② 对焊缝表面质量进行目视检验,使用 5 倍放大镜观察表面是否存在缺陷,并使用焊接检验尺对焊缝进行测量,具体要求见表 7-30。

八、现场清理

焊接结束后,应确保机器人回到原点位置,关闭混合气气瓶的阀门,操作机器人示教盒打开焊接检气开关,放掉减压器及气管内的余气,关闭焊接检气开关,再关闭焊接电源及机器人电源,最后关闭现场除尘设备的电源。清扫场地,按规定摆放工具,整理焊接电缆,确认无安全隐患,并做好使用记录。

▶ 任务评价

低碳钢容器机器人弧焊评分表见表 7-30。

表 7-30　低碳钢容器机器人弧焊评分表

试件编号			评分人			合计得分			
检查项目		标准分数	焊接等级				测量数值	实际得分	
			I	II	III	IV			
T5 ~ T12	焊缝饱满度	尺寸标准	焊缝饱满	基本饱满	焊缝下凹≤1	过于饱满、焊缝下凹<1			
		得分标准	5	3	2	0			

续表

检查项目		标准分数	焊接等级				测量数值	实际得分
			Ⅰ	Ⅱ	Ⅲ	Ⅳ		
T5 ~ T12	焊缝最大宽度/mm	尺寸标准	0 ~ 6	>6,≤7	>7,≤8	>8		
		得分标准	5	3	1	0		
	焊缝宽度差/mm	尺寸标准	0 ~ 1	>1,≤2	>2,≤3	>3		
		得分标准	5	3	2	0		
	咬边/mm	尺寸标准	0	深度≤0.5且累计长度≤15	深度≤0.5且累计长度>15,≤30	深度>0.5或累计长度>30		
		得分标准	5	3	2	0		
	表面气孔或夹渣	标准	无	有				
		得分标准	5	0				
T1 ~ T4、T13	焊脚尺寸/mm	尺寸标准	>3,≤4	>2.5,≤3 或 >4,≤4.5	>2,≤2.5 或 >4.5,≤5	>5 或 <2		
		得分标准	10	8	5	0		
	焊缝凸度/mm	尺寸标准	>2.5,≤3	>3,≤4	>4,≤5	>5 或 ≤2.5		
		得分标准	5	4	3	0		
	咬边/mm	尺寸标准	0	深度≤0.5且累计长度≤15	深度≤0.5且累计长度>15,≤30	深度>0.5或累计长度>30		
		得分标准	10	8	5	0		
	表面气孔或夹渣	标准	无	有				
		得分标准	5	0				
	接头脱节/mm	尺寸标准	0 ~ 1	>1,≤2	>2,≤3	>3		
		得分标准	10	8	5	0		
水压试验0.3MPa	是否泄漏	标准	不泄漏	泄漏				
		得分标准	35	0				

注:1. 气孔的检查可使用 5 倍放大镜。

2. 焊缝未焊接完成,焊缝表面有焊接修补或试件有明显标记时,该试件不得分。

3. 焊缝表面有裂纹、未熔合、焊瘤、焊穿等缺陷之一时,外观不得分。

4. 最大压力为 0.3MPa 时,未完成全部焊缝焊接的试件,不进行水压试验,水压试验不得分。

任务三　低碳钢板机器人点焊

学习目标及重点、难点

◎ 学习目标：能根据工艺要求进行机器人点焊焊接参数设定，掌握低碳钢板机器人点焊焊接工艺和机器人点焊示教编程的操作方法；能对机器人点焊焊件外观质量进行自检，掌握机器人点焊焊点表面缺陷基本知识。

◎ 学习重点：能按照安全文明生产操作规程的要求规范工作；能正确识读点焊图样，按图样要求进行机器人点焊设备及工具的准备；能进行试件表面的清理；能根据焊接工艺要求确定点焊焊接参数；能进行编程、焊接等操作；能正确清理焊件表面，并对试件外观质量进行自检。

◎ 学习难点：低碳钢板机器人点焊焊接工艺和机器人点焊操作要领。

▶ 焊接试件图（图7-96）

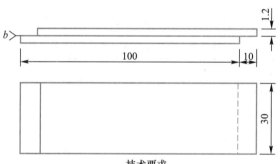

技术要求
1. 焊接方法为机器人电阻点焊。
2. 试件材料为Q235B。
3. 接头形式为板-板搭接，焊接位置为水平位置。
4. 板-板间隙b=0。
5. 要求焊点位置正确，焊点四周呈圆形；焊核直径$D_{min} \geqslant 5mm$，无一级缺陷；打点位置钣金无明显变形，焊点中心无明显下凹；焊点表面及焊点周围区域无裂纹、焊穿、针孔、飞溅及毛刺。

图7-96　板-板点焊试件图

工艺分析

板-板水平位置搭接电阻点焊，采用C形气动点焊钳。低碳钢板的焊接性好，如果焊接参数选择不当，容易出现表面飞溅、凹坑、过烧、氧化、外部裂纹、焊点尺寸不足等缺陷。若焊钳角度不当，则容易产生未焊透、夹层、飞溅等缺陷。为避免上述缺陷的产生，应采用水平位置焊接，并调整至合适的焊钳角度和焊接参数。

▶ 焊接操作

一、焊前准备

（1）试件材料　Q235B钢板两块，尺寸为100 mm×30 mm×1.2 mm，表面应光洁，无油、水、锈。

（2）焊接材料　无。

（3）焊接设备　点焊机器人、一体式点焊钳、点焊控制器、水箱。

（4）焊前清理　检查钢板平直度并修复平整,将钢板两侧的油污、铁锈及其他污染物清理干净,直至露出金属光泽。

（5）装配定位　将两块厚度为 1.2 mm 钢板水平位置搭接,使用夹具在钢板一端进行定位。焊点位置及装夹示意图如图 7-97 所示。

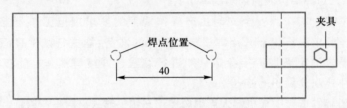

图 7-97　焊点位置及装夹示意图

（6）机器人示教前的准备（以安川机器人为例）。

二、焊接参数

低碳钢板-板搭接机器人点焊焊接工艺卡见表 7-31。

表 7-31　低碳钢板-板搭接机器人点焊焊接工艺卡

焊接工艺卡		编号：			
材料牌号	Q235B	接头简图			
材料规格/mm	100×30×1.2,两块				
接头种类	搭接				
坡口形式	—				
坡口角度	—				
钝边	—				
根部间隙/mm	0				
焊接方法	电阻焊				
焊接设备	一体式气动焊钳				
电源种类	交流	焊后热处理	种类	—	保温时间	—
电源极性	—		加热方式	—	层间温度	—
焊接位置	1G		温度范围	—	测量方法	—
焊接参数					

板材厚度/mm	电极加压力/kN	通电时间/ms	保持时间/ms	休止时间/ms	焊接电流/A	电极端径/mm
1.2×2	1.75	400	200	200	8 000	5.5

注:表中的保持时间即冷却时间,休止时间即放开时间。

三、示教编程

1. 示教点规划

为了使机器人能够进行再现,必须把机器人运动命令编成程序。控制机器人运动的命令就是移动命令,在移动命令中,记录有移动到的位置、插补方式、再现速度等数据。点焊机器人如图 7-98 所示。

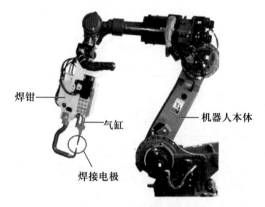

焊钳

气缸

焊接电极

机器人本体

图 7-98　点焊机器人

师傅点拨

点焊钳分类体系介绍:

① 按焊钳的结构形式分类,焊钳可以分为"C"形焊钳和"X"形焊钳。

② 按焊钳的行程分类,焊钳可以分为单行程和双行程。

③ 按加压的驱动方式分类,焊钳可以分为气动焊钳和电动伺服焊钳。

④ 按焊钳变压器的种类分类,焊钳可以分为工频焊钳和中频焊钳。

实际应用中,要根据生产实际需要进行相应焊钳类型的选择。

　　下面以安川机器人搭载 C 形气动点焊钳设备为例,针对板-板搭接点焊示教编程,焊钳的示教点及焊接位置示意图如图 7-99 所示。

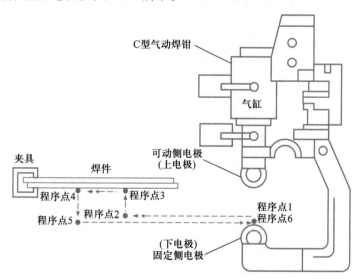

C型气动焊钳

气缸

可动侧电极
(上电极)

夹具　　焊件

程序点4　　程序点3

程序点5　程序点2　　程序点1　程序点6

(下电极)
固定侧电极

图 7-99　焊钳的示教点及焊接位置示意图

程序点 1—机器人待机位置;程序点 2—接近点(过渡点);程序点 3—第一个焊接点;
程序点 4—第二个焊接点;程序点 5—退避点(过渡点);程序点 6—回到机器人待机位置

2. 示教编程方法及说明

以安川机器人为例,示教器用于对机器人进行示教和编程,各操作键和按钮的名称如图 7-100 所示。

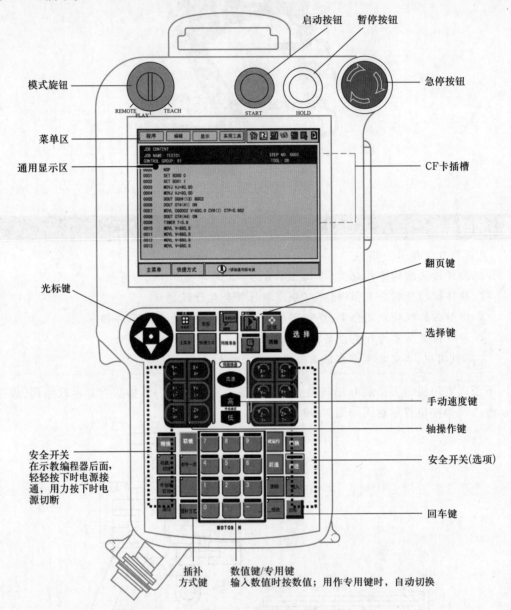

图 7-100　安川机器人示教器各操作键和按钮的名称

因为安川机器人所使用的 INFORM Ⅲ 语言主要的移动命令都以"MOV"开头,所以也把移动命令叫作"MOV 命令"。

例:关节插补(点到点移动)　　MOVJ　VJ=50.00

直线插补(沿直线移动)　　MOVL　　V=1122　PL=1

板-板搭接机器人点焊程序如图 7-101 所示。

点焊程序及内容说明见表 7-32。

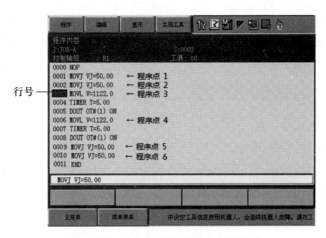

图 7-101　板-板搭接机器人点焊程序

表 7-32　点焊程序及内容说明

行	命令	参数	内容说明	
0000	NOP		开始	
0001	MOVJ	VJ = 25.00	移到待机位置	（程序点 1）
0002	MOVJ	VJ = 25.00	焊钳固定侧电极移至第一个焊点下方 20 mm 处	（程序点 2）
0003	MOVL	V = 1122　PL = 1	将焊钳固定侧电极移至第一个焊点底部	（程序点 3）
0004	TIMER	T = 5.00	插入延时命令 TIMER，机器人在此停留 5.00 s	
0005	DOUT	OT#(1)ON	机器人输出信号，控制焊钳电极压紧	
	SPOT	GUN#(1)	焊接开始，指定焊钳 1	
		MODE = 0	指定单行程焊钳	
		WTM = 1	指定焊接条件 1	
	DOUT	OT#(2)OFF	机器人输出信号，控制焊钳打开	
0006	MOVL	V = 1122　PL = 1	将焊钳固定侧电极移至第二个焊点底部	（程序点 4）
0007	TIMER	T = 5.00	插入延时命令 TIMER，机器人在此停留 5.00 s	
0008	DOUT	OT#(1)ON	机器人输出信号，控制焊钳电极再次压紧	
	SPOT	GUN#(1)	焊接开始，指定焊钳 1	
		MODE = 0	指定单行程焊钳	
		WTM = 1	指定焊接条件 1	
	DOUT	OT#(2)OFF	机器人输出信号，控制焊钳打开	
0009	MOVJ	VJ = 25.00	焊钳固定侧电极移至第一个焊点下方 20 mm 处	（程序点 5）
0010	MOVJ	VJ = 25.00	回到待机位置	（程序点 6）
0011	END		结束	

3. 示教编程步骤

（1）程序点 1（待机位置）

① 首先，把示教盒模式旋钮对准"TEACH"，设定为示教模式。将左手伸进示教盒手带，拇指在上，其余四指握住示教盒背面的安全开关，接通伺服电源，进入操作机器人状态。

② 用轴操作键把机器人移动到待机位置,应设置在安全并适合作业准备的姿态。

③ 按"插补方式"键,把插补方式定为关节插补。输入缓冲显示行中显示关节插补命令"MOVJ…"▇,如图7-102所示。

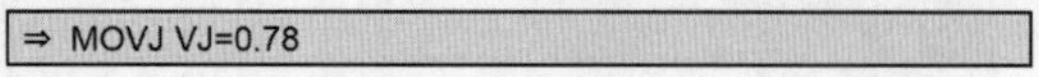

⇒ MOVJ VJ=0.78

图 7-102　关节插补命令

④ 将光标放在行号"0000"处,按"选择"键●,如图7-103所示。

```
0000    NOP
0001    END
```

图 7-103　光标放在行号"0000"处

⑤ 把光标移到右边的速度"VJ=＊.＊＊"上,按"转换"键的同时按光标键●,设定再现速度为25%,如图7-104所示。

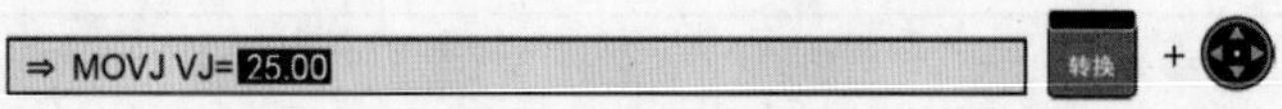

⇒ MOVJ VJ= 25.00 ▇ 转换 ＋ ●

图 7-104　设定再现速度

⑥ 按"回车"键▇,输入程序点1(行0001)的待机位置,如图7-105所示。

```
0000    NOP
0001    MOVJ VJ=25.00
0002    END
```

图 7-105　输入程序点1

注意:① 待机位置的程序点1,设在与工件、夹具等不干涉的位置。

② 示教时,要把焊钳设为打开状态。

(2) 程序点2(接近点位置)

① 用轴操作键使机器人焊钳固定侧电极移动到第一个焊点下方20 mm处(不碰触夹具的位置,使机器人处于能够进行焊接的姿态)。

② 设为关节插补MOVJ,按"回车"键,输入程序点2,如图7-106所示。

```
0000    NOP
0001    MOVJ VJ=25.00
0002    MOVJ VJ=25.00
0003    END
```
回车

图 7-106　输入程序点2

(3) 程序点3(第一个焊接点)

① 用轴操作键将焊钳移到第一个焊接点位置,输入焊接开始命令"SPOT"。

② 按手动速度"高"或"低"键,使状态显示区显示中速移动,如图7-107所示。

图 7-107　显示区显示中速移动

③ 用轴操作键把机器人移到第一个焊接点位置,如图 7-108 所示。

④ 设置直线插补 MOVL,按"回车"键,输入程序点 3,如图 7-109 所示。

图 7-108 用轴操作键移动机器人

⑤ 插入延时命令"TIMER T=5.00"。

⑥ 按"./点焊"键,输入缓冲器显示行显示"SPOT GUN#(1) MODE=0 WTM=1",如图 7-110 所示。

```
0000    NOP
0001    MOVJ VJ=25.00
0002    MOVJ VJ=25.00
0003    MOVL V=1212
0004    END
```

回车

图 7-109 输入程序点 3

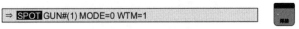

⇒ SPOT GUN#(1) MODE=0 WTM=1

焊接

图 7-110 输入缓冲器显示行

⑦ 按"回车"键,输入"SPOT"命令。确认轨迹和焊接设定如图 7-111 所示,P_1 即程序点 1,其他点位与程序点一一对应。

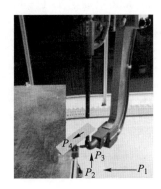

图 7-111 确认轨迹和焊接设定

(4) 程序点 4(第二个焊接点)

用轴操作键把机器人焊钳固定侧电极移至第二个焊接点底部位置。设置直线插补 MOVL,输入程序点 4(行 0004),如图 7-112 所示。焊接设定步骤与程序点 3 相同,不再赘述。

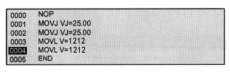

```
0000    NOP
0001    MOVJ VJ=25.00
0002    MOVJ VJ=25.00
0003    MOVL V=1212
0004    MOVL V=1212
0005    END
```

图 7-112 输入程序点 4

(5) 程序点 5(退避点位置)

① 用轴操作键使机器人焊钳固定侧电极移动到第二个焊点下方 20 mm 处,至退避点位置。

② 设置直线插补 MOVJ,按"回车"键,输入程序点 5(行 0005),如图 7-113 所示。

图 7-113　输入程序点 5

(6)程序点 6(回到待机点位置)

① 移动机器人到待机位置附近,设为关节插补 MOVJ,按"回车"键,输入程序点 6,然后,把光标移动到程序点 1(行 0001),如图 7-114 所示。

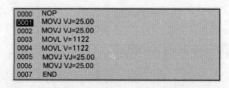

图 7-114　光标移动到程序点 1

② 按"前进"键 ,机器人移动到程序点 1。

③ 再把光标移动到程序点 6(行 0006),如图 7-115 所示。

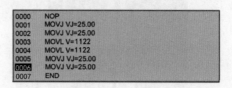

图 7-115　把光标移动到程序点 6

④ 按"修改"键 ,再按"回车"键 ,程序点 5 的位置修改为待机点的位置。

4. 检查运行

检查运行是为了确认示教的轨迹,检查运行时,因为不执行 SPOT 命令,所以能进行空运行。

① 把模式旋钮对准"PLAY",设定为再现模式,如图 7-116 所示。

图 7-116　模式选择旋钮

② 在主菜单中选择"实用工具",再选择"设定特殊运行",显示特殊运行设定界面。然后把光标移到"检查运行"的设定值上,按"选择"键,使状态成为"有效"。每按一次"选择"键,状态在"有效"和"无效"之间切换,如图 7-117 所示。

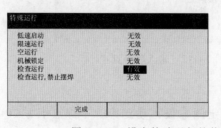

图 7-117　设定特殊运行的状态切换

③ 确认轨迹正确后,开始实施焊接,如果"检查运行"处于"无效"状态,则也会执行 SPOT 命令。

5. 设定焊接条件

(1) 设定焊钳条件

按照主菜单→"点焊"→"焊钳特性"的顺序进入"焊钳特性文件"设定菜单界面,把光标移动到需要设定选项,按"选择"键。焊钳特性设定菜单界面如图 7-118 所示。

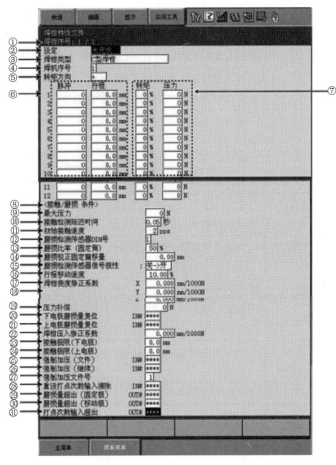

图 7-118　焊钳特性设定菜单界面

图中数字所代表的含义及参数设置方法见表 7-33。

表 7-33　焊钳特性设定菜单界面数字所代表的含义及参数设置方法

数字号含义	参数设置方法
① 焊钳号	表示要使用的焊钳号。当焊钳在 2 把以上时,用翻页键 ![icon] 选择焊钳号
② 设定	显示焊钳特性文件的设定状态。没有输入设定值的文件显示"未完",输入设定值的文件显示"完成"

数字号含义	参数设置方法
③ 焊钳类型	表示焊钳的类型。可选择"C"形钳、"X"形钳（单行程）、"X"形钳（双行程）
④ 焊机号	表示安装的焊机号
⑤ 转矩方向	指定焊钳轴电动机的压力方向。当电动机编码器数值增加方向与焊钳的加压方向相同时，选择"正"；反之，选择"负"
⑥ 脉冲–行程转换	表示焊钳轴电动机编码器脉冲值与焊钳张开度的关系。与指定焊钳张开度对应的脉冲值，可通过其数值的插补计算获得
⑦ 转矩–压力的转换	表示焊钳轴电动机的转矩与电极压力的关系。与指定压力对应的转矩值可通过这些数值的插补计算获得
⑧ 最大压力	输入焊钳的最大压力。若压力文件指定的压力超过最大压力值，加压时就会发生报警
⑨ 接触检测的延续时间	表示在 SVSPOT 命令及 SVGUNCL 命令下，从接触动作开始到接触检测开始的延续时间
⑩ 接触速度临界值	在 SVSPOT 命令及 SVGUNCL 命令下，为检测接触加压点，焊钳轴电动机需要到达的速度
⑪ 磨损检测传感器 DIN 号	表示从磨损检测用传感器输入信号的直接输入序号
⑫ 磨损比率（固定侧）	表示在磨损检测动作（TWC-C）中检测到的磨损量中，固定侧电极所占的磨损比率
⑬ 磨损补偿固定偏移量	表示与磨损补偿同时进行的固定侧电极的偏移量。打点时，要使位移始终朝一个方法进行，请进行值的置换
⑭ 磨损检测传感器信号极性	表示磨损检测传感器的信号极性。通常为 ON，当电极到达传感器时为 OFF，选择"ON→OFF"。通常为 OFF，当电极到达传感器时为 ON，选择「OFF→ON」
⑮ 焊钳闭合后电极动作比率	下侧电极（固定侧电极）（仅在选择"X"形钳（双行程）时显示）电极发生磨损后，和未发生磨损时的状态比较，焊钳闭合会更慢。表示下侧电极在此情况时的动作比率。上侧电极动作：当下侧电极动作 = 4 : 6 时，输入 60%
⑯ 传感器检测电极的动作比率	上侧电极（可动侧电极）（仅在选择"X"形钳（双行程）时显示）表示使用传感器检测上侧电极的磨损量时，上侧电极通过传感器时的动作比率。上侧电极动作：当下侧电极动作 = 7 : 3 时，输入 70%
⑰ 行程运动速度	指定执行焊接命令（SVSPOT 命令）时，向焊接开始行程（BWS 标签指定值）运动的速度
⑱ 焊钳挠度补偿系数	设定与 1 000 N 压力对应的焊钳臂挠度的补偿量
⑲ 压力补偿	向上加压时，设定与向下加压时的压力差
⑳ 固定极磨损清除的输入	通过指定通用输入，把焊接诊断画面的"固定极磨损量的当前值"归零

续表

数字号含义	参数设置方法
㉑ 移动极磨损清除的输入	通过指定通用输入,把焊接诊断画面上"移动极磨损量的当前值"归零
㉒ 焊钳压入系数	设定与 1 000 N 压力对应的焊钳轴压入量
㉓ 固定电极接触时的动作限制	设定在执行加压命令时,固定侧电极在接触检测位置上的允许范围
㉔ 活动电极接触动作的限制	设定移动侧电极在执行加压命令时、接触检测位置的允许范围
㉕ 强制加压(文件)	用指定的通用输入进行空打加压动作。按照"强制加压文件号"指定的空打压力文件的压力、在文件指定的加压位置加压。加压后断开压力
㉖ 强制加压(继续)	通过指定的通用输入进行空打加压动作。按照"强制加压文件号"指定的空打压力文件的压力进行。信号 ON 为加压,信号 OFF 为停止加压
㉗ 强制文件号	指定强制加压时使用的空打加压文件号
㉘ 打点次数清除的输入	用指定的通用输入清除打点次数
㉙ 超过固定极磨损量输出	测量磨损量后,若"固定极磨损量当前值"超过"固定极磨损允许值"时,指定的通用输出启动(ON)
㉚ 超过移动极磨损量输出	测量磨损量后,若"移动极磨损量当前值"超过"移动极磨损允许值"时,指定的通用输出启动(ON)
㉛ 超过打点次数输出	执行 SVSPOT 命令后,若"打点次数当前值"超过"打点次数允许值"时,指定的通用输出启动(ON)

(2)设定焊接参数

使用点焊控制器 TP(也称示教器)设置焊接参数,通过操作点焊控制器 TP 上的功能键,将低碳钢板-板搭接机器人点焊的焊接参数输入并保存在 WTM=1 编号内,供机器人系统编程时调用。点焊控制器如图 7-119 所示。

(a)控制箱　　(b)TP示教盒

图 7-119 点焊控制器

点焊控制器 TP 示教盒上各操作键的名称及功能见表 7-34。

表 7-34 操作键的名称及功能

操作键	功能
F1 ~ F4,F5 ~ F8	<ul><li>功能键,用于选择菜单</li><li>若选择 F5 ~ F8,则按下相应的功能键+"Shift"键</li><li>F8 键专门用于返回先前的菜单</li></ul>
0 ~ 9、".",A ~ F,ON、OFF	<ul><li>数据输入用按键</li><li>A ~ F 用"Shift"+"4 ~ 9"进行选择</li><li>ON、OFF 的选择不需要加上"Shift"。ON="1",OFF="0"</li></ul>
TM#、Home	<ul><li>显示和编辑当前连接 TM#的键</li><li>选择待监控的控制器数值键</li><li>"TM#+Shift"键等于"HOME"键,为显示初始屏的快捷键</li></ul>
Step Reset	<ul><li>当启用步增功能时,该键用于步增计数器复位</li></ul>
Reset	<ul><li>使当前发出的报警复位</li><li>使焊接计数器上当前显示的打点数复位</li><li>清除正在显示的历史数据</li></ul>
↑ ← → ↓	<ul><li>按箭头所示方向滚动屏幕</li></ul>
Help	<ul><li>显示求助功能,内含各功能键详细说明</li></ul>
Shift	<ul><li>选择 F5 ~ F8 和 A ~ F 的辅助键</li></ul>

TP 指示灯名称及显示状态见表 7-35。

表 7-35 TP 指示灯名称及显示状态

指示灯	显示状态说明
Ready	TP-NET 完成初始处理,然后通过通信接收初始数据后,控制器随时准备接收焊接数据时,灯亮
No Weld	控制器处于"Weld off"方式时,灯亮
Conti. Press.	控制器处于"Weld off..."方式且焊枪压力控制在连续加压方式时,灯亮
Set	控制器处于数据设定方式时,灯亮
SW Start	控制器的起动开关接通时,灯亮
Last Step	控制器进入最后一步时,灯亮
Step up finish	控制器进入步增结束阶段时,灯亮
Alarm	控制器检测出故障时,灯亮

四、焊接过程

① 把光标移到程序开头,机器人从程序点 1 开始移动。

② 把示教编程器上的模式旋钮设定在"PLAY"上 ,进入再现模式。

③ 按"伺服准备"键 ,接通伺服电源。

④ 按"启动"键 ,机器人把示教过的程序运行一个循环后停止。

师傅点拨

① 机器人点焊都是点到点移动,如果移动路径上无障碍,通常只需要用到插补指令 MOVJ。

② 焊接冷却水箱必须处于通电状态,焊接前须检查循环水压力和流量值是否正常。

③ 焊接机器人移动速度快、力度大,应注意运行安全。

④ 在点焊机器人通电情况下,禁止将手放到焊钳的电极头位置,以防夹伤。

五、试件及现场清理

① 工作结束关机。在就绪灯亮的前提下,按下操作台上的紧急停止按钮,机器人伺服下电;释放紧急停止按钮,依次断开控制器、配电柜中的机器人变压器、点焊控制箱和工作站控制柜对应的各电源开关。

② 工作结束切断电源后,关闭压缩空气,等待 5 min 后关闭冷却水。

③ 焊接后的工件置于空气中自然冷却,然后用软布将焊点表面擦拭干净。低碳钢板点焊如图 7-120 所示。

图 7-120 低碳钢板点焊

▶ **任务评价**

1. 目测检验

优质焊点的评价标准是焊点位置正确,焊点四周呈圆形;焊核大小符合要求,无一级缺陷;打点位置钣金无明显变形,焊点中心无明显下凹形;焊点表面及焊点周围区域无裂纹、焊穿、针孔、飞溅及毛刺。目测检验项目如图 7-121 所示。

2. 金相检验(中级了解内容,不做评分)

金相分析是金属材料试验研究的重要手段之一,它采用定量金相学原理,通过对二维金相试样

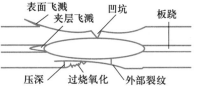

图 7-121 目测检验项目

磨面或薄膜的金相显微组织进行测量和计算,来确定合金组织的三维空间形貌,从而建立合金成分、组织和性能间的定量关系。将图像处理系统应用于金相分析,具有精度高、速度快等优点,可以大大提高工作效率。

金相法是经过取样、镶嵌、磨光、抛光、使用硝酸酒精溶液进行化学腐蚀后得到 4% 金属内部的显微组织的一种方法。通过观察其内部组织,可以清楚地观察到焊点直径(焊核直径)、焊透率及内部缺陷,如图 7-122 所示。

3. 破坏性检验

破坏性检验最常用的方法是撕开法,可检查焊点直径等项目。优质焊点的标准是:在撕开试样的一片上有圆孔,另一片上有圆凸台(纽扣状)。破坏性撕开试验如图 7-123 所示。

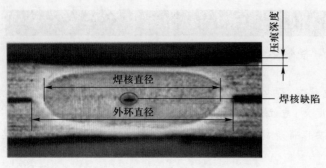

图 7-122 金相检验

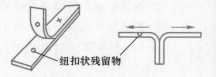

图 7-123 破坏性撕开试验

4. 点焊质量评价表

低碳钢板点焊质量评价见表 7-36。

表 7-36 低碳钢板点焊质量评价表

试件编号		评分人			合计得分	
检查项目	标准分数	焊缝等级				实际得分
		I	II	III	IV	
焊点准直度/(°)	尺寸标准	0	>0,≤1	>1,≤2	>2	
	得分标准	15	9	5	0	
焊点偏移/mm	尺寸标准	0	>0,≤0.5	>0.5,≤1	>1	
	得分标准	15	9	5	0	
焊点直径/mm	尺寸标准	5	>5,≤6	>6,≤7	>7 或 <5	
	得分标准	20	12	8	0	
焊点压痕/mm	尺寸标准	0	>0,≤0.5	>0.5,≤1	>1	
	得分标准	15	9	5	0	
飞溅及毛刺	标准	无	少量	较多	多	
	得分标准	15	9	5	0	
撕开试验	标准	焊点未发生脱落			焊点脱落	
	得分标准	20	12	8	0	

注:1. 从示教开始计时,60 min 内完成焊接,每超出 1min,从总分中扣 2.5 分。

2. 焊接未完成,表面修补及焊点有裂纹、夹渣、气孔、焊穿、未焊透缺陷的,该件按 0 分处理。

应用篇

项目八　　应用案例

> ▶ **任务一　低碳钢或低合金高强度钢板立角接或 T 形接头立角焊焊条电弧焊**

一、任务描述

在现代造船业中,焊接已成为连接船体结构和金属结构的主要方法,是海洋工程结构和船舶建造的关键工艺之一,特别是在船舶平面纵向、横向构件相交的立角焊缝,水密、非水密堵板、插板角焊缝的焊接中,立焊位置焊条电弧工艺应用广泛,如图 8-1 所示。针对立角接或 T 形接头,应在保证焊缝质量的同时,降低施工的劳动强度,按照规范中的相关标准,制定焊接管理程序。

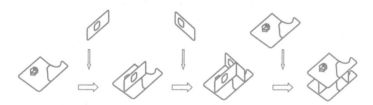

图 8-1　内部交叉组件立角接或 T 形接头的预先组焊节点图

二、任务分析

1. 任务图样(图 8-2)

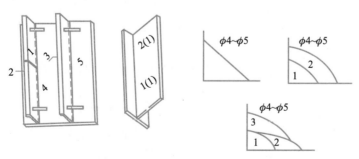

图 8-2　立角接焊件及焊道布置示意图

技术要求如下:

① 焊前清理待焊处。

249

② 试件组焊装配按技术要求执行。

③ 掌握立角接的焊道次序、焊枪角度。

④ 掌握立角焊缝的尺寸要求、焊接参数的选择。

⑤ 为保证焊接质量,应做反变形处理。

2. 岗位能力要求

该任务技能要求符合《特殊焊接技术职业技能等级标准》中的中级技能,在企业中,该岗位工人需要达到以下能力要求:

① 了解焊工职业认知并具备焊工职业素养,遵守焊工职业守则,了解相关的劳动保护和生产安全规程。

② 了解立角焊常见焊接缺陷并掌握处理方法。

③ 掌握常用钢材的焊接方法,能够正确选择焊接参数,并保证焊缝质量。

④ 掌握立角焊的基本操作要点。

3. 现场作业要求

① 掌握立角焊的焊接工艺规范。

② 了解常见焊接缺陷的产生原因。

③ 能正确检查焊缝外观质量。

④ 能够针对作业环境正确执行安全技术操作规程。

⑤ 能够按照企业有关文明生产的规定,做到工作地整洁,工件、工具摆放整齐。

三、工艺规范

在船舶平面纵向、横向构件相交的立角焊缝,水密、非水密堵板、插板角焊缝的焊接中,当立角焊缝焊脚尺寸小于 7 mm 时,可以采用单道焊;当焊脚尺寸大于 7 mm 时,如果采用单道焊,则容易在板两边产生咬边和形成焊瘤,因此必须采用多道焊。焊枪对准两板连接处的接缝线,焊枪与板之间的夹角为 60°~70°,并略做横向或月牙形摆动,如图 8-3 所示。立角焊缝的焊接顺序是先焊立角接缝,后焊平角接缝;当焊缝长度大于 2 000 mm 时,应采用分中对称焊接;分段构架的焊接,应尽量由中间向四周分散对称焊接。

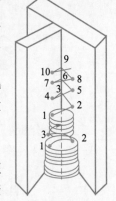

图 8-3 立角焊操作示意图

四、焊接操作规范

① 凡是参与焊接工作的焊工必须持有船级社颁发的考试合格证上岗,并只能从事其考试相应等级范围内焊缝的焊接;验船师或船东查阅焊工合格证时,均应出示证件。

② 焊接场地必须有灭火设备或防火砂箱,保证足够的照明和良好的通风。

③ 检查劳防用品,如口罩、耳塞、眼镜,安全带等是否佩戴整齐。

④ 焊机接电时应戴好绝缘手套,穿干燥的衣服,用扳手将电缆接头拧紧。

⑤ 切割坡口时应使用自动割刀,并用砂轮机将坡口面打磨光顺。

⑥ 焊前调试好焊接电流、焊接电压等焊接参数。

⑦ 露天焊接,当风速超过 2 m/s 时,必须采取防风措施,下雨、下雪时不得进行露天焊接作业。

⑧ 焊接完成后检查焊缝表面,应无漏焊、咬边、气孔、未熔合等缺陷;焊缝应均匀整齐、光顺饱满;焊缝表面应打磨到位。

⑨ 焊接结束后,应及时做好现场 6S 工作。

五、焊接过程中容易出现的问题

问题 1:立角焊缝焊脚尺寸范围是多少?

答案:立角焊缝焊脚尺寸应控制在$(1 \sim 1.5)K$(K 为图样要求的焊脚尺寸)。

问题 2:立角焊缝在施焊过程中如何防止变形?

答案:立角焊缝焊脚尺寸大于 7 mm 时,应实施分中对称焊接;焊缝长度大于 1.2 m 以上时,必须采用分段退焊法进行焊接,焊接方向必须一致。

六、任务实施

1. 焊前准备

(1) 试件准备

Q235B 或 Q355R 钢板,厚度有 8 mm(用于单层焊)和 12 mm(用于多层焊或多层多道焊)两种,每块长 300 mm,底板宽 150 mm、立板宽75 mm。焊前用角向磨光机清理坡口周围 20 mm 范围内的油污、水、锈等,打光待焊处,直至露出金属光泽后,方可进行焊接装配。同时,应加工出 3°～5°的反变形,如图 8-4 所示。

(2) 焊接材料

选择 E5015 焊条,直径为 3.2 mm 和 4.0 mm,烘干温度为 350 ℃～400 ℃,保温 2h,放入保温筒内待用。

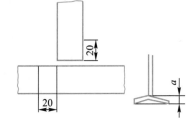

图 8-4　打磨待焊处及预留反变形示意图

(3) 设备准备

采用 ZX7-400 型焊条电弧焊机。

(4) 装配定位

立角焊焊脚尺寸决定焊接层次与焊道数。一般当焊脚尺寸在 7 mm 以下时,采用单层焊;当焊脚尺寸为 8～10 mm 时,采用多层焊;当焊脚尺寸大于 10 mm 时,采用多层多道焊。它们的装配和定位焊要求基本相同,装配时可考虑留有 1～2 mm 的间隙。立角接焊件焊脚尺寸与钢板厚度的关系见表 8-1。

表 8-1　立角接焊件焊脚尺寸与钢板厚度的关系　　　　　　　　　　　　　　　　mm

钢板厚度	2～3	3～6	6～9	9～12	12～16	16～23
最小焊脚尺寸	2	3	4	5	6	8

(5) 焊接参数

立角焊焊接参数见表 8-2。

表 8-2　立角焊焊接参数

焊接层次	运条方法	焊条型号	焊条直径/mm	焊接电流/A
打底层	直线运条法	E5015	ϕ3.2	90～100
			ϕ4.0	100～110

续表

焊接层次	运条方法	焊条型号	焊条直径/mm	焊接电流/A
填充层	直线运条法或斜圆圈形运条法	E5015	φ3.2	100～110
			φ4.0	110～120
盖面层	直线运条法或斜圆圈形运条法	E5015	φ3.2	100～110
			φ4.0	110～120

2. 焊接过程

（1）打底层焊接

立角焊缝焊脚尺寸小于 7 mm 时，可以采用单道焊。薄板立角焊焊脚尺寸小于 4 mm 时，焊枪直线运动，焊条端部对准两板连接处的接缝线。中厚板的立角焊，焊枪与垂直板之间的夹角为 60°～70°，焊条端头应偏移接缝线 1～2 mm 并略做横向摆动，如图 8-5 所示。

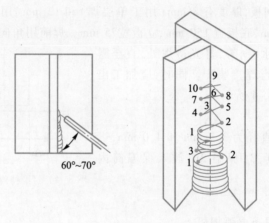

图 8-5　立角焊焊条角度与电弧对中位置

（2）填充层及盖面层焊接

焊前先将打底层焊接道上的飞溅清除干净，将局部凸起处磨平，在试件最后端引弧，采用上凸的月牙形运条法向上焊接，控制好焊接速度，防止液态金属流出，保持表面平直、均匀。当焊脚尺寸大于 7 mm 时，单焊道立角焊易产生咬边和形成焊瘤，因此必须采用多道焊。在焊接每道焊道时，焊枪角度和焊条端头的位置都要随不同情况而变。当焊脚尺寸为 5～12 mm 时，可采用两道焊；当焊脚尺寸大于 12 mm 时，可采用三焊道、四焊道或更多道焊来完成。

🖱 师傅点拨

中厚板单焊道立角焊易产生咬边和形成焊瘤，因此必须采用多道焊，在焊接每道焊道时，焊枪角度和焊条端头的位置都要随不同情况而变。为预防熔池形成上部咬边现象，操作时要采用合适的焊接参数，每一道不要堆积得太厚，要熟练掌握直线往复或斜锯齿形运条法。

3. 焊接质量检验（以产品验收标准为依据）

① 焊缝表面要求没有气孔、夹渣等缺陷，局部咬边深度不得大于 0.5 mm。

② 要求表面焊缝平整,焊波基本均匀,无焊瘤、塌陷、凹坑,焊缝几何形状符合质量要求。

③ 焊脚对称分布,焊脚尺寸大小均匀,焊缝截面形状符合要求。

④ 对焊缝进行超声检测(UT)和射线检测,按国家标准 GB/T 3323.1—2019《焊缝无损检测　射线检测》、CB/T 3177—1994《船舶钢焊缝射线照相和超声波检查规则》规定达到三级标准。

 任务二　低碳钢或低合金高强度钢板对接横焊焊条电弧焊

一、任务描述

随着造船技术的发展,船用高强度钢板在船体建造中逐步得到使用,主要用来代替部分大厚度的船用普通钢板,用于船体中高应力部位、重要受力部位的构件。使用高强度钢板的优点是可以减轻船体重量,降低建造难度,提高船体建造质量。在油轮船体(如图 8-6 所示)建造中,船体舱室内有许多横焊位置的焊缝,它具有强度高、位置狭小的特点,普通 CO_2 气体保护焊无法焊接,通常采用焊条电弧焊方法焊接,采用单面焊反面成形方法确保焊缝背面成形质量。

图 8-6　油轮产品图

二、任务分析

1. 任务图样(图 8-7)

技术要求如下:

① 单面焊双面成形。

② 钝边高度自定;间隙始端为 2.8 mm,终端为 3.2 mm。

③ 焊件坡口两端不得安装引弧板。

④ 焊件一经施焊不得任意更换和改变焊接位置。

⑤ 定位焊时允许做反变形。

2. 岗位能力要求

该任务技能要求符合《特殊焊接技术职业技能等级标准》中的中级技能,在企业中,该岗位工人需要达到以下能力要求:

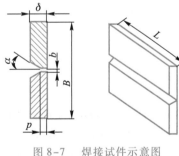

图 8-7　焊接试件示意图

① 了解焊工职业认知并具备焊工职业素养,遵守焊工职业守则,了解相关的劳动保护和生产安全规程。

② 掌握横焊单面焊双面成形的概念。

③ 掌握横焊单面焊双面成形的基本操作要点。

3. 现场作业要求

① 掌握焊接工艺规范。

② 掌握正确的焊接操作方法。

③ 能正确检查焊缝外观质量。

④ 能够针对作业环境正确执行安全技术操作规程。

⑤ 能够按照企业有关文明生产的规定,做到工作地整洁,工件、工具摆放整齐。

三、工艺规范

总段、搭载焊缝焊接顺序如图 8-8 所示。

① 先焊接纵向搭载焊缝,后焊接横向焊缝的搭载焊缝。

② 先焊接大接缝的对接焊缝,再焊内部构件的对接焊缝,后焊接内部构件的角接焊缝,以减小大接缝处的残余应力。

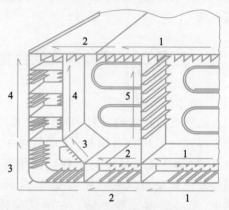

图 8-8 总段、搭载焊缝焊接顺序

四、焊接操作规范

① 凡是参与焊接工作的焊工必须持有船级社颁发的考试合格证上岗,并只能从事其考试相应等级范围内焊缝的焊接;验船师或船东查阅焊工合格证时,均应出示证件。

② 焊接场地必须有灭火设备或防火砂箱,保证足够的照明和良好的通风。

③ 检查劳防用品,如口罩、耳塞、眼镜、安全带等是否佩戴整齐。

④ 焊机接电时应戴好绝缘手套,穿干燥的衣服,用扳手将电缆接头拧紧。

⑤ 切割坡口时应使用自动割刀,并用砂轮机将坡口面打磨光顺。

⑥ 焊前调试好焊接电流、焊接电压等参数。

⑦ 露天焊接,当风速超过 2 m/s 时,必须采取防风措施,下雨、下雪时不得进行露天焊接作业。

⑧ 焊接完成后检查焊缝表面,应无漏焊、咬边、气孔、未熔合等缺陷;焊缝应均匀整齐、光顺饱满;焊缝表面应打磨到位。

⑨ 焊接结束后,及时做好现场 6S 工作。

五、焊接过程中容易出现的问题

问题 1:如何避免打底层反面焊缝下侧易出现焊瘤的问题?

答案:焊接过程中要采用短弧,运条要均匀,在坡口上侧停留时间应稍长,焊条与焊件下侧的夹角为 75°～80°,采用斜锯齿形运条法焊接。

问题 2:如何避免填充层第一层第一道下侧边缘夹角处产生夹渣缺陷?

答案:要特别注意填充焊缝下侧边缘夹角处的金属熔合情况,第一层第一道下侧夹角为 95°～100°,采用短弧、短距离、直线往复摆动法焊接。

六、任务实施

1. 焊前准备

(1)试件处理

试件材料 Q345 钢板两块,尺寸为 300 mm×125 mm×12 mm,用砂轮机打光待焊处,直至露出金属光泽。

(2)焊接材料

选择 E5015 焊条,焊前经 350 ℃～400 ℃烘干,保温 2 h,放入保温筒内待用。

（3）设备准备

采用 ZX5-250 型整流弧焊机或 ZX7-400 型逆变焊机。

（4）装配定位

试件组对形式示意图如图 8-9 所示。试件组对尺寸见表 8-3。

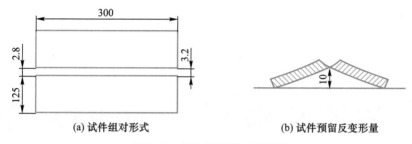

(a) 试件组对形式 (b) 试件预留反变形量

图 8-9   试件组对形式示意图

表 8-3   试件组对尺寸

坡口角度	根部间隙/mm	钝边/mm	反变形角度	错别量/mm
60°±1°	2.8 ~ 3.2	0	4° ~ 5°	≤ 0.5

（5）焊接参数

以板厚为 12 mm 的 Q345 钢为例，板对接横焊焊接参数见表 8-4。

表 8-4   板对接横焊焊接参数

焊接层次	焊条直径/mm	焊接电流/A	焊接速度/（mm/min）	层间温度/℃
1	φ3.2	100 ~ 110	90 ~ 110	60 ~ 100
2	φ3.2	120 ~ 125	150 ~ 180	60 ~ 100
3	φ4.0	175 ~ 180	150 ~ 180	60 ~ 100
4	φ4.0	170 ~ 175	150 ~ 180	60 ~ 100

2. 焊接过程

（1）打底层焊接

先在定位焊点前引弧，随后将电弧拉到定位焊点中心部位预热。当坡口钝边即将熔化时，将熔滴送至坡口根部并压一下电弧，从而使熔滴熔化部分定位焊缝，并使钝边熔化形成第一个熔池。当听到背面有电弧的击穿声时，立即灭弧，这时已形成明显的熔孔。然后按先上坡口、后下坡口的顺序往复击穿灭弧。灭弧时，焊条向后下方快速动作，要干净利落。从灭弧转入引弧时，焊条要接近熔池，待熔池温度下降且颜色由亮变暗时，迅速而准确地在原熔池上焊接片刻后再灭弧。如此反复地引弧→焊接→灭弧→准备→引弧。焊接时，要求下坡口面击穿的熔孔始终超前上坡口面熔孔 0.5 ~ 1 个熔孔直径，这样有利于减少熔池金属下坠，避免出现熔合不良的缺陷，如图 8-10 所示。

在更换焊条熄弧前，必须向熔池背面补充几滴熔滴，然后将电弧拉到熔池的侧后方灭弧。接头时，在原熔池后面 10 ~ 15 mm 处灭弧，焊至接头处时稍拉长电弧，借助电弧的吹力和热量重新击穿钝边，然后压一下电弧并稍做停顿，形成新的熔池后，再转入正常的往复击穿焊接。

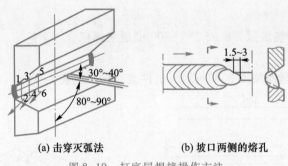

(a) 击穿灭弧法　　　　　　　(b) 坡口两侧的熔孔

图 8-10　打底层焊接操作方法

> 🔧 **师傅点拨**
>
> 　　操作要点:反面成形采用短弧焊接、锯齿形运条法,电弧与熔池的距离不宜过大,电弧的 1/3 在熔池的前端,起熔化和击穿坡口根部的作用;电弧的 2/3 覆盖熔池,保证正、背面的焊缝成形均匀。

（2）填充层焊接

　　填充层的焊接采用多层多道焊,每层焊道均采用直线形或直线往复形运条法。最后一层填充层焊道应稍低于焊件表面 0.5 ~ 1.0 mm,以利于盖面层的焊接,如图 8-11 所示。

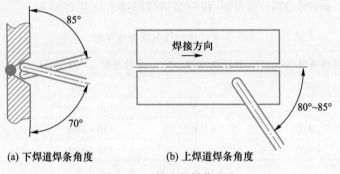

(a) 下焊道焊条角度　　　　　(b) 上焊道焊条角度

图 8-11　填充焊操作方法

（3）盖面层焊接

　　盖面层的焊接采用多道焊,焊接上、下边缘焊道时,运条速度应稍快些,焊道应尽可能地细、薄一些,这样有利于表面焊缝与母材的圆滑过渡。表面焊缝的实际宽度以压住上、下坡口边缘各 1.5 ~ 2 mm 为宜。如果焊件较厚、焊缝较宽,则盖面层焊缝也可以采用大斜圆圈形运条法,如图 8-12 所示。

3. 焊接质量检验(以产品验收标准为依据)

　　① 焊缝表面没有气孔、裂纹,局部咬边深度不大于 0.5 mm。

　　② 焊缝几何形状符合质量要求。

　　③ 抽查焊缝全长的 20% 进行 X 射线检测,按国家标

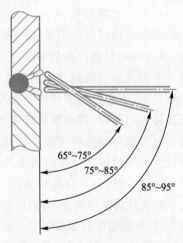

图 8-12　盖面层焊接操作方法

准 GB/T 3323.1—2019 的规定达到三级标准。

任务三　低碳钢或低合金高强度钢板对接立焊焊条电弧焊

一、任务描述

在船舶建造(如图 8-13 所示)和海洋工程的焊接过程中,焊缝可能处于空间的各种位置,各种位置的焊缝有不同的焊接特点。在分段制作和合拢缝焊接等位置,均采用对接立焊焊条电弧焊,主要根据接头形式、钢板厚度、焊接方法、施工方便性和经济性以及加工坡口的设备条件等因素来选择坡口形式。按照船舶构件厚度和坡口准备的不同,本任务板厚 δ 为: 6 mm<δ≤12 mm,常用坡口形式如图 8-14 所示。为克服中薄板拼板的施工及焊接问题,制定了焊接管理程序,来保证焊接与质量检验标准要求。

图 8-13　船舶建造产品图

二、任务分析

1. 任务图样(图 8-14)

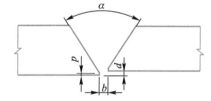

参数	符号	尺寸
坡口尺寸	α	50°±5′
钝边	p	0~1
间隙	b	5^{+4}_{-2}
错边量	d	0~2

图 8-14　对接立焊焊接试件示意图

技术要求如下:

① 焊前清理待焊处。

② 试件组焊装配按图样要求执行。

③ 掌握对接立焊的焊道次序、焊条角度。

④ 为保证焊接质量,应做反变形处理。

2. 岗位能力要求

该任务技能要求符合《特殊焊接技术职业技能等级标准》中的中级技能,在企业中,该岗位工人需要达到以下能力要求:

① 了解焊工职业认知并具备焊工职业素养,遵守焊工职业守则,了解相关的劳动保护

和生产安全规程。

② 掌握常用钢材焊接方法、焊接参数的选择原则。

③ 掌握常用金属材料对接立焊操作技能。

④ 了解常见焊接缺陷。

⑤ 掌握焊缝外观检验标准。

3. 现场作业要求

① 掌握焊接工艺规范。

② 能正确选择焊接参数、运条技术及焊层排列次序。

③ 掌握常见的缺陷的产生原因。

④ 能正确地对焊缝外观进行检查。

⑤ 能够针对作业环境正确执行安全技术操作规程。

⑥ 能够按照企业有关文明生产的规定,做到工作地整洁,工件、工具摆放整齐。

三、工艺规范

施焊时,焊枪大致垂直于工件。向上立焊时,如果要求焊脚尺寸较大,则第一层可采用三角形摆动方式运条,三角点都要停留 0.5 ~ 1s,要均匀地向上移动,以后各层采用月牙形摆动,通常使用 ϕ3.2 mm 或 ϕ4.0 mm 的焊条。焊接电流由板厚决定:对于厚板,焊接电流为 95 ~ 105 A(ϕ3.2 mm 焊条),120 ~ 130 A(ϕ4.0 mm 焊条);对于中等厚度的钢板,焊接电流为 80 ~ 90 A(ϕ3.2 mm 焊条),115 ~ 125 A(ϕ4.0 mm 焊条)。焊枪角度及运条方法如图 8-15 所示。

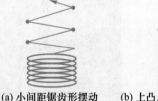

(a) 小间距锯齿形摆动　　(b) 上凸月牙形摆动(停留0.5s)

图 8-15　焊枪角度及运条方法

四、焊接操作规范

① 凡是参与焊接工作的焊工必须经过专业培训,持证上岗。

② 焊接场地必须有灭火设备或防火砂箱,保证足够的照明和良好的通风;电焊所用工具必须安全绝缘,焊机的外壳和工作台必须良好地接地。

③ 检查劳防用品,如口罩、耳塞、眼镜、安全带等是否佩戴整齐。

④ 焊接现场的氧气瓶、乙炔气瓶、焊机应放置在安全位置,三者之间及其与动火点之间的距离要符合相关规定。

⑤ 操作时应防止发生短路(如黏焊条、地线与焊把线直接接触等),防止焊机因过热而烧毁。

⑥ 切割坡口时应使用自动割刀,并用砂轮机将坡口面打磨光顺。

⑦ 掌握正确的引弧方法,正确处理焊接面罩漏光问题,避免弧光伤眼。采取防触电措施,不能赤手更换焊条。

⑧ 焊前调试好焊接电流、焊接电压、保护气体流量等参数。

⑨ 露天焊接,当风速超过 2 m/s 时,必须采取的防风措施,下雨、下雪时不得进行露天焊接作业。

⑩ 焊接完成后检查焊缝表面,应无漏焊、咬边、气孔、未熔合等缺陷;焊缝应均匀整齐、光顺饱满;焊缝表面应打磨到位。

⑪ 焊接结束后,及时做好现场 6S 工作。

五、焊接过程中容易出现的问题

问题1:对接立焊焊条电弧焊时,为什么要掌握好焊条角度?

答案:掌握好焊条角度是为了控制铁液与熔渣很好地分离,防止出现熔渣超前现象和控制一定的熔深。立焊、横焊、仰焊时,还有防止铁液下淌的作用。

问题2:对接立焊焊条电弧焊运条时应注意哪些问题?

答案:焊条运至焊缝两侧时应稍做停顿,并压低电弧。三个动作(焊条向前移动、横摆动作,稳弧动作)运行时要有规律,应根据焊接位置、接头形式、焊条直径与性能、焊接电流大小以及技术熟练程度等因素来掌握。焊条向前移动时应匀速运动,不能时快时慢。横摆动作主要是保证两侧坡口根部与每个焊疤之间相互很好地熔合,并获得合适的焊缝熔深与熔宽。稳弧动作(电弧在某处稍加停留)的作用是保证坡口根部很好地熔合,增加熔合面积。

六、任务实施

1. 焊前准备

(1)试件准备

Q235B 或 Q355R 钢板两块,尺寸均为 300 mm×120 mm×12 mm,坡口形式为 60° V 形坡口。焊前用角向磨光机对坡口周围 20 mm 范围内的油污、水、锈进行清理,打光待焊处,直至露出金属光泽后,方可进行焊接装配。装配的同时预留 3° ~ 5° 的反变形量,如图 8-16 所示。

图 8-16 预留反变形量

(2)焊接材料

选择 E5015 焊条,直径为 3.2 mm 和 4.0 mm,焊前经 350 ℃ ~400 ℃ 烘干,保温 2h,放入保温筒内待用。

(3)设备准备

采用 ZX7-400 型焊条电弧焊机。

(4)装配定位

V 形坡口对接立焊焊件的装配尺寸见表 8-5。

表 8-5 V 形坡口对接立焊焊件的装配尺寸

坡口角度	根部间隙/mm		钝边/mm	反变形角度	错边量/mm
	始焊端	终焊端			
60°±5′	2.5	3.5	0.5 ~ 1	3° ~ 5°	≤0.5

(5)焊接参数

对接立焊焊接参数见表 8-6。

表 8-6 对接立焊焊接参数

焊接层次	运条方法	焊条型号	焊条直径/mm	焊接电流/A
打底层	直线运条法	E5015	φ3.2	80 ~ 90
			φ4.0	120 ~ 130
填充层	直线运条法或斜圆		φ4.0	130 ~ 140
盖面层	圈形运条法		φ4.0	120 ~ 130

2. 焊接过程

将焊件放在水平面上,间隙小的一端放在左侧。焊道分布示意图如图 8-17 所示。

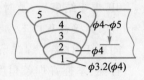

图 8-17 焊道分布示意图

(1)打底层焊接

打底层焊接时,焊条与焊件之间的角度和电弧对中位置如图 8-18 所示,自下向上焊接。采用小幅度锯齿形横向摆动,并在坡口两侧稍加停留,连续向前焊接,即采用连弧焊法打底。

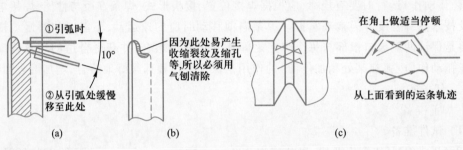

图 8-18 打底层焊接方法

(2)填充层焊接

填充层焊接时使用 $\phi4$ mm 的焊条,焊接电流为 130 ~ 140 A,可连弧焊,也可断弧焊,最好为连弧焊。施焊前,应先将前一道焊缝的熔渣、飞溅清除干净,将打底层焊缝接头上的焊瘤打磨平整,然后再进行焊接。焊接填充层时,可采用锯齿形、三角形或月牙形运条法,运条时一定要稳,焊条向下倾斜,与焊缝成 70° ~ 90°夹角。接头时更换焊条要迅速,熔池红热时就立即引弧接头。运条时要尽量压低电弧,注意焊缝两边不可产生过深的咬边,不能破坏坡口的棱边。第二层填充焊缝要平直,填充层焊完后的焊缝应比坡口边缘低 1 ~ 1.5 mm,使焊缝平整或呈凹形,便于盖面层焊接时看清坡口边缘,为盖面层的施焊打好基础。具体如图 8-19 所示。

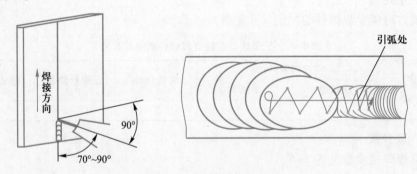

图 8-19 盖面层焊接方法

(3)盖面层焊接

盖面层焊接时使用 $\phi4$ mm 的焊条,焊接电流 120 ~ 130 A。可以采用连弧焊或断弧焊,如果采用断弧焊,则焊缝余高容易控制,不易咬边,焊缝直且美观。连弧焊时应注意两边稍慢中间稍快,短弧焊接,将焊条末端紧靠熔池快速摆动焊接。施焊前,应将前一层焊缝的熔渣和飞溅清除干净,焊条角度和运条方法与填充焊时相同。

师傅点拨

对接立焊单面焊双面成形的主要问题:立焊时,液态金属在重力作用下下淌,背面成形易出现凹凸不平现象,接头处很难光顺。焊接打底层时,若操作或运条角度不当,容易产生气孔、夹渣、焊瘤等缺陷。因此,立焊时要控制焊条角度和采用短弧焊。

3. 焊接质量检验(以产品验收标准为依据)

① 焊缝表面应无气孔、夹渣等缺陷,局部咬边深度不得大于 0.5 mm。

② 焊缝外表面应避免出现粗糙的波纹,焊缝边缘应与母材圆滑过渡。

③ 对焊缝进行射线检测和超声检测,按国家标准 GB/T 3323.1—2019《焊缝无损检测 射线检测》、CB/T 3177—1994《船舶钢焊缝射线照相和超声波检查规则》、CB/T 3558—2011《船舶钢焊缝射线检测工艺和质量分级》规定标准进行检验。

 任务四 低碳钢或低合金高强度钢管对接垂直和水平固定焊条电弧焊

一、任务描述

船舶管系制造中使用的低合金高强钢具有较高的强度,较好的塑性与韧性,工艺性能也较好,此材料在船舶、海洋平台及化学品运输船(如图 8-20 所示)中得到广泛的应用。钢管在手工电弧焊焊接过程中,必须按焊接规范和质量标准要求进行焊接,保证焊缝质量。本项目的低合金高强钢焊接钢管,执行 ASME IX(锅炉及压力容器规范),同时规定了船舶建造过程中焊接时的焊接前准备、人员、工艺要求、工艺过程和检验。来保证管对接垂直和水平固定的工艺方法,以达到焊缝质量和焊接规范实施与质量标准要求。

图 8-20 化学品运输船

二、任务分析

1. 任务图样(图 8-21)

技术要求如下:

① 焊前清理待焊处。

② 试件组焊装配按图样要求执行。

③ 掌握垂直和水平固定焊的操作方法。

④ 严格按图样要求和焊接工艺指导书施工。

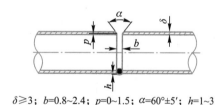

$\delta \geqslant 3$; $b=0.8\sim2.4$; $p=0\sim1.5$; $\alpha=60°\pm5'$; $h=1\sim3$

图 8-21 管对接垂直或水平固定焊试件示意图

⑤ 焊缝与母材应圆滑过渡,焊缝表面不得有裂纹、未熔合、夹渣和气孔等缺陷。

⑥ 钢管表面焊缝的外观检验,应按该船对钢管焊接表面的质量验收要求执行。

2. 岗位能力要求

该任务技能要求符合《特殊焊接技术职业技能等级标准》中的中级技能,在企业中,该岗位工人需要达到以下能力要求:

① 了解焊工职业认知并具备焊工职业素养,遵守焊工职业守则,了解相关的劳动保护和生产安全规程。

② 掌握管件组对时,使内壁平齐的方法。

③ 能正确选择常用管材的焊接方法、焊接参数。

④ 掌握管对接垂直或水平固定焊接技能操作。

⑤ 掌握定位焊焊接工艺与正式焊焊接工艺的区别。

⑥ 掌握低合金高强度钢管的常见焊接缺陷。

3. 现场作业要求

① 掌握焊接工艺规范。

② 掌握运条技术。

③ 掌握常见缺陷的产生原因。

④ 能正确地对焊缝外观进行检查。

⑤ 能针对作业环境正确执行安全技术操作规程。

⑥ 能够按照企业有关文明生产的规定,做到工作地整洁,工件、工具摆放整齐。

三、工艺规范

1. 管对接垂直固定焊接工艺

本任务中钢管的焊接工艺执行 ASME 锅炉和压力容器规范,焊工必须按 WPS、工艺文件及相关标准进行焊接,焊接方法与焊接材料要与船厂认可的 WPS 一致。管对接垂直固定焊与板材横焊操作方法基本相同,不同的是管件是圆弧形的,焊条要随圆弧转动。又因钢管须双面成形(背面不能焊接),所以应采用击穿焊法。

坡口形式与管对接水平固定焊基本相同,但钝边应稍薄些。焊条直径为 3.2 mm,焊接第一层时应注意,焊条应与焊接方向成 70°~80° 的前倾角。焊条下倾 15° 左右,电弧要透过背面 1/2,点射过渡熔滴,用半击穿法焊接。先焊坡口下缘,下弧孔在前,上弧孔在后,相距 3 mm 左右。焊到定位焊缝时,电弧不熄灭,连续加热过渡熔滴。第一层焊缝的操作如图 8-22(a) 所示。

以后各层焊缝的焊接应注意,由下向上实施多道焊,后焊道覆盖前焊道的 1/3~1/2,采用较快的直线往复运条法或斜圆圈形运条法,如图 8-22(b) 所示。焊最后一道焊缝时,焊条倾角要小,最好上倾 15° 左右,以防出现咬边现象,如图 8-22(c) 所示。

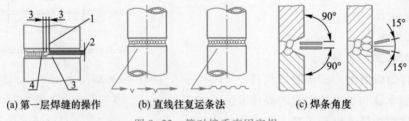

(a) 第一层焊缝的操作　　(b) 直线往复运条法　　(c) 焊条角度

图 8-22　管对接垂直固定焊

1—下弧孔在前,上弧孔在后,相距约 3 mm;2—击穿缺口 1.5~2 mm;3—前熔池;4—后熔池

2. 管对接水平固定焊接工艺

管对接水平固定焊时,运条方法及位置是不断变化的,由于焊缝是环形的,在焊接过程中需要经过仰焊、立焊、平焊几种位置,焊条角度变化很大,操作比较困难,所以应注意每个环节的操作要领,这样才能适应管状焊缝的焊接要求。由于大多数管件的直径较小,因此,

要求进行封底焊接,故正面焊缝及内部成形都要良好。所以操作时的运条方法、焊条直径和相应适用的焊接电流等都必须满足工艺要求,与板状试件的焊接有较大区别。

管对接水平固定焊有两种方法,下面进行详细讲解。

① 如图8-23所示,把钢管分成四段1-2、2-3、3-4、4-1。在立焊位置,先焊2-1、3-4两段焊缝,再将钢管转动90°,仍在立焊位置焊好4-1和3-2两段焊缝,以完成打底层焊缝的焊接。在以后焊接各层时,方法与上述底层焊相同,但应使层与层之间的焊接方向相反,并把接头错开。

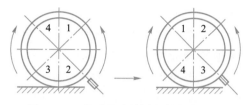

图8-23　管对接水平固定焊方法(一)

② 焊接管状焊缝时,为了区分各部分的焊接位置和运条角度,一般把焊口断面仿照时钟"6点-12点"位置,将钢管截面分成左右两半周,如图8-24(a)所示。焊口顶部的平焊部位为12点,底部的仰焊位置为6点,侧面的立焊部位为3点和9点。每个半周按仰焊、立焊和平焊三种位置依次进行连续焊接。

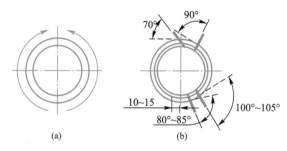

图8-24　管对接水平固定焊的"半击穿法"与焊条角度示意图

焊接水平固定管时,前一个半周对接焊,从正仰焊位置开始,起焊点应选在"6点"前10~15 mm处,即6点与7点之间,焊条角度相对水平面前倾80°~85°。起弧时应采用直击法,起弧后对起弧点稍做预热,然后立即将电弧送到坡口根部,焊接时采用击穿灭弧法,即当熔滴过渡到熔池时立即拉断电弧,待熔池逐渐凝固后,再次起弧焊接。收弧点应超过"12点"10~15 mm处,如图8-24(b)所示。

以后各层的焊接采用锯齿形运条法。弧长随焊接位置的不同而变化,变化范围为2~4 mm,焊条角度的变化与焊接第一层时相同。

四、焊接操作规范

① 凡是参与焊接工作的焊工必须经过专业培训,持证上岗。

② 焊接现场必须有灭火设备或防火砂箱,保证足够的照明和良好的通风;电焊所用的工具必须安全绝缘,焊机的外壳和工作台必须良好地接地。

③ 检查劳防用品,如口罩、耳塞、眼镜、安全带等是否佩戴整齐。

④ 焊接现场的氧气瓶、乙炔气瓶、焊机应放置在安全位置,三者之间及其与动火点之间的距离应符合相关规定。

⑤ 操作时应避免发生短路(如黏焊条、地线与焊把线直接接触),防止焊机因过热而烧毁。

⑥ 切割钢管坡口时应使用自动割刀,并用砂轮机将坡口面打磨光顺。

⑦ 掌握正确的引弧方法,正确处理焊接面罩漏光问题,避免弧光伤眼。采取防触电措

施,不能赤手更换焊条。

⑧ 焊前调试好焊接电流、焊接电压等参数。

⑨ 露天焊接,当风速超过 2 m/s 时,必须采取防风措施,下雨、下雪时不得进行露天焊接作业。

⑩ 焊接完成后检查焊缝表面,应无漏焊、咬边、气孔、未熔合等缺陷;焊缝应均匀整齐、光顺饱满;焊缝表面应打磨到位。

⑪ 焊接结束后,及时做好现场 6S 工作。

五、焊接过程中容易出现的问题

问题:钢管上边平焊接头结尾时如何保证填满?

答案:灭弧时,电弧要向后拉,使连接处形成斜坡。操作时不要断弧,应连续焊到顶端,并搭接一个熔池以上,以提高温度,在焊缝侧面熄弧,但要防止产生焊瘤,从而保证填满弧坑。

六、任务实施

(一)管对接垂直固定焊

1. 焊前准备

(1)试件准备

20 g 无缝钢管两根,尺寸均为 φ133 mm×100 mm×12 mm。焊前用角向磨光机对坡口周围 20 mm 范围内的油污、水、锈进行清理,打光待焊处,直至露出金属光泽后,方可进行焊接装配。

(2)焊接材料

选用 E5015 焊条,直径为 2.5 mm 和 3.2 mm,烘干温度为 350 ℃～400 ℃,保温 2 h,放入保温筒内待用。

(3)设备准备

采用 ZX7-400 型焊条电弧焊机。

(4)装配定位

钢管或管件组对时,内壁应平齐,内壁错边量不应超过管壁厚度的 10%,且不大于 2 mm。当焊口的局部间隙过大时,应设法修整到规定的尺寸,如图 8-21 所示。装配时可考虑留有 2～3 mm 的间隙。管对接垂直固定焊焊件的装配尺寸见表 8-7。

表 8-7　管对接垂直固定焊焊件的装配尺寸

坡口角度	根部间隙/mm		钝边/mm	错边量/mm
	始焊端	终焊端		
60°±5′	2.5	3.0	0.5～1	≤0.5

(5)焊接参数

管对接垂直固定焊的焊接参数见表 8-8。

表 8-8　管对接垂直固定焊的焊接参数

焊接层次	运条方法	焊条型号	焊条直径/mm	焊接电流/A
打底层	直线运条法	E5015	φ2.5	70～80
填充层	直线运条法或斜圆		φ3.2	90～100
盖面层	圈形运条法		φ3.2	90～100

2. 焊接过程

（1）打底层焊接

要求根部焊透，背面焊缝成形良好，具体操作见前文。

（2）填充层焊接

要求坡口两侧熔合良好，填充焊道表面平整。焊接填充层前，应先将前一层的熔渣及飞溅清理干净，然后分上、下两道焊缝进行焊接，由下向上施焊。焊条与工件成 70°～80°的角度，焊接下道填充层时，应注意观察下坡口及封底层焊缝与钢管下坡口之间夹角处的熔化情况；焊上一道焊缝时，要注意封底层与钢管上坡口之间夹角处的熔化情况。同时，上道焊缝应覆盖下道焊缝的 1/3～1/2，避免填充层焊缝表面出现凹槽或凸起。填充层焊接完后，下坡口应留出约 2 mm，上坡口应留出约 0.5 mm，不要破坏坡口两侧的边缘，为盖面层施焊打好基础。

（3）盖面层焊接

盖面层焊接分多道由下向上焊接，施焊时焊条与试件的角度如图 8-22（c）所示。

（二）管对接水平固定焊

1. 焊前准备

（1）试件准备

20 g 无缝钢管两根，尺寸为 $\phi133$ mm×100 mm×12 mm。焊前用角向磨光机对坡口周围 20 mm 范围内的油污、水、锈进行清理，打光待焊处，直至露出金属光泽后，方可进行焊接装配。

（2）焊接材料

选用 E5015 焊条，直径为 2.5 mm 和 3.2 mm，烘干温度为 350 ℃～400 ℃，保温 2 h，放入保温筒待用。

（3）设备准备

采用 ZX7-400 型焊条电弧焊机。

（4）装配定位

钢管或管件组对时内壁应平齐，内壁错边量不应超过管壁厚度的 10%，且不大于 2 mm。当焊口的局部间隙过大时，应设法修整到规定尺寸，如图 8-21 所示。装配时可考虑留有 2～3 mm 的间隙。管对接水平固定焊焊件的装配尺寸见表 8-9。

表 8-9　管对接水平固定焊焊件的装配尺寸

坡口角度	根部间隙/mm		钝边/mm	错边量/mm
	始焊端	终焊端		
60°±5′	2.5	3.0	0.5～1	≤0.5

（5）焊接参数

管对接水平固定焊的焊接参数见表 8-10。

表 8-10　管对接水平固定焊的焊接参数

焊接层次	运条方法	焊条型号	焊条直径/mm	焊接电流/A
打底层	直线运条法	E5015	$\phi2.5$	70～80
填充层	直线运条法或斜圆		$\phi3.2$	90～100
盖面层	圈形运条法		$\phi3.2$	90～100

2. 焊接过程

（1）打底层焊接

要求根部焊透，背面焊缝成形好，具体操作见前文。

（2）填充层焊接

要求坡口两侧熔合良好，填充焊道表面平整。焊接填充层前，应将打底层的熔渣、飞溅清理干净，并将焊接接头的焊瘤打磨平整。施焊时焊条角度与打底层相同，采用锯齿形运条法，仰焊位置中间运条速度要稍快，形成中间较薄的凹形焊缝，以保证盖面层的焊缝齐、直。

（3）盖面层焊接

要求保证焊缝尺寸，外形美观、熔合好、无缺陷。焊接盖面层前，应将填充层的熔渣和飞溅清理干净。施焊时的焊条角度和运条方法与填充层相同，但焊条横向摆动的幅度比填充层更宽，电弧要控制得短一些，两侧稍做停顿稳弧以避免产生咬边，从一侧摆至另一侧时要稍快一些，以防止熔池金属下淌而产生焊瘤。

🖱 师傅点拨

　　管对接水平固定焊时，用"半击穿熄弧焊法"均匀点射过渡熔滴，采用灭弧法焊接时，坡口中间的熔池部位一定要形成一个小洞，焊条角度随焊接位置不同而变化。

3. 焊接质量检验（以产品验收标准为依据）

① 焊缝应与母材圆滑过渡，焊缝表面不得有裂纹、未熔合、夹渣和气孔等缺陷。

② 焊缝余高为$(0\sim1)$ mm$+0.1\delta$ 且不大于 3 mm，焊缝宽度比坡口增宽不大于 4 mm（每侧增宽不大于 2 mm）。

③ 焊缝咬边深度不大于 0.5 mm，焊缝两侧咬边总长度不大于焊缝全长的 20% 且不大于 40 mm。

④ 钢管表面焊缝的外观检查，应按该船对钢管焊接表面质量的要求验收，船体焊缝无损探伤的数量和位置根据不同船舶的入级要求，按相应的船级社建造规范要求执行。船级社入级与建造规范分别是 CB/T 3177—1994《船舶钢焊缝射线照相和超声波检查规则》、CB/T 3558—2001《船舶钢焊缝射线检测工艺和质量分级》、CB/T 3559—2011《船舶钢焊缝超声波检测工艺和质量分级》。

▶ 任务五　低碳钢或低合金高强度钢管板垂直固定和水平连接（骑坐式）焊条电弧焊

一、任务描述

船舶管系制造中使用的低合金高强度钢具有较高的强度、较好的塑性与韧性，工艺性能也较好，低合金高强度钢管板垂直固定和水平连接（骑坐式）焊条电弧焊，在海洋平台及化学品运输船上得到了广泛的应用。化学品运输船（如图 8-25 所示）的甲板上有成排的管道，液态化学品的装卸通过这些管道和阀门来完成，为了保证管系的施工质量，制定了焊缝质量和焊接规范实施与质量标准要求。

二、任务分析

1. 任务图样（图 8-26 和图 8-27）

技术要求如下：

① 焊前清理待焊处。

② 试件组焊装配按图样要求执行。

③ 掌握管板垂直固定和水平连接（骑坐式）焊条电弧焊的操作方法。

④ 能严格按图样要求和焊接工艺指导书施工。

⑤ 焊缝与母材应圆滑过渡，焊缝表面不得有裂纹、未熔合、夹渣和气孔等缺陷。

⑥ 管板表面焊缝的外观检查，应按该船对管板焊接表面质量验收要求执行。

图 8-25　化学品运输船

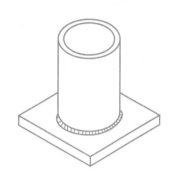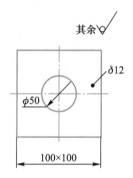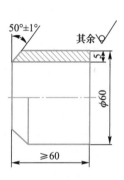

图 8-26　管板垂直固定焊接试件示意图

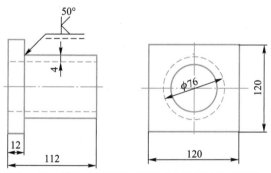

图 8-27　管板水平连接（骑坐式）焊接试件示意图

2. 能力要求

该任务技能要求符合《特殊焊接技术职业技能等级标准》中的中级技能，在企业中，该岗位工人需要达到以下能力要求：

① 了解焊工职业认知并具备焊工职业素养，遵守焊工职业守则，了解相关的劳动保护和生产安全规程。

② 掌握管板垂直固定和水平连接（骑坐式）组对时，使内壁平齐的方法。

③ 能正确选择管板垂直固定和水平连接（骑坐式）的焊接方法、焊接参数。

④ 掌握管板垂直固定和水平连接（骑坐式）焊条电弧焊的操作技能。

⑤ 掌握定位焊焊接工艺与正式焊焊接工艺的区别。

⑥ 了解管板焊接的常见缺陷。

3. 现场作业要求

① 掌握焊接工艺规范。

② 掌握运条技术。

③ 掌握常见的缺陷产生的原因。

④ 能正确地对焊缝外观进行检查。

⑤ 能针对作业环境正确执行安全技术操作规程。

⑥ 能够按照企业有关文明生产的规定，做到工作地整洁，工件、工具摆放整齐。

三、工艺规范

1. 管板垂直固定焊接工艺(俯视)

管板垂直固定焊条电弧焊采用两层两道焊法，打底层焊接时要保证根部焊透，坡口两侧熔合良好，注意焊枪角度和填丝位置；掌握焊接顺序、焊枪角度等；掌握盖面层焊接操作方法。管板表面焊缝的外观检查和宏观金相检验均按该船对管板焊接表面质量的要求验收。

2. 管板水平连接(骑坐式)焊接工艺

管板水平连接(骑坐式)焊条电弧焊采用两层两道、向左焊法。管板水平连接(骑坐式)焊接需要经过仰焊、立焊、平焊等位置，各位置的焊接方法如下：

① 仰焊时采用间断短弧直线形或直线往返式运条法。

② 立焊时采用间断短弧锯齿形跳弧法或月牙形横向摆动运条法。

③ 平焊时采用直线形运条法。

四、焊接操作规范

① 凡是参与焊接工作的焊工必须经过专业培训，持证上岗。

② 焊接现场必须有灭火设备或防火砂箱，保证足够的照明和良好的通风；电焊所用工具必须安全绝缘，焊机的外壳和工作台必须良好地接地。

③ 检查劳防用品，如口罩、耳塞、眼镜、安全带等是否佩戴整齐。

④ 焊接现场的氧气瓶、乙炔气瓶、焊机应放置在安全位置，三者之间及其与动火点之间的距离应符合相关规定。

⑤ 操作时应避免发生短路(如黏焊条、地线与焊把线直接接触)，防止焊机因过热而烧毁。

⑥ 切割管板及钢管坡口时应使用自动割刀，并用砂轮机将坡口面打磨光顺。

⑦ 掌握正确的引弧方法，正确处理焊接面罩漏光问题，避免弧光伤眼。采取防触电措施，不能赤手更换焊条。

⑧ 焊前调试好焊接电流、焊接电压等参数。

⑨ 露天焊接，当风速超过 2 m/s 时，焊接中必须采取防风措施，下雨、下雪时不得进行露天焊接作业。

⑩ 焊接完成后检查焊缝表面，应无漏焊、咬边、气孔、未熔合等缺陷；焊缝应均匀整齐、光顺饱满；焊缝表面应打磨到位。

⑪ 焊接结束后，及时做好现场 6S 工作。

五、焊接过程中容易出现的问题

问题：管板水平连接(骑坐式)焊接时应注意哪些问题？

答案：

① 施焊时管板不得转动角度，以人动焊件不动为准则。

② 定位焊时，电流应比正常焊接时稍大，以保证焊透。

③ 盖面层焊接时，电弧在坡口上下侧停留的时间应稍长，以保证最佳成形。

六、任务实施

（一）管板垂直固定焊接（俯视）

1. 焊前准备

（1）试件准备

Q355R 钢板一块，尺寸为 180 mm×180 mm×12 mm；Q355R 钢管一根，尺寸为 ϕ60 mm×100 mm×5 mm。焊前用角向磨光机对坡口周围 20 mm 范围内的油污、水、锈进行清理，打光待焊处，直至露出金属光泽后，方可进行焊接装配。

（2）焊接材料

选用 E5015 焊条，直径为 2.5 mm 和 3.2 mm，烘干温度为 350 ℃ ~ 400 ℃，保温 2 h，放入保温筒内待用。

（3）设备准备

采用 ZX7-400 型焊条电弧焊机。

（4）装配定位

管板垂直固定焊接开 50°± 5′V 形坡口，钝边为 0.5 mm，装配间隙为 2.5 ~ 3.2 mm。在坡口内圆周上平分三点作为定位焊点，定位焊缝长度约为 10 mm，装配时可考虑留有 2 ~ 3.2 mm 的间隙。管板垂直固定焊接焊件的装配尺寸见表 8-11。

表 8-11　管板垂直固定焊接焊件的装配尺寸

坡口角度	根部间隙/mm		钝边/mm	错边量/mm
	始焊端	终焊端		
50°±5′	2.5	3.2	0.5	≤0.5

（5）焊接参数

管板垂直固定焊接的焊接参数见表 8-12。

表 8-12　管板垂直固定焊接的焊接参数

焊接层次	运条方法	焊条型号	焊条直径/mm	焊接电流/A
打底层	直线形运条法	E5015	ϕ2.5	70 ~ 80
填充层	直线形运条法或斜圆圈形运条法		ϕ3.2	90 ~ 100
盖面层			ϕ3.2	90 ~ 100

2. 焊接过程

（1）打底层焊接

① 采用两层两道焊接，采用划擦法在坡口内引燃电弧，稍做稳弧预热，向坡口根部压送，待根部熔化并被击穿，形成熔孔。

② 运条方式、焊条角度和电弧的控制。熔孔形成后稍提起焊条，保持短弧，采用小幅度锯齿形摆动，连弧施焊。在坡口两侧应略做停留，电弧应稍偏向钢板，以避免烧穿钢管。焊

条角度如图 8-28 所示,焊接过程中应灵活转动手臂和手腕,保持均匀的运动。

（2）填充层焊接

填充焊前,应将打底层焊道上的熔渣及飞溅清理干净。焊接时,坡口两侧要熔合良好,焊条在管侧的摆动幅度不能过大,否则易产生咬边。控制好焊条角度,保证板侧和管侧温度均衡。填充层焊缝应平整,不能凸出过高,也不能过宽。

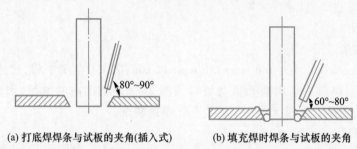

(a) 打底焊焊条与试板的夹角(插入式)　　(b) 填充焊时焊条与试板的夹角

图 8-28　管板垂直固定焊接焊条角度示意图

（3）盖面层焊接

盖面层焊两条焊道,先焊上面的焊道,后焊下面的焊道,后面焊道应覆盖前道焊缝的 1/2 ~ 2/3。盖面焊焊脚应对称且符合尺寸要求。应保证熔池两侧与钢管外圆及孔板熔合良好,避免在钢管一侧发生咬边,焊道不能出现凹槽或凸起。

（二）管板水平连接（骑坐式）焊接

1. 焊前准备

（1）试件准备

Q355R 钢板一块,尺寸为 180 mm×180 mm×12 mm,R_m = 510 ~ 640 MPa；Q355R 钢管一根,尺寸为 φ60 mm×100 mm×5 mm,R_m = 490 ~ 670 MPa。焊前用角向磨光机对坡口周围 20 mm 范围内的油污、水、锈进行清理,打光待焊处,直至露出金属光泽后,方可进行焊接装配。

（2）焊接材料

选用 E5015 焊条,直径为 2.5 mm 和 3.2 mm,烘干温度为 350 ℃ ~ 400 ℃,保温 2 h,放入保温筒内待用。

（3）设备准备

采用 ZX7-400 型焊条电弧焊机。

（4）装配定位

管板水平连接（骑坐式）焊接开 50°± 5′ V 形坡口,钝边尺寸为 0 mm,装配间隙为 2.5 ~ 3.2 mm。在坡口内圆周上平分三点作为定位焊点,定位焊缝长度约为 10 mm,装配时可考虑留有 2 ~ 3.2 mm 的间隙。管板水平连接（骑坐式）焊接焊件的装配尺寸见表 8-13。

表 8-13　管板水平连接（骑坐式）焊件的装配尺寸

坡口角度	根部间隙/mm		钝边/mm	错边量/mm
	始焊端	终焊端		
50°±5′	2.5	3.2	0	≤0.5

（5）焊接参数

管板水平连接（骑坐式）焊接的焊接参数见表 8-14。

表 8-14　管板水平连接（骑坐式）焊接的焊接参数

焊接层次	运条方法	焊条型号	焊条直径/mm	焊接电流/A
打底层	直线形运条法	E5015	φ2.5	70 ~ 80
填充层	直线形运条法或		φ3.2	90 ~ 100
盖面层	斜圆圈形运条法		φ3.2	90 ~ 100

2. 焊接过程

（1）打底层焊接（采用断弧焊）

管板水平连接（骑坐式）施焊时分两个半周，每个半周都要经过仰焊、立焊、平焊三种不同位置的焊接。在仰焊 6 点位置前 5 ~ 8 mm 处的坡口内引弧，焊条在根部与板之间做微小的横向摆动，当母材熔化金属铁液与焊条的熔滴连在一起后，进行正常焊接，焊条角度如图 8-29 所示。灭弧动作要快，不要拉长电弧，同时灭弧与接弧时间要短，灭弧的频率为 50 ~ 60 次/min。每次重新引燃电弧时，焊条中心都要对准熔池前沿焊接方向 2/3 处，每接弧一次焊缝增长 2 mm 左右。焊接时电弧在管和板上要稍做停留，并且在板侧的停留时间要长一些；焊接过程中要使熔池大小和形状保持一致，使熔池中的金属液清晰明亮；熔孔应始终深入每侧母材 0.5 ~ 1 mm。更换焊条时，当熔池冷却后，必须将收弧处打磨出斜坡形状来接头。收弧时，将焊条逐渐引向坡口斜前方，或将电弧往回拉一小段，再慢慢提高电弧，使熔池逐渐变小，填满弧坑后熄弧。

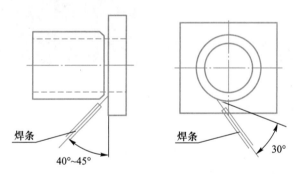

图 8-29　管板水平连接（骑坐式）焊接焊条角度示意图

（2）盖面层焊接

焊接盖面层时，可采用连弧焊或断弧焊，采用月牙形或横向锯齿形摆动，焊条摆动到坡口边缘时应稍做停留。

师傅点拨

管板焊接过程的操作要点：打底层焊接时应保证根部焊透，坡口两侧熔合良好，注意焊条角度和位置的变换；掌握焊接顺序、焊条角度等；掌握打底层焊接操作要领。

3. 焊接质量检验（以产品验收标准为依据）

① 焊缝表面不得有裂纹、未熔合、夹渣、气孔、焊瘤和未焊透等缺陷。

② 咬边深度不得大于 0.5 mm，焊缝两侧咬边总长度不得超过焊缝总长的 10%。

③ 背面焊缝的余高不大于 3 mm；背面凹坑深度不大于 2 mm，长度不超过焊缝总长的 10%。

④ 焊缝的凹度或凸度不大于 1.5 mm；管侧焊脚尺寸为 2~4 mm。

⑤ 管板表面焊缝的外观检查，应按该船对管板焊接表面质量验收要求，采用宏观（目视或者 5 倍放大镜等）方法进行，背面焊缝宽度可不测定。

⑥ 金相检验按照 ASME/船级社标准检验内容与评定，确定没有裂纹、未熔合缺陷，焊缝根部未焊透、气孔、夹渣的尺寸不得超过标准要求。

 任务六　低碳钢或低合金高强度钢管板垂直或水平固定焊条电弧焊

一、任务描述

化工厂的压力容器（如图 8-30 所示）主要由封头、筒体、人孔、钢管及管板等部件组成。其中，管板部件在压力容器制造中数量多、质量要求较高，对保证整个压力容器的质量起关键作用。

二、任务分析

1. 任务图样（图 8-31）

技术要求如下：

① 单面焊双面成形。

② 钝边高度自定；始端间隙为 3.0~3.5 mm。

③ 焊前清理待焊处。

④ 焊件一经施焊不得任意更换和改变焊接位置。

图 8-30　压力容器产品图

2. 岗位能力要求

该任务技能要求符合《特殊焊接技术职业技能等级标准》中的中级技能，在企业中，该岗位工人需要达到以下能力要求：

① 了解焊工职业认知并具备焊工职业素养，遵守焊工职业守则，了解相关的劳动保护和生产安全规程。

② 掌握管板焊条电弧焊的操作方法。

③ 掌握管板焊条电弧焊的注意事项。

3. 现场作业要求

① 掌握焊接工艺规范。

② 掌握正确的焊接方法。

③ 能正确地对焊缝外观进行检查。

④ 能针对作业环境正确执行安全技术操作规程。

⑤ 能够按照企业有关文明生产的规定，做到工作地整洁，工件、工具摆放整齐。

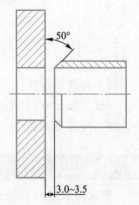

图 8-31　焊接试件示意图

三、工艺规范

① 管板焊接装配时，间隙大小应合适，以保证焊缝根部焊透；确保钢管内壁和板材上孔

同心;定位焊缝采用两点定位。

② 打底层焊接时,应根据板厚和施焊位置选择焊条直径;打底层焊接缝不宜过薄。

③ 多道焊时,焊接后一道焊缝前,必须清除前一道焊缝的焊渣和金属飞溅。

④ 对高强度、高拘束管节点采用焊条电弧焊多层焊时,应考虑在焊缝的最外面一层,施以小直径、低线能量的退火焊道,以提高抗低周疲劳强度。

四、焊接操作规范

① 凡是参与焊接工作的焊工必须持船级社颁发的考试合格证上岗,并只能从事其考试相应等级范围内焊缝的焊接。

② 当压力容器驻厂代表要求查阅焊工合格证时,均应出示证件。

③ 焊接现场必须有灭火设备或防火砂箱,保证足够的照明和良好的通风。

④ 检查劳防用品,如口罩、耳塞、眼镜、安全带等是否佩戴整齐。

⑤ 焊机接电时应戴好绝缘手套,穿干燥的衣服,用扳手将电缆接头拧紧。

⑥ 切割坡口时应使用自动割刀,并用砂轮机将坡口面打磨光顺。

⑦ 焊前调试好焊接电流、焊接电压、推力电流等参数。

⑧ 露天焊接,当风速超过 2 m/s 时,必须采取防风措施,下雨、下雪时不得进行露天焊接作业。

⑨ 焊接完成后检查焊缝表面,应无漏焊、咬边、气孔、未熔合等缺陷;焊缝应均匀整齐、光顺饱满;焊缝表面应打磨到位。

⑩ 焊接结束后,及时做好现场 6S 工作。

五、焊接过程中容易出现的问题

问题1:仰焊位置焊接时,如何防止背面焊缝出现内凹?

答案:仰焊位置焊接时,应向上顶送得深一些,横向摆动得小一些,向前运条的间距要均匀,且间距不宜过大。

问题2:立焊位置焊接时,如何防止背面焊缝出现焊瘤?

答案:立焊位置与仰焊位置相比,向坡口根部下送要浅,这样可以使背面焊缝成形凸起均匀,以免局部过高及出现焊瘤。

六、任务实施

1. 焊前准备

(1)试件准备

焊前对试件两侧及坡口周围 20 mm 范围内进行清理,打磨坡口钝边,清除油、锈、水分等杂质,直至露出金属光泽。

(2)焊接材料

选用 E5015 焊条,焊前经 350 ℃～400 ℃烘干,保温 2 h,放入保温筒内待用。

(3)设备准备

采用 ZX5-250 型整流弧焊机或 ZX7-400 型逆变焊机。

(4)装配定位

装配时,根部间隙在平位留 3.5 mm、仰位留 3.0 mm 间隙,应保证钢管内径和板材上孔径同心。定位焊采用两点定位,选择在接口的斜立位。定位焊后将焊件固定在距地面 850 mm 左右的高度待焊,试件组对尺寸要求见表 8-15。

表 8-15 试件组对尺寸要求

坡口角度	根部间隙/mm	钝边/mm	错边量/mm
50°	3.0 ~ 3.5	≤0.5	≤0.5

（5）焊接参数

焊接参数见表 8-16。

表 8-16 焊 接 参 数

焊接层次	焊条直径/mm	焊接电流/A	焊接速度/(mm/min)	层间温度/℃
1	φ2.5	70 ~ 80	70 ~ 100	—
2	φ3.2	115 ~ 130	130 ~ 150	60 ~ 100
3	φ3.2	110 ~ 120	130 ~ 150	60 ~ 100

2. 焊接过程

（1）打底层焊接

焊接时,分左右两半周进行,用时钟表示焊接位置及焊条角度,如图 8-32 所示。

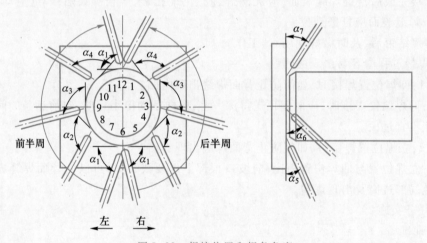

图 8-32 焊接位置和焊条角度

① 前半周的焊接(右侧)。在 7 点处引弧,长弧预热(熔滴下落 1 ~ 2 滴)后,在过管板垂直中心 5 ~ 10 mm 的位置向上顶送焊条,待坡口根部熔化形成熔孔后,稍拉出焊条,采用短弧小幅度锯齿形运条法,并沿逆时针方向焊接,直至焊道超过 12 点 5 ~ 10 mm 处熄弧。由于钢管与板孔厚度不同,所需热量也不一样,因此运条时,焊条在孔板一侧的停留时间应长些,以控制熔池温度并调整熔池形状。另外,在管板件的 6 点-4 点及 2 点-12 点处,要保持熔池液面趋于水平,不使熔池金属下淌,其运条方法如图 8-33 所示。

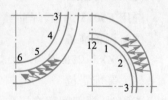

图 8-33 运条方法

焊接过程中经过定位焊缝时,要把电弧稍向里压送,以较快的焊接速度焊过定位焊缝,然后正常焊接。

②后半周的焊接(左侧)。后半周的操作要领与前半周相同。

师傅点拨

管板水平固定打底层焊接时,仰位极易出现熔渣与熔化金属混淆不清,而造成夹渣和未焊透的情况,使第一个熔池难以建立。因此,焊接时焊接电流不宜过小,且宜用点焊法焊接。

(2)填充层焊接

填充焊的焊接顺序、焊条角度、运条方法与打底层的焊接相似,但斜锯齿形运条法和锯齿形运条法的摆动幅度比打底层焊接时的稍宽。

(3)盖面层焊接

盖面层的焊接与填充焊的操作方法相似,运条过程中既要考虑焊脚尺寸与对称性,又要使焊缝波纹均匀、无表面缺陷。

3. 焊接质量检验(以产品验收标准为依据)

①焊缝表面无加工、补焊、返修现象,焊缝保持原始状态。

②焊缝表面不得有裂纹、未熔合、夹渣、气孔和焊瘤等缺陷。

③咬边允许深度不大于管壁厚的10%,长度不超过焊缝总长的20%;未焊透深度不大于管壁厚的15%,总长不超过焊缝有效长度的10%;背面凹坑深度不大于1 mm,总长不超过焊缝总长的10%。

④焊脚允许凹凸度不大于±1.5 mm,焊脚尺寸=管壁厚 $\delta\pm(3\sim6)$mm。

⑤进行通球检验,通球直径为管内径的85%。

任务七　低碳钢或低合金高强度钢板对接横焊二氧化碳气体保护焊

一、任务描述

在散货船(如图8-34所示)等的立体分段和船台大合拢阶段,为了减少横焊缝焊接工作量,以及在焊缝背面电弧气刨后进行封底焊时,广泛采用 CO_2 气体保护焊单面焊双面成形工艺,它具有生产率高、质量好等优点。

二、任务分析

1. 任务图样(图8-35)

技术要求如下:

①焊前清理待焊处。

②试件组焊装配时,p、b 值自定。

③单面焊双面成形。

④为保证焊接质量,允许做反变形处理。

图8-34　散货船产品图

2. 岗位能力要求

该任务技能要求符合《特殊焊接技术职业技能等级标准》中的中级技能,在企业中,该岗位工人需要达到以下能力要求:

① 了解焊工职业认知并具备焊工职业素养,遵守焊工职业守则,了解相关的劳动保护和生产安全规程。

② 能正确选择焊接电源及焊接材料。

③ 能正确选择焊接参数。

④ 掌握板对接横焊气体保护焊操作技能。

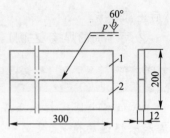

图 8-35　焊接试件示意图

3. 现场作业要求

① 掌握焊接工艺规范。

② 掌握正确的焊接操作方法。

③ 能正确地对焊缝外观进行检查。

④ 能针对作业环境正确执行安全技术操作规程。

⑤ 能够按照企业有关文明生产的规定,做到工作地整洁,工件、工具摆放整齐。

三、工艺规范

焊接船体分段焊缝时,应尽量保持其一端能自由收缩,一般应先焊接收缩量大的焊缝,后焊接收缩量小的焊缝,并且应在尽可能小的拘束下进行焊接。构件和板缝相交时,在既有对接焊缝又有角接焊缝的情况下,应先焊接对接焊缝,再焊接角接焊缝。对接焊缝的焊接顺序是先焊平对接,后焊横对接,最后焊立对接;先焊带坡口的接头,后焊不带坡口的接头。角接焊缝的焊接顺序是先焊立角接焊缝,后焊平角接焊缝。采用手工或半自动焊,当焊缝长度大于 2 000 mm 时,应采用分中对称焊接;分段构架的焊接,应尽量由中间向四周分散对称焊接。散货船结构焊接顺序图如图 8-36 所示。

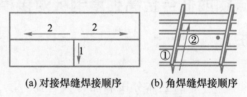

(a) 对接焊缝焊接顺序　　　　(b) 角焊缝焊接顺序

图 8-36　散货船结构焊接顺序图

四、焊接操作规范

① 凡是参与焊接工作的焊工必须持有船级社颁发的考试合格证上岗,并且只能从事其考试相应等级范围内焊缝的焊接;验船师或船东查阅焊工合格证时,均应出示证件。

② 焊接现场必须有灭火设备或防火砂箱,保证足够的照明和良好的通风。

③ 检查劳防用品,如口罩、耳塞、眼镜、安全带等是否佩戴整齐。

④ 焊机接电时应戴好绝缘手套,穿干燥的衣服,用扳手将电缆接头拧紧。

⑤ 切割坡口时应使用自动割刀,并用砂轮机将坡口面打磨光顺。

⑥ 焊前调试好焊接电流、焊接电压、保护气体流量等参数。

⑦ 露天焊接,当风速超过 2 m/s 时,必须采取防风措施,下雨、下雪时不得进行露天焊接作业。

⑧ 焊接完成后检查焊缝表面,应无漏焊、咬边、气孔、未熔合等缺陷;焊缝应均匀整齐、光顺饱满;焊缝表面应打磨到位。

⑨ 焊接结束后,及时做好现场 6S 工作。

五、焊接过程中容易出现的问题

问题 1:焊枪移动时如何避免产生未焊透及焊瘤等缺陷?

答案:焊枪移动速度要均匀平稳,保持电弧长度和焊枪角度没有太大的变化。

问题 2:盖面层焊接时,如何避免中间部分凸不出来,最后一道焊缝又低不下去的情况?

答案:盖面层焊接时应在坡口两侧留出少许,中间焊缝处移动速度应稍慢,使焊缝稍凸出,为得到凸形焊缝做好准备;上下焊道速度应稍快,焊枪倾角要小,以消除咬边。

六、任务实施

1. 焊前准备

（1）试件准备

焊前对坡口周围 20 mm 范围内进行清理,打磨坡口钝边,上侧钝边为 0.5 mm,下侧为 1 mm。

（2）焊接材料

选用 H08MnSi 焊丝,CO_2 气体的纯度高于 99.5%。

（3）设备准备

采用 NBC-350 型半自动 CO_2 气体保护焊焊机。

（4）装配定位

V 形坡口对接横焊焊件的装配尺寸见表 8-17。

表 8-17　V 形坡口对接横焊焊件的装配尺寸

坡口角度	根部间隙/mm		钝边/mm	反变形角度	错边量/mm
	始焊端	终焊端			
60°	2.5	3.5	0.5 ~ 1	5° ~ 6°	≤0.5

（5）焊接参数

V 形坡口对接横焊的焊接参数见表 8-18。

表 8-18　V 形坡口对接横焊的焊接参数

焊道层次	运条方法	焊丝直径/mm	焊丝伸出长度/mm	焊接电流/A	电弧电压/V	保护气体流量/(L/min)
打底层	小幅度斜锯齿形摆动法	$\phi 1.0$	10 ~ 15	90 ~ 100	18 ~ 26	12 ~ 15
填充层	直线形或斜圆圈形运条法			110 ~ 125	21 ~ 23	
表面层	直线形运条法			110 ~ 125	21 ~ 23	

2. 焊接过程

（1）打底层焊接

将焊件横向水平固定,间隙小的一端为始焊端,放在右侧。采用左焊法,焊枪与焊件之间的角度如图 8-37 所示。

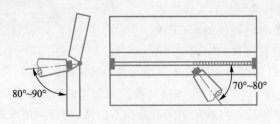

图 8-37 打底层焊接方法

焊接过程中要始终观察熔池和熔孔,焊枪做上下锯齿形摆动,注意控制熔池尺寸,焊枪尽量垂直于焊件表面,焊丝端部向前运行时要牢牢贴附在熔池前部 1/3 处,熔孔尺寸以深入坡口根部每侧 0.5 ~ 1 mm 为宜,如图 8-38 所示。

若打底层焊接过程中电弧中断,应将接头处焊道用角磨机打磨成斜坡状,如图 8-39 所示。

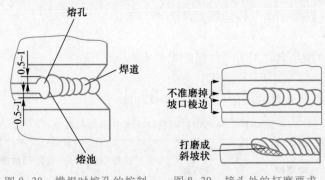

图 8-38 横焊时熔孔的控制   图 8-39 接头处的打磨要求

🔧 师傅点拨

为预防熔池金属下淌,造成上部咬口、下部卷边现象,操作时要采用合适的焊接参数;每一道不要堆积得太厚;要熟练掌握直线往复和斜锯齿形运条手法。

（2）填充层焊接

按如图 8-40 所示的焊枪角度进行填充层的焊接。

焊接第一道焊缝时,焊接电弧以打底层焊接缝下边缘为中心进行焊接,焊枪采用直线往复小摆动焊接,以增加熔深,防止产生未熔合缺陷。填充层焊缝以填至距坡口表面 1.5 ~ 2 mm 为宜。

焊接第二道焊缝时,焊接电弧以打底层焊接缝上边缘为中心进行小幅度斜圆圈形摆动,这样可以防止产生层间未熔合缺陷。

整个填充层焊缝的厚度应低于母材 1.5 ~ 2 mm,且不得熔化坡口两侧的棱边,如图 8-41 所示。

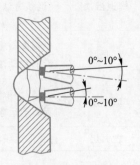

图 8-40 填充层焊接
焊枪角度

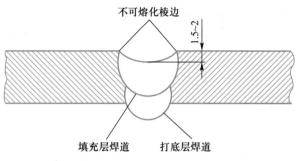

图 8-41　填充层焊缝厚度

（3）盖面层焊接

焊接盖面层前,应先清除填充层的飞溅,将凸起不平处修平。焊接电流可适当减小,以保持各焊道间的平整重叠,并使焊缝两侧平直且高度一致。盖面层焊接时的焊枪角度如图 8-42 所示。

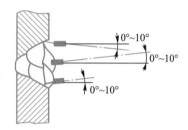

图 8-42　盖面层焊接焊枪角度

3. 焊接质量检验(以产品验收标准为依据)

① 焊缝表面没有气孔、裂纹,局部咬边深度不得大于 0.5 mm。

② 焊缝几何形状符合质量要求。

③ 抽查焊缝全长的 20% 进行 X 射线检测,按国家标准 GB/T 3323.1—2019《焊缝无损检测　射线检测》的规定达到三级标准。

 任务八　不锈钢板对接立焊二氧化碳气体保护焊

一、任务描述

液态化学品的海上运输是一项复杂且有很高要求的工艺。随着使用要求的提高,越来越多的化学品运输船开始采用不锈钢材料的液货舱(如图 8-43 所示)。由于材料表面可以天然地形成一层保护层,因此,不锈钢具有良好的耐蚀性。在不锈钢板的焊接过程中,要避免或尽量减少焊接变形,良好的装配和合理设计焊接顺序显得至关重要。

二、任务分析

1. 任务图样(图 8-44)

技术要求如下:

① 焊前清理待焊处。

② 试件组焊装配按图样要求执行。

③ 掌握对接立焊时的焊条角度。

④ 掌握多层多道立焊的焊道次序、焊枪角度。

⑤ 能正确选择对接立焊的焊接参数。

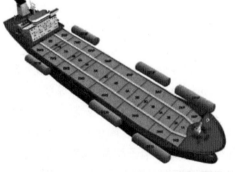

图 8-43　化学品运输船不锈钢货舱位置示意图

⑥ 为保证焊接质量,应做反变形处理。

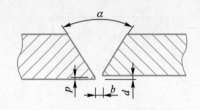

参数	符号	尺寸
坡口尺寸	α	$50°\pm5°$
钝边	p	$0\sim1$
间隙	b	5^{+4}_{-2}
错边量	d	$0\sim2$

图 8-44　对接立焊试件示意图

2. 岗位能力要求

该任务技能要求符合《特殊焊接技术职业技能等级标准》中的中级技能,在企业中,该岗位工人需要达到以下能力要求:

① 了解焊工职业认知并具备焊工职业素养,遵守焊工职业守则,了解相关的劳动保护和生产安全规程。

② 掌握常用不锈钢材料的焊接方法,能正确选择焊接参数。

③ 掌握常用不锈钢对接立焊操作技能。

④ 了解不锈钢板对接立焊时的常见焊接缺陷。

⑤ 掌握焊缝外观质量检验标准。

3. 现场作业要求

① 掌握焊接工艺规范。

② 掌握焊接参数的选择、运条技术及多层多道焊焊层的排列次序。

③ 掌握常见缺陷的产生原因。

④ 能正确地对焊缝外观进行检查。

⑤ 能针对作业环境正确执行安全技术操作规程。

⑥ 能够按照企业有关文明生产的规定,做到工作地整洁,工件、工具摆放整齐。

三、工艺规范

化学品运输船液货舱中不锈钢板的对接立焊,坡口形式为 V 形坡口,常采用熔化极气体保护焊,具有较高的生产率。装配定位焊点的间距为 150 ~ 200 mm,焊缝长度为 10 ~ 20 mm,焊缝余高不大于 3 mm。装配过程需要安装不锈钢引弧板和引出板,尺寸均为 200 mm× 100 mm×($\delta\pm2$)(其中 δ 为母材厚度)(如图 8-45 所示),焊接时引弧、熄弧长度不小于 50 mm。由于工件处于立焊位置,应在工件反面根部加放陶瓷衬垫(如图 8-46 所示),以保证单面焊双面成形质量。安装陶瓷衬垫前,要做好坡口周围的清洁工作,清理坡口背面和间隙附近的各种杂物,如等离子切割后留下的熔渣和定位焊疤等。然后撕去衬垫上的铝箔黏纸,将衬垫中心线对准坡口中心,稍用力将铝箔黏在不锈钢板上,保证贴平、贴紧,如图 8-47 所示。坡口要求和焊接顺序示意图如图 8-48 所示。

打底层焊接操作要领如下:

① 熔池的建立。因为陶瓷衬垫是非金属材料,所以不能直接在衬垫上引弧建立熔池,而是应在坡口底部两侧引弧,依靠焊丝和坡口的熔化金属流向底部中央后建立起熔池。如果在端部,则也可建立引弧板,在引弧板上引弧。

② 焊丝的位置和摆动方向。熔池建立后开始正式焊接,焊丝应在熔池的前半部分,因为有衬垫,所以不用担心焊穿。当间隙合适时,焊丝可做均匀的直线摆动;当间隙较小时,焊接速度应略快;当间隙较大时,焊丝应做小摆动,并在坡口两侧略做停留。

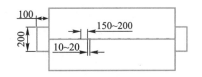

图 8-45　不锈钢引弧板和引出板的尺寸

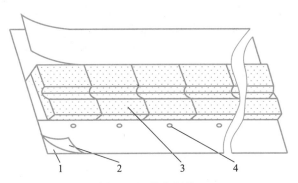

图 8-46　陶瓷衬垫

1—黏性铝箔;2—防黏纸;3—陶瓷衬垫;4—透气孔

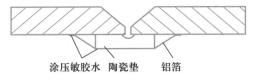

图 8-47　黏结陶瓷衬垫焊缝示意图

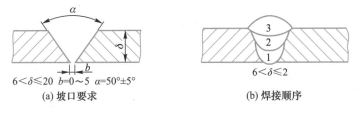

(a) 坡口要求　　　　　　　　　(b) 焊接顺序

图 8-48　坡口要求及焊接顺序示意图

四、焊接操作规范

① 凡是参与焊接工作的焊工必须持有船级社颁发的考试合格证上岗,并只能从事其考试相应等级范围内焊缝的焊接;验船师或船东查阅焊工合格证时,均应出示证件。

② 焊接现场必须有灭火设备或防火砂箱,保证足够的照明和良好的通风。

③ 检查劳防用品,如口罩、耳塞、眼镜、安全带等是否佩戴整齐。

④ 焊机接电时应戴好绝缘手套,穿干燥的衣服,用扳手将电缆接头拧紧。

⑤ 切割坡口时应使用自动割刀,并用不锈钢砂轮机将坡口面打磨光顺。

⑥ 焊前调试好焊接电流、焊接电压、保护气体流量等参数。

⑦ 露天焊接,当风速超过 2 m/s 时,必须采取防风措施,下雨、下雪时不得进行露天焊接作业。

⑧ 焊接完成后检查焊缝表面,应无漏焊、咬边、气孔、未熔合等缺陷;焊缝应均匀整齐、光顺饱满;焊缝表面应打磨到位。

⑨ 焊接结束后,及时做好现场 6S 工作。

五、焊接过程中容易出现的问题

问题1:不锈钢焊接进行打磨时的基本原则是什么?

答案:由于不锈钢较软、塑性好,砂轮片在任何时候都要保证"锐利",这一点十分重要。为了防止打磨时铁的渗入和锈蚀,只能使用不锈钢砂轮片。切勿采用同一砂轮片打磨碳钢和不锈钢,否则会造成不锈钢的铁污染和锈蚀。

问题2:焊接不锈钢板时根部熔深过大(烧穿)的主要原因是什么?

答案:造成这种缺陷的最普通的原因有:焊枪姿势不对;采用了右焊法,由于右焊法比左焊法的熔深大,为了获得较小的熔深,应采用左焊法;焊接电流太大,根部间隙太大,钝边太小,焊接速度太慢,应适当调整焊接参数。

六、任务实施

1. 焊前准备

(1)试件准备

06Cr19Ni10 不锈钢板两块,尺寸为 300 mm×120 mm×12 mm,坡口形式为60°V形坡口。焊前用不锈钢角向磨光机对坡口周围20 mm范围内的油污、水、锈进行清理,打光待焊处,直至露出金属光泽后,方可进行装配,装配的同时做出3°~5°的反变形,如图8-49所示。

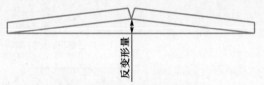

图8-49 预留反变形量

(2)焊接材料

选用 ER308L 焊丝,直径为 1.2 mm;CO_2 气体的纯度高于 99.5%。

(3)设备准备

采用无锡汉神 HC-350D 型半自动 CO_2 气体保护焊机。

(4)装配定位

不锈钢板对接立焊焊件的装配尺寸见表8-19。

表8-19 不锈钢板对接立焊焊件的装配尺寸

坡口角度	根部间隙/mm		钝边/mm	反变形角度	错边量/mm
	始焊端	终焊端			
50°±5°	2.5	3.2	0.5~1	3°~5°	≤0.5

(5)焊接参数

不锈钢板对接立焊焊接参数见表8-20。

表8-20 不锈钢板对接立焊焊接参数

焊道层次	运条方法	焊丝直径/mm	焊丝伸出长度/mm	焊接电流/A	电弧电压/V	气体流量/(L/min)
打底层	小斜锯齿形摆动法	φ1.2	10~15	120~130	18~24	15~20
填充层	直线形或斜圆圈形运条法			130~135	21~23	
表面层	直线形运条法			120~130	21~23	

2. 焊接过程

（1）打底层焊接

将焊件放在固定水平面上，间隙小的一端放在下面。背面采用合理的衬垫材料及形状尺寸强制成形，保证 CO_2 气体保护焊单面焊双面成形中，衬垫与焊缝背面的良好贴合；保证焊缝一次熔透。

调试好打底层焊接的焊接参数后，在试件下端引燃电弧，使焊枪在焊缝中心处做锯齿形横向摆动，当电弧超过定位焊缝时产生熔孔，保持熔孔边缘比坡口边缘大 0.5 ~ 1 mm 较为合适。引弧时要将焊件击穿出小孔，焊枪左右摆动，摆幅和频率要相同，否则易出现穿丝现象，而且背面焊缝成形宽度、高度、平整度都会出现偏差。焊枪指向母材根部 3 ~ 4 mm 处，焊枪角度为 70° ~ 90°，眼睛一定要盯准小孔，看其他部位孔径是否相同。不采用点焊，因为点焊易出现缩孔，焊缝质量较差。

（2）填充层焊接

调试好填充层的焊接电流后，在试件上由下向上填充焊缝，焊枪横向摆动幅度比打底层焊接时稍大。注意熔池两侧的熔合情况，电弧在坡口两侧应稍加停留，以保证焊道两侧熔合良好；填充焊道应比试件上表面低 1.5 ~ 2 mm，且不允许烧坏坡口的棱边，如图 8-50 和图 8-51 所示。

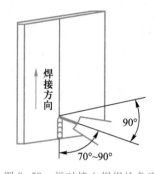

图 8-50　板对接立焊焊枪角度

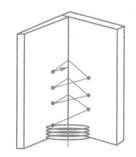

图 8-51　板对接立焊运条方法

（3）盖面层焊接

调试好盖面层焊接的焊接参数后，保持焊嘴高度，注意观察熔池边缘，熔池边缘必须超过坡口上面棱边 0.5 ~ 1.5 mm，并防止咬边。焊枪的横向摆动幅度比填充焊时稍大，尽量保持焊接速度均匀地向上焊接，以使焊缝外形美观。收弧时要特别注意，一定要填满弧坑并使弧坑尽量短，以防止产生弧坑裂纹和气孔。

> **师傅点拨**
>
> 不锈钢的定位焊间距应比普通碳钢小，因为不锈钢，尤其是奥氏体型不锈钢与普通碳钢相比具有较高的热膨胀率，定位焊间距一般为 150 ~ 200 mm。正式焊接以前，最好将定位焊缝打磨掉；如果不能打磨掉，应使定位焊缝高度大大降低。由于不锈钢熔深浅，焊接时很难重新熔化掉定位焊缝，这样很可能会产生熔合、裂纹、未熔透等焊接缺陷。如果保留定位焊缝，则焊接工艺要保证定位焊缝是完全合格的焊缝。

3. 焊接质量检验(以产品验收标准为依据)

① 焊缝表面不允许存在裂纹、气孔、缩孔、未熔合、未焊透和连续咬边等缺陷。

② 焊缝表面不得低于母材。

③ 根据化学品运输船项目设计及规范的不同要求,对全部或部分焊缝进行射线检测。如不合格应进行返修,同一部位焊缝返修不超过两次。

④ 焊缝表面及内部质量合格后,对焊缝及其两侧进行酸洗、钝化处理,处理后用清水冲洗干净。

任务九 低合金高强度钢管对接垂直固定和水平固定二氧化碳气体保护焊

一、任务描述

在船舶和海洋钻探平台(如图 8-52 所示)等的建造中,CO_2 气体保护焊由于生产率高、焊接成本低,在管对接垂直固定和水平固定焊中取得了较好的应用效果。根据项目施工过程中的具体情况,针对如何防止焊接缺陷的产生,提高管道焊接工程质量,焊接施工时对焊条、焊丝的选择、使用方法、焊接条件和施工管理等制订立了相关的焊接工艺、焊接参数的选择及焊接过程中的注意事项。在装配和焊接过程中,要避免或尽量减少焊接变形,保证良好的产品质量。

图 8-52 圆筒型超深水海洋钻探平台示意图

二、任务分析

1. 任务图样(图 8-53)

技术要求如下:

① 焊前清理待焊处。

② 试件组焊装配按图样要求执行。

③ 掌握管对接垂直固定和水平固定焊的焊条角度。

④ 掌握多层多道立焊的焊道次序、焊枪角度。

⑤ 掌握管对接垂直固定和水平固定焊焊接参数的选择。

$\delta \geqslant 3$; $b = 0.8 \sim 2.4$; $p = 0 \sim 1.5$; $\alpha = 60° \pm 5'$; $h = 1 \sim 3$

图 8-53 管对接垂直固定和水平固定焊接试件示意图

⑥ 为保证焊接质量,应做反变形处理。

2. 岗位能力要求

该任务技能要求符合《特殊焊接技术职业技能等级标准》中的中级技能,在企业中,该岗位工人需要达到以下能力要求:

① 了解焊工职业认知并具备焊工职业素养,遵守焊工职业守则,了解相关的劳动保护和生产安全规程。

② 掌握常用管对接垂直固定和水平固定焊的焊接方法,能正确选择焊接参数。

③ 掌握管对接垂直固定和水平固定焊的操作技能。

④ 了解管对接垂直固定和水平固定焊的常见焊接缺陷。

⑤ 掌握焊缝外观检验标准。

3. 现场作业要求

① 掌握焊接工艺规范。

② 掌握焊接参数的选择、运条技术及多层多道焊的焊层排列次序。

③ 掌握常见缺陷的产生原因。

④ 能正确地对焊缝外观进行检查。

⑤ 能针对作业环境正确执行安全技术操作规程。

⑥ 能够按照企业有关文明生产的规定,做到工作地整洁,工件、工具摆放整齐。

三、工艺规范

1. 管对接垂直固定焊工艺

采用 CO_2 气体保护焊(焊丝直径为 1.2 mm),短路过渡方式,要求垂直于固定位置施焊,单面焊双面成形。由于是横位焊接,熔化金属在重力作用下易下淌,焊缝成形难以控制;焊接时电压低、电流小、焊接速度快(焊接速度相当于焊条电弧焊的 2~3 倍),焊缝内部易出现未熔合、细长夹杂、气孔等缺陷。焊接时应注意焊缝外形不对称时要采用多层多道焊来调整焊缝外观形状,焊接时要掌握好焊枪的角度。

2. 管对接水平固定焊工艺

由于焊接过程中钢管固定在水平位置,不准转动,故焊接难度较大。为防止金属液下淌,必须采用比平焊时稍小的电流,焊枪的摆动频率应稍快,采用较小的锯齿形摆动方式进行焊接,使熔池小而薄。立焊盖面层焊接焊道时,要防止焊道两侧咬边,中间下淌;必须同时掌握对接平、立、仰三种位置的单面焊双面成形技术,这样才能焊出合格的试件。

四、焊接操作规范

① 凡是参与焊接工作的焊工必须持有船级社颁发的考试合格证上岗,并只能从事其考试相应等级范围内焊缝的焊接;验船师或船东查阅焊工合格证时,均应出示证件。

② 焊接现场必须有灭火设备或防火砂箱,保证足够的照明和良好的通风。

③ 检查劳防用品,如口罩、耳塞、眼镜、安全带等是否佩戴整齐。

④ 焊机接电时应戴好绝缘手套,穿干燥的衣服,用扳手将电缆接头拧紧。

⑤ 切割坡口时应使用自动割刀,并用砂轮机将坡口面打磨光顺。

⑥ 焊前调试好焊接电流、焊接电压、保护气体流量等参数。

⑦ 露天焊接,当风速超过 2 m/s 时,必须采取防风措施,下雨、下雪时不得进行露天焊接作业。

⑧ 缩短干伸长度或调整焊枪角度,清理焊嘴内附着的飞溅物,改善气体保护效果。

⑨ 焊接完成后检查焊缝表面,应无漏焊、咬边、气孔、未熔合等缺陷;焊缝应均匀整齐、光顺饱满;焊缝表面应打磨到位。

⑩ 焊接结束后,及时做好现场 6S 工作。

五、焊接过程中容易出现的问题

问题1:管对接水平固定焊时如何保持熔池金属不下淌?

答案:虽然立焊时熔池下部有焊道依托,但熔池底部是一个斜面,熔池金属在重力作用下容易下淌,难以保证焊道表面平整。为防止熔池金属下淌,必须采用比平焊时稍小的电流,焊枪的摆动频率稍快,锯齿形节距较小的方式进行焊接,使熔池小而薄。

问题2:管对接水平固定焊时如何控制余高和咬边?

答案:操作时要观察熔池状况,保证背面成形;焊接熔孔不宜过大,刚看到有小孔出现时就向前运条,焊丝在坡口内做锯齿状摆动;采用多层多道焊。

六、任务实施

(一)管对接垂直固定焊

1. 焊前准备

(1)试件准备

Q355R 钢板两块,R_m=410 ~ 550 MPa,尺寸为 ϕ133 mm×100 mm×10 mm,坡口形式为60°V 形坡口。焊前用角向磨光机对坡口周围 20 mm 范围内的油污、水、锈进行清理,打光待焊处,直至露出金属光泽后,方可进行焊接装配。

(2)焊接材料

选用药芯焊丝 SQJ501,直径为 1.2 mm;CO_2 气体的纯度高于 99.5%。

(3)设备准备

采用无锡汉神 HC-350D 型半自动 CO_2 气体保护焊机。

(4)装配定位

V 形坡口管对接垂直固定焊焊件的装配尺寸见表 8-21。

表 8-21　V 形坡口管对接垂直固定焊焊件的装配尺寸

坡口角度	根部间隙/mm		钝边高度/mm	错边量/mm
	始焊端	终焊端		
60°±5°	2.5	3.2	0.5 ~ 1	≤0.5

(5)焊接参数

管对接垂直固定焊的焊接参数见表 8-22。

表 8-22　V 形坡口管对接垂直固定焊的焊接参数

焊道层次	运条方法	焊丝直径/mm	焊丝伸出长度/mm	焊接电流/A	电弧电压/V	气体流量/(L/min)
打底层	小斜锯齿形摆动法	ϕ1.2	10 ~ 15	110 ~ 120	18 ~ 24	15 ~ 20
填充层	直线形或斜圆圈形运条法			120 ~ 130	21 ~ 23	
表面层	直线形运条法			120 ~ 130	21 ~ 23	

2. 焊接过程

(1)打底层焊接

打底层焊接时采用三层四道、向左焊法,焊枪角度如图 8-54 所示。

调整好试件架的高度,保证焊工站立时能方便地摆动和水平移动焊枪,将一个定位焊缝放在右侧的准备引弧处。

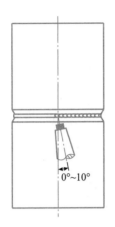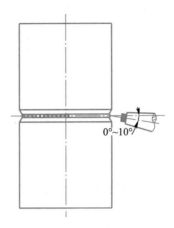

图 8-54　打底层焊接焊枪角度

调试好打底层焊接的焊接参数后,在试件右侧定位焊缝上引弧,自右向左开始小幅度的锯齿形横向摆动,等左侧形成熔孔后,转入正常焊接。打底层焊接时,主要是保证焊缝的背面成形;保证打底层焊接焊道与定位焊缝熔合好并接好头。焊道不便观察的地方应立即灭弧,不必填满弧坑,但不能移开焊枪,须利用CO_2气体保护熔池,直到完全凝固为止,然后再引弧焊接,直至打底层焊接结束。

（2）填充层焊接

调试好填充焊焊接参数后,自右向左焊完填充焊道,焊接时要适当增大横向摆动幅度,以保证坡口两侧熔合良好。焊枪角度与打底层焊接时相同。不能熔化坡口边缘的棱边,保证焊缝表面平整并低于管件表面2.5～3 mm。

（3）盖面层焊接

调试好盖面层焊接的焊接参数后,要注意焊枪摆动的幅度,保证熔池边缘超出坡口上棱边0.5～2 mm,保证余高合适,采用多层多道焊。焊枪角度如图8-55所示。

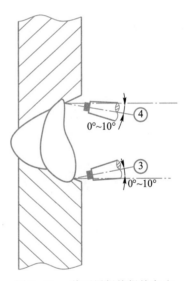

图 8-55　盖面层焊接焊枪角度

（二）管对接水平固定焊

1. 焊前准备

采用三层三道焊,从7点处开始沿逆时针方向焊接,焊枪角度如图8-56所示。

钢管水平固定,接口在垂直面内,保证焊工蹲着能很方便地从7点焊到3点处,站着能方便地焊完3点到4点的焊道,0点处于最上方。

2. 焊接过程

（1）打底层焊接

调试好打底层焊接的焊接参数后,在7点处定位焊缝上引弧,沿逆时针方向做小幅度锯齿形摆动,当定位焊右侧形成熔孔后,转入正常焊接。焊接时要控制好熔孔的尺寸,通常熔孔直径比间隙大0.5～1 mm较为合适,熔孔与间隙两边对称才能保证焊根熔合良好。焊道

287

不便操作的地方灭弧时,不必填满弧坑,但焊枪不能离开熔池,应利用余气保护熔池,直到完全凝固为止。同样再在 7 点处开始,沿顺时针方向焊至 0 点处。

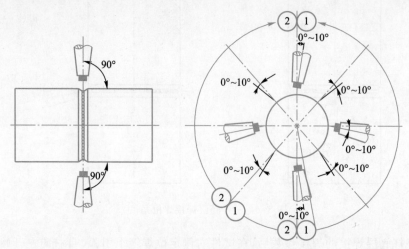

图 8-56　焊枪角度

（2）填充层焊接

调试好填充焊焊接参数后,按打底层焊接步骤焊完填充焊道。焊接过程中,要求焊枪摆动的幅度稍大,在坡口两侧适当停留,以保证熔合良好,但不能熔化钢管外表面坡口的棱边。

（3）盖面层焊接

调试好盖面层焊接的焊接参数后,注意焊枪摆动的幅度应比填充焊时大,保证熔池边缘超出坡口上棱 0.5 ~ 2.5 mm,保证余高合适。

 师傅点拨

　　管对接水平固定焊属于钢管的全位置焊接,焊接时应利用短路过渡获得小熔池,焊接过程中应根据填充焊缝的高度调整焊接速度,尽可能地保持摆动幅度均匀,使焊道平直均匀、两侧不产生咬边。

3. 焊接质量检验(以产品验收标准为依据)

① 焊缝表面不允许存在裂纹、气孔、缩孔、未熔合、未焊透和连续咬边等缺陷。

② 焊缝表面不得低于母材。

③ 根据船舶及海洋工程项目设计及规范的不同要求,对全部或部分焊缝进行射线检测。如不合格应进行返修,同一部位焊缝返修不超过两次。

④ 焊缝表面及内部质量按验船师的要求,做无损探伤检测、水密性试验或其他检测。

▶ **任务十　低碳钢或低合金钢管板垂直或水平固定二氧化碳气体保护焊**

一、任务描述

FPSO(如图 8-57 所示)是我国第一艘完全自主设计并建造的 30 万吨级海上浮式生产

储油卸油装置,也是迄今为止我国完成的最大的海洋工程建造项目。该船总长 323 m,型宽 63 m,型深 33 m,储油能力达 200 万桶,原油日处理量可达 19 万桶,年处理量为 1 000 万 m³,是当今世界上最大吨位、最大储油量的新型海上浮式生产储油卸油装置,该船有大量的管节点位置需要焊接。

图 8-57　FPSO 产品图

二、任务分析

1. 任务图样(图 8-58)

技术要求如下:

① 单面焊双面成形。

② 钝边高度自定,根部间隙为 3.0 ~ 3.5 mm。

③ 焊前清理待焊处。

④ 焊件一经施焊不得任意更换和改变焊接位置。

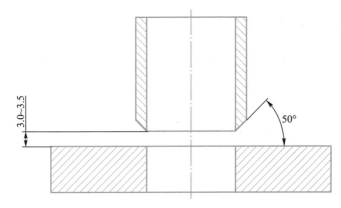

图 8-58　焊接试件示意图

2. 岗位能力要求

该任务技能要求符合《特殊焊接技术职业技能等级标准》中的中级技能,在企业中,该岗位工人需要达到以下能力要求:

① 了解焊工职业认知并具备焊工职业素养,遵守焊工职业守则,了解相关的劳动保护和生产安全规程。

② 掌握管板垂直或水平固定气体保护焊的操作方法。

③ 掌握管板垂直或水平固定气体保护焊的注意事项。

3. 现场作业要求

① 掌握焊接工艺规范。

② 掌握正确的焊接操作方法。

③ 能正确地对焊缝外观进行检查。

④ 能针对作业环境正确执行安全技术操作规程。

⑤ 能够按照企业有关文明生产的规定,做到工作地整洁,工件、工具摆放整齐。

三、工艺规范

① 管、板来料确认。根据材料接收检验报告上的产品描述、材质证书、炉批号,判断材质是否与现场来料一致。

② 去除坡口处油污、锈迹,坡口角度与钝边符合焊接工艺规程(WPS,Welding Procedure Specification)要求,打磨范围距管口 20 mm。

③ 组配必须保证管、板的同心度,防止错边;定位焊至少两处,每处焊缝长度为 10 mm。

④ 组配结束后,对焊口处的引弧位置进行打磨处理,保证焊口光洁;焊前报检,检验坡口、间隙,确认符合技术要求后,提交焊前报告及材料追踪报告给焊接全面质量管理小组,并预约外检日期。

⑤ 在施焊过程中,焊枪角度始终沿圆周方向变化。填充焊丝端点始终在熔池内,焊枪匀速移动,焊接结束后,焊枪在收弧处延时保护,直至熔池冷凝,焊枪方可移开;焊接报验结束后,进行热处理。

四、焊接操作规范

① 凡是参与焊接工作的焊工必须持船级社颁发的考试合格证上岗,并只能从事其考试相应等级范围内焊缝的焊接。

② 当验船师或船东驻厂代表要求查阅焊工合格证时,均应出示证件。

③ 焊接现场必须有灭火设备或防火砂箱,保证足够的照明和良好的通风。

④ 检查劳防用品,如口罩、耳塞、眼镜、安全带等是否佩戴整齐。

⑤ 焊机接电时应戴好绝缘手套,穿干燥的衣服,用扳手将电缆接头拧紧。

⑥ 切割坡口时应使用自动割刀,并用砂轮机将坡口面打磨光顺。

⑦ 焊前调试好焊接电流、焊接电压、保护气体流量等参数。

⑧ 露天焊接,当风速超过 2 m/s 时,必须采取防风措施,下雨、下雪时不得进行露天焊接作业。

⑨ 焊接完成后检查焊缝表面,应无漏焊、咬边、气孔、未熔合等缺陷;焊缝应均匀整齐、光顺饱满;焊缝表面应打磨到位。

⑩ 焊接结束后,及时做好现场 6S 工作。

五、焊接过程中容易出现的问题

问题 1:因出现故障停止焊接时,熔池中心产生冷缩孔缺陷应如何处理?

答案:接头前,用砂轮机将收弧处打磨成斜坡状;接头时,将焊丝端部对准斜坡最高点,引燃电弧后,做横向锯齿形摆动,在斜坡最低点焊出新的熔孔,待熔孔合适后,进行正常焊接。

问题 2:如何避免盖面层焊接上道焊缝产生咬边缺陷?

答案:焊接盖面层焊接上道焊缝时,可选择焊接电流参数下限,采用小幅度斜圆圈形摆动运条法,使液态金属和熔渣充分到位。

六、任务实施

1. 焊前准备

(1)试件准备

试件材料为 Q235B 或 Q355R,焊前对试件两边及坡口周围 20 mm 范围内进行清理,打磨坡口钝边,清除油、锈、水分及杂质,直至露出金属光泽。

（2）焊接材料

选用 ER50-6 焊丝，CO_2 气体的纯度高于 99.5%。

（3）设备准备

采用 NBC-350 型半自动 CO_2 气体保护焊机。

（4）装配定位

管板垂直固定焊试件的装配尺寸见表 8-23。

表 8-23　管板垂直固定焊试件的装配尺寸

坡口角度	根部间隙/mm		错边量/mm
	始焊端	终焊端	
50°	3.0	3.5	≤0.8

（5）焊接参数

管板垂直固定焊的焊接参数见表 8-24。

表 8-24　管板垂直固定焊的焊接参数

焊道层次	运条方法	焊丝直径/mm	焊丝伸出长度/mm	焊接电流/A	电弧电压/V	气体流量/(L/min)
打底层	小锯齿形摆动法	φ1.2	10~15	110~130	18~20	10~15
填充层	直线形运条法			130~150	20~22	
盖面层						

2. 焊接过程

（1）打底层焊接

打底层的焊接采用直线形运条法、短路过渡形式，控制焊丝伸出长度，焊枪与水平板的夹角为 25°~30°，与焊接方向的下倾角为 60°~70°，如图 8-59 所示。采用左焊法，焊枪引弧形成熔孔后，注意保持同样大小的熔孔，按斜锯齿形小摆动向前焊接。由于管、板在厚度上存在差异，因此，电弧在板一侧的停留时间应稍长些，在管一侧的停留时间应短些。运条时，摆动速度要均匀一致，始终控制熔孔直径大小一致，这样才能焊出美观的焊缝。

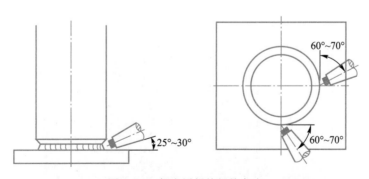

图 8-59　打底层焊接焊枪角度

291

师傅点拨

管板焊接时,板与管受热熔化状态差异较大,因此,焊接中电弧所处的位置及焊条倾斜的角度是背面焊缝成形的关键,通过调整焊枪倾角来使管与板受热均匀,注意保持合适的熔孔尺寸。

（2）填充层焊接

焊接填充层时,采用横向摆动,在焊缝两侧稍做停顿,焊丝指向第一道焊缝边缘,略有停留;焊枪角度上边为50°,下边为40°,其他与打底层焊接相同,注意均匀施焊。

（3）盖面层焊接

焊接时必须保证焊脚尺寸,采用两道焊接。第一条焊道紧靠板面与填充层焊道的夹角处,保证焊道外边缘整齐,焊道平整。第二条焊道应与第一条焊道1/2～2/3重叠,避免焊道间形成凹槽或凸起,并防止管壁咬边。

3. 焊接质量检验（以产品验收标准为依据）

① 焊缝表面无加工、补焊、返修现象,焊缝保持原始状态。

② 焊缝表面不得有裂纹、未熔合、夹渣、气孔和焊瘤等缺陷。

③ 咬边允许深度不大于的管壁厚的10%,长度不超过焊缝总长的20%;未焊透深度不大于管壁厚的15%,总长不超过焊缝有效长度的10%;背面凹坑深度不大于1 mm,总长不超过焊缝总长的10%。

④ 焊脚允许凹凸度不大于±1.5 mm,焊脚尺寸=管壁厚度 δ±（3～6）mm。

⑤ 进行通球检验,通球直径为管内径的85%。

任务十一　低碳钢或低合金高强度钢管板垂直和水平固定（骑坐式）二氧化碳气体保护焊

一、任务描述

低合金高强钢具有较高的强度,较好的塑性与韧性,工艺性能也较好,在船舶、海洋平台（如图8-60所示）及化学品运输船中应用广泛。低碳钢或低合金高强度钢管板垂直固定和水平连接（骑坐式）熔化极气体保护焊必须由合格的焊工依据评定合格的焊接工艺规程来完成。管口表面应均匀光滑,无起鳞、磨损、铁锈、夹渣、油脂、油漆和其他影响焊接质量的有害物质,接头设计和对口间隙应符合所采用的焊接工艺规程要求。

图8-60　多功能自升式海洋平台

二、任务分析

1. 任务图样（图8-61和图8-62）

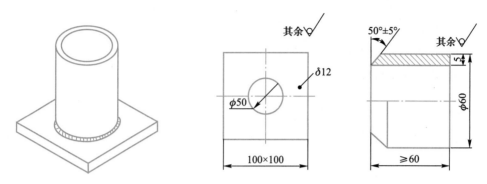

图8-61　管板垂直固定(仰视)焊接试件示意图

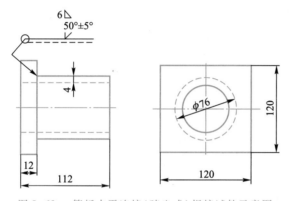

图8-62　管板水平连接(骑坐式)焊接试件示意图

技术要求如下：

① 焊前清理待焊处。

② 试件组焊装配按图样要求执行。

③ 掌握管板垂直固定和水平连接(骑坐式)焊接操作方法。

④ 能严格按图样和焊接工艺指导书施工。

⑤ 焊工必须持有劳动部门颁发的焊工合格证。

⑥ 焊缝与母材应圆滑过渡，焊缝表面不得有裂纹、未熔合、夹渣和气孔。

⑦ 管板表面焊缝的外观检查，应按该船对管板焊接表面质量验收要求执行。

2. 岗位能力要求

该任务技能要求符合《特殊焊接技术职业技能等级标准》中的中级技能，在企业中，该岗位工人需要达到以下能力要求：

① 了解焊工职业认知并具备焊工职业素养，遵守焊工职业守则，了解相关的劳动保护和生产安全规程。

② 管板垂直固定和水平连接(骑坐式)组配时，能保证内壁平齐。

③ 掌握常用的管板焊接方法，能正确选择焊接参数。

④ 掌握管板垂直固定和水平连接(骑坐式)熔化极气体保护焊操作技能。

⑤ 掌握定位焊焊接工艺与正式焊焊接工艺的区别。

⑥ 熟悉管板焊接的常见焊接缺陷。

3. 现场作业要求

① 掌握焊接工艺规范。

② 掌握焊接参数的选择和运条技术。

③ 掌握常见缺陷的产生原因。

④ 能正确地对焊缝外观进行检查。

⑤ 能针对作业环境正确执行安全技术操作规程。

⑥ 能够按照企业有关文明生产的规定,做到工作地整洁,工件、工具摆放整齐。

三、工艺规范

1. 管板垂直固定焊接工艺

采用两层两道焊接,打底层焊接时应保证根部焊透,坡口两侧熔合良好,注意焊枪角度和填丝位置,掌握焊接顺序;正确掌握盖面层焊接操作。管板表面焊缝的外观检查和宏观金相检验均按该船对管板焊接表面质量要求验收。

2. 管板水平连接(骑坐式)焊接工艺

采用两层两道焊,并向左焊接。管板水平连接(骑坐式)焊需经历仰焊、立焊、平焊位置,各位置的焊接方法如下:

① 仰焊时采用间断短弧直线形或直线往返形运条法。

② 立焊时采用间断短弧锯齿形跳弧法或月牙形横向摆动运条法。

③ 平焊时采用直线形运条法。

四、焊接操作规范

① 凡是参与焊接工作的焊工必须应经过专业培训,持证上岗。

② 焊接现场必须有灭火设备或防火砂箱,保证足够的照明和良好的通风;电焊所用的工具必须安全绝缘,焊机的外壳和工作台必须良好地接地。

③ 检查劳防用品,如口罩、耳塞、眼镜、安全带等是否佩戴整齐。

④ 焊接现场的氧气瓶、乙炔气瓶、焊机应放置在安全位置,三者之间及其与动火点之间的距离应符合相关规定。

⑤ 操作时应避免发生短路(如黏焊条、地线与焊把线直接接触),防止焊机因过热而烧毁。

⑥ 管板及管件坡口的切割应使用自动割刀,并用砂轮机将坡口面打磨光顺。

⑦ 掌握正确的引弧方法,正确处理焊接面罩漏光问题,避免弧光伤眼。采取防触电措施,不能赤手更换焊条。

⑧ 焊前调试好焊接电流、焊接电压、保护气体流量等参数。

⑨ 露天焊接,当风速超过 2 m/s 时,必须采取防风措施,下雨、下雪时不得进行露天焊接作业。

⑩ 焊接完成后检查焊缝表面,应无漏焊、咬边、气孔、未熔合等缺陷;焊缝应均匀整齐、光顺饱满;焊缝表面应打磨到位。

⑪ 焊接结束后,及时做好现场 6S 工作。

五、焊接过程中容易出现的问题

问题:管板水平连接(骑坐式)焊接时有哪些注意事项?

答案：

① 施焊时管板不得转动角度，以人动焊件不动为准则。

② 定位焊时，电流应比正常焊时稍大，以保证焊透。

③ 盖面层焊接时，电弧在坡口上下侧停留时间应稍长，以保证角焊缝的最佳成形。

六、任务实施

（一）管板垂直固定焊（仰视）

1. 焊前准备

（1）试件准备

Q355R 钢板，尺寸为 180 mm×180 mm×12 mm，R_m＝510～640 MPa；Q355R 钢管，尺寸为 ϕ60 mm×100 mm×5 mm，R_m＝490～670 MPa。焊前用角向磨光机对坡口周围 20 mm 范围内的油污、水、锈进行清理，打光待焊处，直至露出金属光泽后，方可进行焊接装配。

（2）焊接材料

选用药芯焊丝 SQJ501，直径为 1.2 mm，CO_2 气体的纯度高于 99.5%。

（3）设备准备

采用无锡汉神 HC‑350D 型半自动 CO_2 气体保护焊机。

（4）装配定位

管板垂直固定焊，开 V 形 50°±5° 坡口，钝边高度为 0 mm，装配间隙为 2.5～3.2 mm。在坡口内圆周上平分三点作为定位焊点，焊缝长度为 10 mm，装配时可考虑留有 2～3.2 mm 的间隙。管板垂直固定焊焊件的装配尺寸见表 8‑25。

表 8‑25　管板垂直固定焊焊件的装配尺寸

坡口角度	根部间隙/mm		钝边高度/mm	错边量/mm
	始焊端	终焊端		
50°±5°	2.5	3.2	0	≤0.5

（5）焊接参数

管板垂直固定焊的焊接参数见表 8‑26。

表 8‑26　管板垂直固定焊的焊接参数

焊道层次	运条方法	焊丝直径/mm	焊丝伸出长度/mm	焊接电流/A	电弧电压/V	气体流量/（L/min）
打底层	小斜锯齿形摆动法	ϕ1.2	10～15	100～110	16～22	15～20
填充层	直线形或斜圆圈形运条法			110～120	21～23	
表面层	直线形运条法			110～120	21～23	

2. 焊接过程

（1）打底层焊接

① 在坡口内引燃电弧，稍做稳弧预热，向坡口根部压送，待根部熔化并被击穿后形成熔孔。

② 运条方式、焊枪角度和电弧的控制。熔孔形成后,保持短弧、小幅度锯齿形摆动,连弧施焊。在坡口两侧略做停留,电弧应稍偏向钢板,避免烧穿钢管。焊枪角度如图 8-63 所示,焊接过程中应灵活地转动手臂和手腕,保持均匀运动。

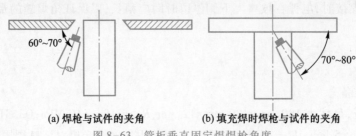

(a) 焊枪与试件的夹角　　　　(b) 填充焊时焊枪与试件的夹角

图 8-63　管板垂直固定焊焊枪角度

（2）填充层焊接

填充层焊接前,应将打底层焊道上的熔渣及飞溅清理干净。焊接时,要求坡口两侧熔合良好,焊条在管侧摆动的幅度不能过大,否则易产生咬边。控制焊条角度,保证板侧和管侧温度均衡。填充层焊缝应平整,不能凸出过高,也不能过宽。

（3）盖面层焊接

盖面层有两条焊道,先焊上面的焊道,后焊下面的焊道,后面焊道应覆盖前道焊缝上面的 1/2 ~ 2/3;盖面层焊接焊脚应对称并符合尺寸要求;须保证熔池两侧与钢管外圆及孔板熔合良好,避免在钢管一侧发生咬边,焊道不要出现内凹或凸起。

（二）管板水平连接（骑坐式）焊接

1. 焊前准备

（1）试件准备

Q355R 钢板,尺寸为 180 mm×180 mm×12 mm,R_m = 510 ~ 640 MPa;Q355R 钢管,尺寸为 ϕ60 mm×100 mm×6 mm,R_m = 490 ~ 670 MPa。焊前用角向磨光机对坡口周围 20 mm 范围内的油污、水、锈进行清理,打光待焊处,直至露出金属光泽后,方可进行焊接装配。

（2）焊接材料

采用药芯焊丝 SQJ501,直径为 1.2 mm,CO_2 气体的纯度高于 99.5%。

（3）设备准备

采用无锡汉神 HC-350D 型半自动 CO_2 气体保护焊机。

（4）装配定位

管板水平连接（骑坐式）焊时,开 V 形 50°± 5°坡口,钝边高度为 0 mm,装配间隙为 2.5 ~ 3.2 mm。在坡口内圆周上平分三点作为定位焊点,焊缝长度为 10 mm,装配时可考虑留 2 ~ 3.2 mm 的间隙。管板水平连接（骑坐式）焊焊件的装配尺寸见表 8-27。

表 8-27　管板水平连接（骑坐式）焊焊件的装配尺寸

坡口角度	根部间隙/mm		钝边高度/mm	错边量/mm
	始焊端	终焊端		
50°±5°	2.5	3.2	0	≤0.5

（5）焊接参数

管板水平连接（骑坐式）焊的焊接参数见表 8-28。

表8-28 管板水平连接（骑坐式）焊的焊接参数

焊道层次	运条方法	焊丝直径/mm	焊丝伸出长度/mm	焊接电流/A	电弧电压/V	保护气体流量/(L/min)
打底层	小斜锯齿形摆动法	$\phi1.2$	10~15	100~110	16~22	15~20
填充层	直线形或斜圆圈形运条法			110~120	21~23	
表面层	直线形运条法			110~120	21~23	

2. 焊接过程

（1）打底层焊接（采用断弧焊）

采用两层两道、左向法焊接，将钢管中心线固定在水平位置，0点处在正上方。管板水平连接（骑坐式）施焊时分两个半周，每半周都存在仰焊、立焊、平焊三种不同位置的焊接。在仰焊6点位置前5~8 mm处的坡口内引弧，焊枪在根部与板之间做微小的横向摆动，当母材熔化的金属液与熔滴连在一起后，进行正常焊接。灭弧动作要快，不要拉长电弧，同时灭弧与接弧时间要短，灭弧的频率为50~60次/min。每次重新引燃电弧时，焊丝中心都要对准熔池前沿焊接方向2/3处，每接弧一次焊缝增长2 mm左右。焊接时，电弧在管和板上要稍做停留，并且在板侧的停留时间要长一些；焊接过程中，要使熔池大小和形状保持一致，使熔池中的金属液清晰明亮。溶孔始终深入每侧母材0.5~1 mm；在熔池冷却后，必须将收弧处打磨出斜坡形式接头。收弧时，将焊枪逐渐引向坡口斜前方，或将电弧往回拉一小段，再慢慢提高电弧，使熔池逐渐变小，填满弧坑后熄弧。焊条角度如图8-64所示。

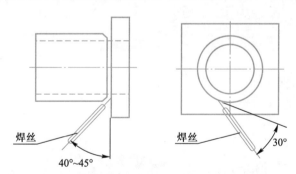

焊丝

40°~45°

焊丝

30°

图8-64 管板水平固定（骑坐式）焊焊条角度

（2）填充层和盖面层焊接

填充层焊接前，应清除打底层焊接焊道熔渣；盖面层的焊接，可采用连弧焊或断弧焊，采用月牙形或横向锯齿形摆动，焊条摆动到坡口边缘时应稍做停留。

📖 师傅点拨

管板焊接过程的操作要点：打底层焊接应保证根部焊透，坡口两侧熔合良好，注意焊枪角度和位置变换；掌握焊接顺序、焊条角度等；正确掌握打底层焊接操作要领。

3. 焊接质量检验(以产品验收标准为依据)

① 焊缝表面不得有裂纹、未熔合、夹渣、气孔、焊瘤和未焊透等缺陷。

② 咬边深度不大于 0.5 mm,焊缝两侧咬边总长度不超过焊缝长度的 10%。

③ 背面焊缝的余高不大于 3 mm,背面凹坑深度不大于 2 mm,总长度不超过焊缝长度的 10%。

④ 焊缝的凹度或凸度不大于 1.5 mm,管侧焊脚尺寸为 2~4 mm。

⑤ 管板表面焊缝的外观检查,应按该船对管板焊接表面质量要求,采用直接目视或者采用 5 倍放大镜检视等方法进行检查。背面焊缝宽度可不测定。

⑥ 金相检验按照 ASME 内容与评定要求进行检验,确定没有裂纹、未熔合缺陷,焊缝根部焊透、气孔、夹渣的尺寸不得超过标准的要求。

▶ 任务十二 铝合金板对接立焊和横焊钨极氩弧焊 ━━

一、任务描述

铝合金板被广泛用于各种工业结构的制造,如飞机、船舶、轨道交通设备、原子能设备、化工设备、纺织设备等,对这些工业结构中的铝合金板,通常应用钨极氩弧焊(TIG)施焊。这里以铝合金车体(如图 8-65 所示)为例,来讲解铝合金板的基本焊接方法、焊接参数的制定以及正确的作业规范和工作中的注意事项。铝合金具有重量轻、耐腐蚀、外观平整度好和易于制造出复杂曲面车体的优点。

图 8-65 铝合金车体结构示意图

二、任务分析

1. 任务图样(图 8-66)

技术要求如下:

① 焊前清理待焊处。

② 试件组焊装配时符合图样要求。

③ 铝合金板对接横焊和立焊钨极氩弧焊单面焊双面成形。

④ 为保证焊接质量,应进行反变形处理。

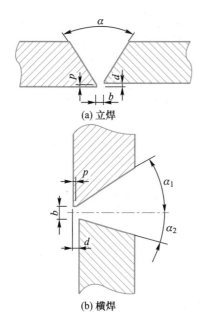

参数	符号	尺寸
坡口角度	α	60°±5°
钝边高度/mm	p	0.5~1
根部间隙/mm	b	2.5~3
错边量/mm	d	≤0.5
坡口角度	α_1/α_2	35°±5°/25°±5°
钝边高度/mm	p	0.5~1
根部间隙/mm	b	2.5~3
错边量/mm	d	≤0.5

图 8-66　立焊和横焊焊接试件示意图

2. 岗位能力要求

该任务技能要求符合《特殊焊接技术职业技能等级标准》中的中级技能,在企业中,该岗位工人需要达到以下能力要求:

① 了解焊工职业认知并具备焊工职业素养,遵守焊工职业守则,了解相关的劳动保护和生产安全规程。

② 掌握铝合金板钨极氩弧焊焊接电源及焊接材料的选择。

③ 能正确选择铝合金板钨极氩弧焊的焊接参数。

④ 掌握铝合金板对接横焊和立焊钨极氩弧焊操作技能。

⑤ 能正确选择钨极端部几何形状。

3. 现场作业要求

① 掌握焊接工艺规范。

② 掌握正确的焊接操作方法。

③ 能正确地对焊缝外观进行检查。

④ 能针对作业环境正确执行安全技术操作规程。

⑤ 能够按照企业有关文明生产的规定,做到工作地整洁,工件、工具摆放整齐。

三、工艺规范

铝合金板对接横焊和立焊钨极氩弧焊均应满足以下工艺要求:

铝合金钨极氩弧焊采用交流电源,为了减少焊接变形,应采取合理的施焊方法和顺序或进行刚性固定,并应预先考虑收缩量。为了避免腐蚀,存放铝合金件时不允许直接使用钢质或者铜质的容器,不允许直接放置在钢制的工装或地板上。正式焊接前,可在试件上进行堆焊试验,调整好各焊接参数,并在确认无气孔后再进行正式焊接。对于轨道交通车辆上铝件的焊接,规定按照 EN ISO 3834 标准执行,焊接前须了解图样的技术要求,严格按照图样要求进行施工,将焊接件按图样要求定位好后,须用工艺撑杆加强、加固,以防止或减少铝件在焊接过程中产生变形,确保产品质量。铝合金材料具有活性强、热导率和比热容大(均约为碳素钢和低合金钢的两倍多)、线膨胀系数大、收缩率大等特点,钨极氩弧焊过程中,要求操作者选择合理的焊接参数和焊接顺序,使用适宜的焊接工装,以防止热裂纹的产生。根据焊件的结构特点、母材厚度和精度要求,合理布置引弧板、引出板和大刚度固定码板,相邻码板的距离为码板与焊缝交点间的距离 500 ~ 600 mm,如图 8-67 和图 8-68 所示。对于板厚较大的结构,焊接时还要合理选择坡口形式,避免因为焊接应力而引起内凹或外拱变形。焊接结束时,应先切断电源,焊枪在焊接位置延时停留 3 ~ 5 s,并继续送气,直到熔池冷却,以防止焊缝端部和钨极表面氧化。

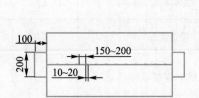

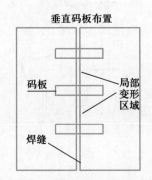

　　　图 8-67　引弧板和引出板尺寸要求　　　图 8-68　大刚度固定码板尺寸要求

四、焊接操作规范

① 凡是参与焊接工作的焊工必须持合格证上岗,并只能从事其考试相应等级范围内焊缝的焊接;在查阅焊工合格证时,均应出示证件。

② 焊接现场必须有灭火设备或防火砂箱,保证足够的照明和良好的通风。

③ 钨极氩弧焊操作者必须戴好焊接面罩、手套,穿好工作服、工作鞋,以避免被电弧中的紫外线和红外线灼伤。

④ 焊机接电时应戴好绝缘手套,穿干燥的衣服,用扳手将电缆接头拧紧。

⑤ 焊前应严格清除母材接头及焊丝表面的氧化膜和油污,这直接影响焊接工艺与接头质量。常采用化学清洗和机械清理两种方法。

⑥ 焊前调试好焊接电流、焊接电压、保护气体流量等参数。

⑦ 露天焊接时,当风速超过 2 m/s,必须采取防风措施,下雨、下雪时不得进行露天焊接作业。

⑧ 焊接完成后检查焊缝表面,应无漏焊、咬边、气孔、未熔合等缺陷;焊缝应均匀整齐、光顺饱满;焊缝表面应打磨到位。

⑨ 焊接结束后,及时做好现场 6S 工作。

五、焊接过程中容易出现的问题

问题 1:铝板焊接在焊前清除氧化膜的工艺措施有哪些?

答案:

① 使用风动不锈钢丝轮将焊缝区域内的氧化膜打磨干净,以打磨处呈白亮色为标准,打磨区域为焊缝两侧至少 25 mm 的范围。

② 使用化学方法清除,如酸洗。原则上,工件打磨后在 48 h 内没有进行焊接,酸洗部件

在72 h内没有进行焊接,则焊前必须重新打磨焊接区域。

问题2:钨极氩弧焊采用什么装置和极性焊接?

答案:在焊接过程中,应确保焊机冷却装置正常工作,以保证设备的正常使用;电源极性为直流反接,操作前应检查逆变式交直流氩弧焊机的电流选择开关是否处于交流电档位。

六、任务实施

(一)铝合金板对接立焊

1. 焊前准备

6082铝合金板两块,尺寸为300 mm×120 mm×6 mm,坡口形式为60° V形坡口。焊前用角向磨光机对坡口周围25 mm范围内的油污、水、锈进行清理,打光待焊处,直至露出金属光泽后,方可进行焊接装配,装配的同时做出反变形3°~5°。

(1)焊接材料

选用ER5087焊丝,直径为2.4 mm;氩气的纯度高于99.99%;钨针采用WTh-15钍钨。

(2)设备准备

采用无锡汉神HT-400D型焊机。

(3)装配定位

铝合金板对接立焊焊件的装配尺寸见表8-29。

表8-29　铝合金板对接立焊焊件的装配尺寸

坡口角度	根部间隙/mm		钝边高度/mm	反变形角度	错边量/mm
	始焊端	终焊端			
60°	2.5	3.0	0.5~1	2°~3°	≤0.5

(4)焊接参数

铝合金板对接立焊焊接参数见表8-30。

表8-30　铝合金板对接立焊焊接参数

焊道层次	焊接电流/A	电弧电压/V	保护气体流量/(L/min)	钨针直径/mm	焊丝直径/mm	喷嘴直径/mm	钨针伸出长度/mm	钨针与工件间的距离/mm
打底层	100~110	12~16	12~15	φ2.5	φ2.4	φ10	4~8	≤12
填充层	110~120	12~16	12~15	φ2.5	φ2.4	φ10	4~8	≤12
盖面层	110~120	12~16	12~15	φ2.5	φ2.4	φ10	4~8	≤12

2. 焊接过程

(1)打底层焊接

焊接时为了得到良好的氩气保护效果,应尽量缩短焊嘴到焊件的距离;同时,为了送丝方便,不影响焊工操作时的视线和防止焊嘴被烧损,钨极伸出焊嘴的长度一般为4~8 mm。引弧时应提前5~10 s送气,以便吹净气管中的空气。

在焊件的定位焊缝上引燃电弧,先不加焊丝,待定位焊缝开始熔化,形成熔池和熔孔后,再开始填丝焊接。焊枪做月牙形运动,在坡口两侧稍加停留,以保证两侧熔合良好。

301

焊接时应注意,焊枪向上移动的速度要合适,特别是要控制好熔池的形状,保持熔池外沿接近为水平的椭圆形,不能凸出来,否则焊道外凸成形不好。尽可能让已焊好的焊道托住熔池,使熔池表面接近于一个水平面匀速上升,这样得到的焊缝外观较平整,如图 8-69 所示。

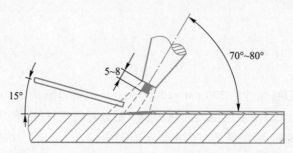

图 8-69　打底层焊接时焊丝、焊枪与工件位置示意图

（2）填充层焊接

填充层焊接时,采用连续送丝法,焊丝被均匀、连续地送入熔池前缘熔化,送丝速度应与焊接速度相适应;焊枪摆动幅度可稍大,以保证坡口两侧熔合良好、焊道表面平整。焊接步骤、焊枪角度、填丝位置与打底层焊接时相同。

（3）盖面层焊接

焊盖面层焊道时,除焊枪摆动幅度较大外,其余都与打底层焊接相同。焊填充层、盖面层前,最好能将先焊好焊道的表面凸起处磨平。

（二）铝合金板对接横焊

1. 焊前准备

6082 铝合金板两块,尺寸为 300 mm×120 mm×6 mm,坡口形式为 60° V 形坡口。焊前用角向磨光机对坡口周围 20 mm 范围内的油污、水、锈进行清理,打光待焊处,直至露出金属光泽后,方可进行焊接装配。装配的同时做出反变形 3°～5°。

（1）焊接材料

选用 ER5087 焊丝,直径为 2.4 mm;氩气纯度高于 99.99%;钨针采用 WTh-15 钍钨。

（2）设备准备

采用无锡汉神 HT-400D 型焊机。

（3）装配定位

铝合金板对接横焊焊件的装配尺寸见表 8-31。

表 8-31　铝合金板对接横焊焊件的装配尺寸

坡口角度	根部间隙/mm		钝边高度/mm	反变形角度	错边量/mm
	始焊端	终焊端			
60°	2.5	3.0	0.5～1	2°～3°	≤0.5

（4）焊接参数

铝合金板对接横焊焊接参数见表 8-32。

表 8-32　铝合金板对接横焊焊接参数

焊道层次	焊接电流/A	电弧电压/V	保护气体流量/(L/min)	钨针直径/mm	焊丝直径/mm	喷嘴直径/mm	钨针伸出长度/mm	钨针与工件间的距离/mm
打底层	110~120	12~16	12~15	φ2.5	φ2.4	φ10	4~8	≤12
填充层	120~130	12~16	12~15	φ2.5	φ2.4	φ10	4~8	≤12
盖面层	120~130	12~16	12~15	φ2.5	φ2.4	φ10	4~8	≤12

2. 焊接过程

（1）打底层焊接

横焊的操作方法与立焊相似,关键是焊枪的位置,在水平方向上角度与平焊相似,为70°~80°;在垂直方向应呈直角,如图8-70所示。同时注意上下摆动,如果摆动不当,或焊丝熔化速度控制得不合适,则易造成上部咬边、下部成形不良,甚至出现覆盖缺陷等问题。

（2）填充层焊接

填充层焊接时,调试好焊接电流后,采用连弧焊,送丝速度应与焊接速度相适应;焊枪摆动幅度可稍大,焊丝指向焊缝中心线稍向上处,被均匀、连续地送入熔池前缘熔化,以保证坡口两侧熔合良好、焊道表面平整。焊接步骤、焊枪角度、填丝位置与打底层焊接相同。

（3）盖面层焊接

焊盖面层焊道时,除焊枪摆动幅度较大外,其余与打底层焊接相同。焊填充层、盖面层前,最好能将先焊好焊道表面的凸起处磨平。

图 8-70　打底层横焊焊枪角度

师傅点拨

焊接接头中的气孔是焊接铝及铝合金时极易产生的缺陷,产生气孔的主要原因是氢来不及溢出,氢来自弧柱中的水分、焊接材料及母材所吸附的水分等,其中焊丝及母材表面氧化膜吸附的水分,对焊缝气孔的产生常常具有突出影响。铝及铝合金的液体熔池很容易吸收气体,在高温下溶入的大量气体,在由液态凝固时,溶解度急剧下降,在焊后冷却凝固过程中气体来不及析出,而聚集在焊缝中形成气孔。为了防止气孔的产生,以获得良好的焊接接头,对氢气的来源要加以严格控制,焊前必须严格限制所使用焊接材料(包括焊丝、焊条、熔剂、保护气体)的含水量,使用前要进行干燥处理,清理后的母材及焊丝最好在2~3 h内焊接完毕,最多不超过24 h。TIG焊时,应选用大的焊接电流配合较高的焊接速度。

3. 焊接质量检验(以产品验收标准为依据)

① 焊缝表面不得有裂纹、未熔合、夹渣、气孔和焊瘤等缺陷。

② 焊缝外表面应避免粗糙的波纹,焊缝的边缘应圆滑过渡到母材,焊缝成形符合质量要求。

③ 焊后对试验焊缝进行 X 射线检测,用变频充气 X 射线检测机拍片,按照 ISO 10042 中

的 B 级标准对焊缝进行质量评定。

任务十三　低碳钢或低合金高强度钢管板垂直和水平固定（骑坐式）钨极氩弧焊

一、任务描述

在船体和海上平台（如图 8-71 所示）建造过程中,管及管节点的焊接工作量很大,为了保证管焊接接头的水密性和气密性,当壁厚超过 5 mm 时,应开 V 形坡口进行多层焊。在进行管的焊接时,既要设法保证接头根部焊透,又要防止烧穿形成焊瘤,同时还要保证管内介质的流动速度。对于高压管系,为了保证接头根部焊透、背面成形良好,在管板垂直固定和水平连接（骑坐式）钨极氩弧焊中,要求采用手工钨极氩弧焊打底,此工艺在船舶、海洋平台及化学品运输船中得到了广泛应用。

图 8-71　"希望"系列圆筒型超深水海洋钻探平台

二、任务分析

1. 任务图样（图 8-72 和图 8-73）

技术要求如下：

① 焊前清理待焊处。

② 试件组焊装配按图样要求执行。

③ 掌握管板垂直固定和水平连接（骑坐式）钨极氩弧焊的操作方法。

④ 能严格按图样要求和焊接工艺指导书施工。

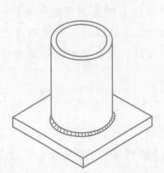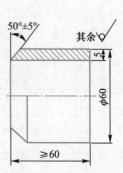

图 8-72　管板垂直固定（仰视）焊接试件示意图

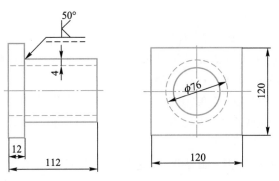

图 8-73　管板水平连接(骑坐式)焊接试件示意图

⑤ 焊缝与母材应圆滑过渡,焊缝表面不得有裂纹、未熔合、夹渣和气孔等缺陷。

⑥ 管板表面焊缝的外观检查,应按该船对管板焊接表面质量验收要求执行。

2. 岗位能力要求

该任务技能要求符合《特殊焊接技术职业技能等级标准》中的中级技能,在企业中,该岗位工人需要达到以下能力要求:

① 了解焊工职业认知并具备焊工职业素养,遵守焊工职业守则,了解相关的劳动保护和生产安全规程。

② 在管板垂直固定和水平连接(骑坐式)组配时,能保证内壁平齐。

③ 掌握常用管板垂直固定和水平连接(骑坐式)焊接方法,能正确选择焊接参数。

④ 掌握常用管板垂直固定和水平连接(骑坐式)钨极氩弧焊操作技能。

⑤ 掌握定位焊焊接工艺与正式焊焊接工艺的区别。

⑥ 掌握管板焊接的常见焊接缺陷。

3. 现场作业要求

① 掌握焊接工艺规范。

② 掌握焊接参数的选择和运条技术。

③ 掌握常见缺陷的产生原因。

④ 能正确地对焊缝外观进行检查。

⑤ 能针对作业环境正确执行安全技术操作规程。

⑥ 能够按照企业有关文明生产的规定,做到工作地整洁,工件、工具摆放整齐。

三、工艺规范

1. 管板垂直固定焊接工艺(仰视)

采用两层两道焊,氩弧焊打底层焊接时应保证根部焊透、坡口两侧熔合良好,随时注意焊枪角度和填丝位置,掌握焊接顺序,正确掌握盖面层焊接操作。管板表面焊缝的外观检查和宏观金相检验均按该船对管板焊接表面质量要求验收。

2. 管板水平连接(骑坐式)焊接工艺

采用两层两道焊,须经过仰焊、立焊、平焊多个焊接位置,各种位置的焊接方法如下:

① 仰焊时采用间断短弧直线形或直线往返形运条法。

② 立焊时采用月牙形横向摆动运条法。

③ 平焊时采用直线形运条法。

四、焊接操作规范

① 凡是参与焊接工作的焊工必须经过专业培训,持证上岗。

② 焊接现场必须有灭火设备或防火砂箱,保证足够的照明和良好的通风;电焊所用工具必须安全绝缘,焊机的外壳和工作台必须良好地接地。

③ 检查劳防用品,如口罩、耳塞、眼镜、安全带等是否佩戴整齐。

④ 焊接现场的氧气瓶、乙炔气瓶、焊机应放置在安全位置,三者之间及其与动火点之间的距离应符合相关规定。

⑤ 操作时应避免发生短路(如黏焊条、地线与焊把线直接接触),防止焊机因过热而烧毁。

⑥ 管板及管坡口的切割应使用自动割刀,并用砂轮机将坡口面打磨光顺。

⑦ 掌握正确的引弧方法,正确处理焊接面罩漏光问题,避免弧光伤眼;采取防触电措施。

⑧ 焊前调试好焊接电流、焊接电压、保护气体流量等参数。

⑨ 露天焊接时,当风速超过 2 m/s,必须采取防风措施。下雨、下雪时不得进行露天焊接作业。

⑩ 焊接完成后检查焊缝表面,应无漏焊、咬边、气孔、未熔合等缺陷;焊缝应均匀整齐、光顺饱满;焊缝表面应打磨到位。

⑪ 焊接结束后,及时做好现场 6S 工作。

五、焊接过程中容易出现的问题

问题:手工钨极氩弧焊时如何引弧?

答案:

① 接触引弧法。将钨极在引弧板上轻轻接触或轻轻划擦,将电弧引燃,燃烧平稳后移至焊缝上。这种方法易使钨极端部烧损,电弧不稳,如果在焊缝上直接引弧,则容易产生夹钨现象。因此,一般不推荐采用接触引弧法。

② 非接触引弧(高频引弧)法。利用氩弧焊机的高频或脉冲引弧装置来引燃电弧。其优点是钨极与工件不接触,就能在施焊点直接引燃电弧,钨极端部损耗小;引弧处焊接质量高,不会产生夹钨、气孔等缺陷。

六、任务实施

(一)管板垂直固定焊接(插刀式)

1. 焊前准备

(1)试件准备

Q355R 钢板,尺寸为 180 mm×180 mm×12 mm, R_m =510~640 MPa;Q355R 钢管,尺寸为 ϕ60 mm×100 mm×6 mm, R_m =490~670 MPa。焊前用角向磨光机对坡口周围 20 mm 范围内的油污、水、锈进行清理,打光待焊处,直至露出金属光泽后,方可进行焊接装配。

(2)焊接材料

选用 TIG-50 氩弧焊焊丝,直径为 2.4 mm;氩气纯度高于 99.99%;钨针采用 WTh-15 钍钨。

(3)设备准备

采用无锡汉神 HT-400D 型焊机。

（4）装配定位

管板垂直固定焊开50°±5°V形坡口，钝边高度为0 mm，装配间隙为2.5~3.2 mm。在坡口内圆周上平分三点作为定位焊点，焊缝长度为10 mm，装配时可考虑留2~3.2 mm的间隙。管板垂直固定焊焊件的装配尺寸见表8-33。

表8-33　管板垂直固定焊焊件的装配尺寸

坡口角度	根部间隙/mm		钝边高度/mm	错边量/mm
	始焊端	终焊端		
50°±5°	2.5	3.2	0	≤0.5

（5）焊接参数

管板垂直固定焊焊接参数见表8-34。

表8-34　管板垂直固定焊焊接参数

焊道层次	焊接电流/A	电弧电压/V	保护气流量/(L/min)	钨针直径/mm	焊丝直径/mm	焊嘴直径/mm	钨针伸出长度/mm	钨针与工件间的距离/mm
打底层	100~110	12~16	12~15	φ2.5	φ2.4	φ10	4~8	≤12
填充层	120~130	12~16	12~15	φ2.5	φ2.4	φ10	4~8	≤12
盖面层	120~130	12~16	12~15	φ2.5	φ2.4	φ10	4~8	≤12

2. 焊接过程

（1）打底层焊接

① 在焊件最下端的定位焊缝上引燃电弧，需要在坡口内引燃，先不加焊丝，在坡口两侧稍加停留，稍做稳弧预热，形成熔池和熔孔后，再开始填丝。向坡口根部送丝焊接，待根部熔化并被击穿，形成熔孔。焊枪移动的速度要合适，特别是要控制好熔池的形状，保持熔池外沿接近于水平的椭圆形，不能凸出来，否则焊道外凸成形不好。尽可能让已焊好的焊道托住熔池，使熔池表面接近于一个水平面匀速上升，这样得到的焊缝外观较平整。

② 运条方式、焊枪角度和电弧的控制。熔孔形成后，保持短弧，焊枪做小幅度月牙形摆动，连弧施焊。在坡口两侧略做停留，电弧应稍偏向板侧，避免烧穿钢管。焊枪角度如图8-74所示，焊接过程中应灵活转动手臂和手腕，保持均匀的运动。

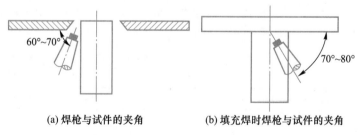

图8-74　打底层焊接焊枪角度

（2）填充层焊接

焊填充层焊道时，焊枪的摆动幅度可稍大些，以保证坡口两侧熔合良好、焊道表面平整。

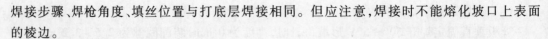

焊接步骤、焊枪角度、填丝位置与打底层焊接相同。但应注意,焊接时不能熔化坡口上表面的棱边。

（3）盖面层焊接

焊盖面层焊道时,除焊枪摆动幅度较大外,其余与打底层焊接相同。焊填充层、盖面层前,最好将先焊好焊道表面的凸起处磨平。

（二）管板水平连接（骑坐式）焊接

1. 焊前准备

（1）试件准备

Q355R 钢板,尺寸为 180 mm×180 mm×12 mm,R_m = 510 ~ 640 MPa;Q355R 钢管,尺寸为 ϕ60 mm×100 mm×6 mm, R_m = 490 ~ 670 MPa。焊前用角向磨光机对坡口周围 20 mm 范围内的油污、水、锈进行清理,打光待焊处,直至露出金属光泽后,方可进行焊接装配。

（2）焊接材料

选用 TIG-50 氩弧焊焊丝,直径为 2.4 mm;氩气纯度高于 99.99%;钨针采用 WTh-15 钍钨。

（3）设备准备

采用 WS-400 型焊机。

（4）装配定位

管板水平连接（骑坐式）开 50°±5° V 形坡口,钝边高度为 0 mm,装配间隙为 2.5 ~ 3.2 mm。在坡口内圆周上平分三点作为定位焊点,焊缝长度为 10 mm,装配时可考虑留 2 ~ 3.2 mm 的间隙。管板水平连接（骑坐式）焊焊件的装配尺寸见表 8-35。

表 8-35 管板水平连接（骑坐式）焊焊件的装配尺寸

坡口角度	根部间隙/mm		钝边高度/mm	错边量/mm
	始焊端	终焊端		
50°±5°	2.5	3.2	0	≤0.5

（5）焊接参数

管板水平连接（骑坐式）焊焊接参数见表 8-36。

表 8-36 管板水平连接（骑坐式）焊焊接参数

焊道层次	焊接电流/A	电弧电压/V	保护气流量/（L/min）	钨针直径/mm	焊丝直径/mm	焊嘴直径/mm	钨针伸出长度/mm	钨针与工件间的距离/mm
打底层	110 ~ 120	12 ~ 16	12 ~ 15	ϕ2.5	ϕ2.4	ϕ10	4 ~ 8	≤12
填充层	120 ~ 130	12 ~ 16	12 ~ 15	ϕ2.5	ϕ2.4	ϕ10	4 ~ 8	≤12
盖面层	120 ~ 130	12 ~ 16	12 ~ 15	ϕ2.5	ϕ2.4	ϕ10	4 ~ 8	≤12

2. 焊接过程

（1）打底层焊接

将管件中心线固定在水平位置,0 点处为正上方。管板水平连接（骑坐式）施焊时分两个半周,每个半周都存在仰焊、立焊、平焊三种不同位置的焊接。在仰焊 6 点位置前 5 ~

308

8 mm 处的坡口内引弧,焊枪在根部与板之间做微小的横向摆动,当母材熔化的金属液与熔滴连在一起后,进行正常焊接。焊接打底层焊道时,要严格控制钨极、焊嘴与焊缝的位置,即钨极应垂直于钢管的中心线,焊嘴与管板之间的距离要相等。引燃电弧后,焊枪暂留在引弧处不动,当获得一定大小的明亮清晰的熔池后,再向熔池填送焊丝。灭弧动作要快,不要拉长电弧,同时灭弧与接弧时间要短,灭弧的频率为 50～60 次/min。每次重新引燃电弧时,焊条中心都要对准熔池前沿焊接方向 2/3 处,每接弧一次,焊缝增长 2 mm 左右。焊接时电弧在管和板上要稍做停留,并且在板侧的停留时间要长一些;焊接过程中要使熔池大小和形状保持一致,使熔池中的金属液清晰明亮。熔孔始终深入每侧母材 0.5～1 mm;当熔池冷却后,必须将收弧处打磨出斜坡状接头。收弧时,当焊接到 0 点位置时,应暂停焊接。首先将焊丝抽离电弧区,但不要脱离保护区,然后切断控制开关,这时焊接电流逐渐衰减,熔池也相应减小,当电弧熄灭,延时切断氩气后,焊枪才能移开。焊接过程中填丝和焊枪移动速度要均匀,这样才能保证焊缝美观。管板水平连接(骑坐式)焊时的焊条角度如图 8-75 所示。

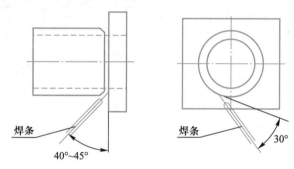

图 8-75　打底层焊接焊条角度

（2）填充层焊接

焊填充层焊道时,焊枪的摆动幅度可稍大些,以保证坡口两侧熔合良好、焊道表面平整。焊接步骤、焊枪角度、填丝位置与打底层焊接相同。但应注意,焊接时不能熔化坡口上表面的棱边。

（3）盖面层焊接

焊盖面层焊道时,除焊枪摆动幅度较大外,其余与打底层焊接相同。焊填充层、盖面层前,最好将先焊好焊道表面的凸起处磨平。

师傅点拨

管板焊接过程中的操作要点:打底层焊接时要保证根部焊透、坡口两侧熔合良好,要注意焊枪角度和位置变换;掌握焊接顺序、焊条角度等;正确掌握打底层焊接的操作要领。

3. 焊接质量检验(以产品验收标准为依据)

① 焊缝表面不得有裂纹、未熔合、夹渣、气孔、焊瘤和未焊透等缺陷。

② 咬边深度不大于 0.5 mm,焊缝两侧咬边总长度不得超过焊缝长度的 10%。

③ 背面焊缝的余高不大于 3 mm,背面凹坑深度不大于 2 mm,总长度不超过焊缝长度的 10%。

④ 焊缝的凹度或凸度不大于 1.5 mm,管侧焊脚尺寸为 2～4 mm。

⑤ 管板表面焊缝的外观检查,应按该船对管板焊接表面质量要求、采用直接目视或者采用 5 倍放大镜检视等方法进行;背面焊缝宽度可不测定。

⑥ 金相检验按照 ASME 内容与评定要求进行检验,确定没有裂纹、未熔合缺陷;焊缝根部焊透、气孔、夹渣的尺寸不得超过标准的要求。

任务十四　空调铜管火焰钎焊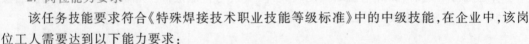

一、任务描述

制冷空调中的制冷系统一般都会用到铜管,空调铜管是连接空调器室内机与室外机的制冷管道,具有质地坚硬、不易腐蚀,且耐高温、耐高压等特点,在制冷系统中使用广泛。

制冷系统中铜管与铜管的焊接一般采用火焰钎焊(如图 8-76 所示)。钎料选用银焊料,其含银量为 25%、15% 或 5%;也可用铜磷系列焊条,它们均具有良好的流动性,焊接过程中可以不添加钎剂。

由于空调铜管焊接质量的好坏直接关系到制冷系统能否正常持久运行,故制冷系统中铜及铜合金管的火焰钎焊质量至关重要。

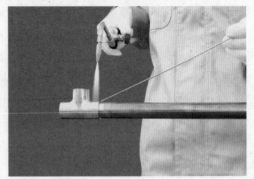

图 8-76　空调铜管的焊接

二、任务分析

1. 任务图样(图 8-77)

技术要求如下:

① 铜管套接火焰钎焊。

② 试件材料为纯铜,套接长度为 15 mm。

③ 钎缝间隙(单边)为 0.05~0.10 mm。

④ 试件焊缝空间位置为水平方向。

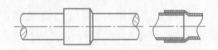

图 8-77　空调铜管火焰钎焊焊接试件

2. 岗位能力要求

该任务技能要求符合《特殊焊接技术职业技能等级标准》中的中级技能,在企业中,该岗位工人需要达到以下能力要求:

① 了解焊工职业认知并具备焊工职业素养,遵守焊工职业守则,了解相关的劳动保护和生产安全规程。

② 掌握火焰钎焊前的表面处理要求,能正确进行铜及铜合金火焰钎焊前的表面处理。

③ 掌握火焰钎焊间隙选择与装配要求,能采用夹具调整铜及铜合金火焰钎焊间隙,完成装配和固定。

④ 掌握火焰钎焊的工艺要求,能根据铜及铜合金火焰钎焊的接头形式选择火焰类别、加热方式及钎料和钎剂的施加方法。

⑤ 掌握火焰钎焊接头表面的清理方法,能对铜及铜合金火焰钎焊接头表面进行清理。

⑥ 掌握火焰钎焊接头表面缺陷及外观质量自检的相关知识,能对铜及铜合金火焰钎焊的外观质量进行自检。

3. 现场作业要求

① 掌握火焰钎焊焊接工艺规范。

② 掌握正确的火焰钎焊操作方法。

③ 能正确地对火焰钎焊焊缝外观进行检查。

④ 能针对作业环境正确执行安全技术操作规程。

⑤ 能够按照企业有关文明生产的规定,做到工作地整洁,工件、工具摆放整齐。

三、工艺规范

空调铜管的焊接工艺较简单,需要的材料有磷铜钎料、液化气(煤气、天然气、丙烷等)、氧气、焊枪。

空调纯铜管被气体火焰加热至呈暗红色时,其温度为700 ℃~800 ℃;呈粉红色时,温度为800 ℃~850 ℃。由于磷铜钎料HL205的含银量约为5%,其固相线温度为640 ℃,液相线温度约为800 ℃,因此,该钎料向铜管钎缝送进的最佳温度约为820 ℃。钎焊过程中,当铜管加热至呈粉红色时向钎缝送进钎料,待铜管温度下降至呈暗红色时再将钎料撤出。

四、焊接操作规范

① 准备焊接用气体、设备和材料。

② 穿戴好防护用品。

③ 检查焊接用设备、工具的状态。

④ 开启瓶阀,将氧气减压器控制出口的压力调整为0.5~0.8 MPa,石油液化气减压器控制出口压力为0.05~0.08 MPa。

⑤ 打开燃气调节阀—点火—调整燃气调节阀,使火焰长度适中。

⑥ 打开氧气调节阀—缓慢调节使火焰呈中性焰。

⑦ 按中性焰(小)—加燃气—羽状焰变大—加氧气—调为中性焰(大)的顺序调节火焰。

⑧ 按中性焰(大)—减少氧气—出现羽状焰—减少燃气—调为中性焰(小)的顺序调节火焰。

⑨ 使焰心尖端距焊件3~5 mm,与钢管垂直,对焊缝全长均匀加热至暗红色。

⑩ 涂上钎剂,在钎剂成为透明液体且均匀浸润焊缝时,将涂有钎剂的焊料送入加热,直到焊料充分熔化并饱满地填充焊缝。

⑪ 移去火焰,在焊料完全凝固之前,保持焊件不相互错位。

⑫ 关闭燃气阀,然后关闭氧气阀熄火。

⑬ 调松减压器,关闭瓶阀。

⑭ 整理工具、设备,清扫现场。

五、焊接过程中容易出现的问题

问题:铜管在火焰钎焊后表面氧化比较严重,如何解决?

答案:

① 焊接接头时未进行充氮保护,导致铜管内壁受热而被空气氧化。因此,焊接前应向铜管内充入氮气来防止铜管受热氧化,焊接前和焊接后都要有充足的氮气对工件进行保护。

② 由于铜管在火焰钎焊过程中温度过高会使接口附近的铜管表面氧化,而温度过低又不能使焊料充分熔化、流动,容易产生焊渣和气孔。因此,焊接时一定要通过仔细观察铜管受热后的颜色变化来控制好焊接温度。

③ 在整个钎焊加热过程中不要让火焰离开铜管,因为在火焰的包裹下,可以减少铜管

表面的氧化。

六、任务实施

1. 焊前准备

（1）焊前清理

焊前要清除焊件表面及接合处的油污、氧化物、毛刺及其他杂物,保证铜管端部及接合面的清洁与干燥。另外,还需要保证钎料的清洁与干燥。

（2）接头安装

该接头采用套接方式,安装前应对铜管进行扩孔,确保钎缝间隙。

① 钎焊间隙。钎焊接头的安装须保证合适、均匀的钎缝间隙,针对所使用的铜磷钎料,要求钎缝间隙（单边）在 0.05 ~ 0.10 mm 之间。

② 套接长度。接头扩孔安装后,应保证两个铜管的套接长度为 15 mm。

③ 焊枪及焊嘴的选择。焊枪选用 H01-20 型,焊嘴选用 4 号多孔焊嘴（通常叫梅花嘴）,此时得到的火焰比较分散、温度比较适当,有利于保证均匀加热。

2. 焊接过程

① 将焊枪的蓝色管与氧气瓶连接,红色管连接燃料罐,检查焊枪是否正常。

② 点火前,应先按操作规程分别开启氧气瓶和石油液化气气瓶的阀门,使低压氧气表指示在 0.5 MPa 左右,石油液化气表指示在 0.05 MPa 左右。

③ 点火时先将燃气阀门转动约 1/4 圈,同时稍微打开氧气阀,用点火枪从焊嘴的后面迅速点火（不允许在焊嘴正面点火,以免喷火烧手）。

④ 制冷空调管件的焊接多使用中性焰。刚点燃的火焰通常为碳化焰,然后逐渐增加氧气,火焰由长变短、颜色由淡红色变为蓝白色,直至焰心及外焰的轮廓显得特别清楚,此时的火焰即为中性焰。

⑤ 先用蓝色外焰将接缝处稍微烘烤预热（焊嘴与铜管壁之间的距离为 20 ~ 40 mm）。当铜管受热至呈紫红色时,移开火焰并将焊条不断送至焊缝处,使焊料熔化后流入两只铜管的间隙中,直至填满焊缝,焊完后对铜管进行退火时,退火温度不低于 300 ℃。

铜管的温度可通过颜色来辨别:600 ℃ 左右时呈暗红色,700 ℃ 左右时呈深红色,1 000 ℃ 左右时呈橘红色。

3. 焊接过程注意事项

① 焊接时,火焰不得直接加热钎料。

② 焊后应及时清除焊件表面的焊剂和焊渣。

@ 师傅点拨

① 火焰最高温度区在主焰心外 2 ~ 4 mm 处。焊嘴中心对准铜管中心压上去后,主焰沿管壁外侧分流,形成对铜管的包围,如图 8-78 所示。此时,火焰的最高温度区向与焊嘴相对的铜管的另一侧移动,因此,在短时间内不用摆动焊枪,即可以达到对铜管圆周均匀加热的目的。

② 先加热内铜管是因为钎缝的存在使得内铜管的搭接部分不能通过外铜管的传热来升温。此外,内铜管加热膨胀可减小钎缝间隙,增强钎缝吸附钎料的"毛细作用"。

③ 加热外铜管时,火焰中心应位于铜管搭接部分中心略偏外铜管一侧,因为外铜管上

边缘的导热条件不良,直接在钎缝上加热容易烧损外铜管管壁上边缘。尤其是钎接0.3 mm厚的薄壁铜管时,更要注意掌握好加热位置和加热火候。

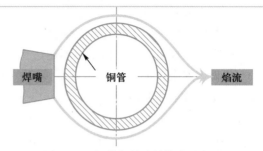

图8-78　铜管加热火焰焰流示意图

④ 撤枪后,继续向钎缝填加钎料,待温度下降至接近固相线时,才能在钎缝上形成光滑的钎脚。

⑤ 在整个钎焊加热过程中,不要让火焰离开铜管。因为铜管加热后只有在火焰的包围下,其表面才不会被空气氧化。若铜管离开火焰被空气氧化而形成氧化皮,将影响钎料的流动和钎接质量,因此,整个钎焊过程要一气呵成,在最短的时间内焊出高质量的铜管钎焊接头。

4. 焊接质量检验(以产品验收标准为依据)

① 焊缝接头表面光亮、填角均匀、光滑圆弧过渡。

② 接头无过烧、表面严重氧化、焊缝粗糙、焊蚀等缺陷。

③ 焊缝无气孔、夹渣、裂纹、焊瘤等缺陷和管口堵塞等现象。

 ## 任务十五　不锈钢管-管对接激光自动焊

一、任务描述

保温杯(如图8-79所示)一般是由陶瓷或不锈钢加上真空绝热层制成的盛水容器,其顶部有盖,密封性好,真空绝热层能使装在内部的水等液体延缓散热,以达到保温的目的。

保温杯通常由薄板加工而成。薄板在焊接过程中很容易发生变形,一旦发生变形,整个保温杯就报废了。因此,在保温杯的焊接过程中,控制热输入量显得尤为重要。激光焊能量集中、热影响区小的特点恰好完美地解决了这个问题,因此,激光焊在保温杯的焊接中应用十分广泛(如图8-80所示)。

图8-79　保温杯产品

图8-80　保温杯激光焊缝

另外,激光焊的焊接速度快,是传统焊接速度的5~10倍,而且属于非接触式焊接,容易集成在自动化生产线中,非常符合现代工业化的要求。

二、任务分析

1. 任务图样(图8-81)

技术要求如下:

① 单面焊双面成形。

② 焊缝背面下凹不超过 0.1 mm。

③ 焊接完成后工件纵向变形不超过 0.5 mm。

④ 做好安全防护工作。

⑤ 定位焊时不允许焊穿。

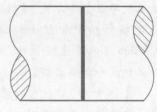

图 8-81　焊接示意图

2. 岗位能力要求

该任务技能要求符合《特殊焊接技术职业技能等级标准》中的中级技能,在企业中,该岗位工人需要达到以下能力要求:

① 了解焊工职业认知并具备焊工职业素养,遵守焊工职业守则,了解相关的劳动保护和生产安全规程。

② 掌握激光焊原理,了解激光焊与传统焊接方法的区别。

③ 掌握自动化焊接设备操作技能。

④ 掌握不锈钢管-管对接激光自动焊的技术要领。

3. 现场作业要求

① 掌握焊接工艺规范。

② 掌握正确的焊接操作方法。

③ 能正确地对焊缝外观进行检查。

④ 能针对作业环境正确执行安全技术操作规程。

⑤ 能够按照企业有关文明生产的规定,做到工作地整洁,工件、工具摆放整齐。

三、工艺规范

保温杯通常采用不锈钢材质,本任务使用厚度为 1 mm 的 304 不锈钢进行试焊。要求正确地进行焊前处理,定位焊装夹;控制好焊缝间隙和错边量,并在用卡盘装夹时控制好同心度。

四、焊接操作规范

① 焊工须经过专业技术学习、训练,且考试合格并持有"特殊工种操作证"后方能独立操作。

② 焊接场地禁止存放易燃易爆物,应备有消防器材,保证足够的照明和良好的通风。

③ 工作前必须穿戴好防护用品,操作时所有工作人员必须戴好防护眼镜或面罩。激光焊工作区域应进行封闭式隔离处理,避免激光伤害。

④ 对待焊工件焊缝附近的表面进行清洁,然后进行定位焊。

⑤ 正确地开启激光焊接系统、机械手及工装。

⑥ 将待焊工件正确地装夹在工装上。

⑦ 正确示教编辑焊接路径,路径中不能让工装和机器人或焊接头发生干涉碰撞。

⑧ 调整好焊接参数,包括激光功率、焊接速度、离焦量、保护气位置及流量大小等。激光功率在激光发生系统控制面板上调节,焊接速度通过工装转速调节,离焦量通过激光头的位置调节,保护气流量通过流量计调节。

⑨ 检查程序,确认正常后退到安全位置,启动开关进行焊接。

⑩ 焊接完成后取下工件,目视检查焊缝状态,根据标准要求判断焊缝是否合格。

⑪ 如果焊缝不合格,则在上一次的基础上调整焊接参数,继续进行试焊。

⑫ 得到焊缝合格的试件后连续试焊 3 件,要求 3 件焊缝全部合格。

⑬ 焊接完毕后,切断电源,清理工作区域。

五、焊接过程中容易出现的问题

问题1：如何避免焊缝出现下凹焊穿缺陷？

答案：

① 定位焊时检查焊缝装配间隙,要求紧密配合。

② 定位焊时注意拼缝错边量。

③ 降低焊接功率或者提高焊接速度。

问题2：焊缝颜色发黑、不美观,应如何处理？

答案：

① 检查保护气管位置,在熔池后方2 mm左右较为适宜。

② 调整保护气体流量。

问题3：焊缝收弧时,如何避免出现收弧坑？

答案：在激光控制程序中调整缓降收弧,时间在0.5 s左右,缓降20%。

问题4：焊缝总是发生偏移,覆盖不了拼缝,应如何处理？

答案：

① 检查并调整工件同心度。

② 检查并调整工装同心度。

六、任务实施

1. 焊前准备

（1）试件准备

检查试件拼缝处是否有氧化物（如果上道切割工序使用的是氧气或压缩空气,则会形成氧化物）,有氧化物时,应使用砂纸进行打磨,打磨时注意保证直线度。如果没有氧化物,则直接用无纺布擦拭,确保焊缝洁净。

（2）焊接材料

保护气体使用氩气,纯度高于99.99%。

（3）设备准备

采用汉神一体式激光焊接系统HLW-1000,如图8-82～图8-84所示。

图8-82　万顺兴ND24　　图8-83　安川DX100　　图8-84　焊接现场
晃动激光焊接头　　　机械手+旋转工装

（4）装配定位

试件装配尺寸见表 8-37。

表 8-37　试件装配尺寸

材料厚度/mm	装配间隙/mm	定位焊位置	错边量/mm
1	<0.05	90°×4 mm	≤0.5

定位焊位置如图 8-85 所示。

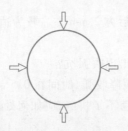

图 8-85　定位焊位置

（5）焊接参数

不锈钢管-管对接焊接参数见表 8-38。

表 8-38　不锈钢管-管对接焊接参数

序号	工序	间隙/mm	激光功率/W	焊接速度/（cm/min）	离焦量/mm
1	定位焊	0	400	—	+2
2	焊接	0	600	100	+2

2. 焊接过程

（1）定位焊固定

先将两根圆管口对口预对接好,然后选择一个位置作为起始位置,在保证间隙和错变量的情况进行定位焊;接着旋转 90°,进行下一个点的定位焊,同样要注意间隙和错变量;最后完成剩余两个点的定位焊,并进行整体检查。

（2）装夹编程

将定位焊固定好的工件装夹在旋转工装上,把激光头移动到焊缝位置,启动旋转工装,通过指示红光的位置来判断装夹的同心度是否良好。如果红光偏移焊缝半个光斑,则说明不满足要求,需要重新调整。

调整好后进行机械手路径的示教编程,示教点位置流程为:起始点(结束点)—过渡点(规避障碍)—焊接点(在焊缝位置停留焊接所需时间)—过渡点(规避障碍)—结束点(起始点)。

焊接停留时间可以根据工件周长和焊接速度换算出来,应保证焊缝收弧覆盖起弧位置。

（3）正式焊接

检查完程序后,人员需要退出工作区域,在安全位置启动焊接。等待焊接完成设备复位后,方可进入工作区域取下工件。

3. 焊接质量检验(具体根据国家相关标准)

目视检查焊缝状态,要求背面焊透,无气孔、飞溅、下凹、咬边等缺陷。

 # 任务十六　低碳钢或低合金高强度钢板对接埋弧焊

一、任务描述

40万吨矿砂船(如图8-86所示)整船88%以上的钢板是EH36(相当于Q345)低合金高强度钢,板厚49 mm,主要分布在甲板区域。船体甲板结构具有高应力和高疲劳强度的特点,厚板的焊接宜采用埋弧焊,它具有焊缝外观成形美观,焊接质量可靠、稳定高效的特点。在矿砂船实践中,采用埋弧焊填充、盖面层焊接焊接工艺,可以最大限度地避免焊接缺陷的产生,大幅度提升了焊接高强度钢材料的生产率。

图8-86　矿砂船

二、任务分析

1. 任务图样(图8-87)

技术要求如下:

① 背面采用埋弧焊,正面采用碳弧气刨后埋弧焊。

② 根部间隙为0~1 mm。

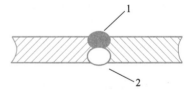

③ 焊件坡口两端安装引弧板。

④ 焊件一经施焊不得任意更换和改变焊接位置。

图8-87　对接埋弧焊试件示意图
1—正面埋弧焊;2—背面碳弧气刨后埋弧焊

2. 岗位能力要求

该任务技能要求符合《特殊焊接技术职业技能等级标准》中的中级技能,在企业中,该岗位工人需要达到以下能力要求:

① 了解焊工职业认知并具备焊工职业素养,遵守焊工职业守则,了解相关的劳动保护和生产安全规程。

② 掌握埋弧焊的焊接操作方法。

③ 掌握埋弧焊接头表面的清理方法。

④ 能对对接埋弧焊焊缝外观质量进行自检。

3. 现场作业要求

① 掌握焊接工艺规范。

② 掌握正确的焊接操作方法。

③ 能正确地对焊缝外观进行检查。

④ 能针对作业环境正确执行安全技术操作规程。

⑤ 能够按照企业有关文明生产的规定,做到工作地整洁,工件、工具摆放整齐。

三、工艺规范

大型矿砂船船体甲板结构具有高应力和高疲劳强度的特点,焊接时要特别注意焊接工艺的执行。首先在大接缝左右两侧 200 mm 范围内用氧乙炔火焰进行均匀预热,预热温度在 120 ℃ 左右,预热后要及时用两台埋弧焊机(左右舷各两名)从中间向两边对称焊接,第一层结束后要立即清渣,并立即进行第二层的打底层焊接。两台埋弧焊机在同一条焊缝上进行焊接时,要特别注意接头错开 30 ~ 50 mm,不要停留在同一个熄弧点上。焊接参数不宜过大,焊接电流应符合焊接规范要求。焊接过程中,层间温度应控制在 150 ℃ ~ 200 ℃ 之间。

四、焊接操作规范

① 凡是参与焊接工作的焊工必须持船级社颁发的合格证上岗,并只能从事其考试相应等级范围内焊缝的焊接。

② 当验船师或船东驻厂代表要求查阅焊工合格证时,均应出示证件。

③ 焊接现场所必须有灭火设备或防火砂箱,保证足够的照明和良好的通风。

④ 检查劳防用品,如口罩、耳塞、眼镜、安全带等是否佩戴整齐。

⑤ 焊机接电时应戴好绝缘手套,穿干燥的衣服,用扳手将埋弧焊电缆接头拧紧。

⑥ 坡口切割时应使用自动割刀,并用砂轮机将坡口面打磨光顺。

⑦ 焊前调试好焊接电流、电弧电压、焊接速度等参数。

⑧ 下雨、下雪时不得进行露天焊接作业。

⑨ 焊接完成后检查焊缝表面,应无漏焊、咬边、气孔、未熔合等缺陷,焊缝应均匀整齐、光顺饱满,焊缝表面应打磨到位。

⑩ 焊接结束后,及时做好现场 6S 工作。

五、焊接过程中容易出现的问题

问题1:如何避免产生气孔缺陷?

答案:按要求烘焙焊剂并保温;除去坡口两边的锈及污物等;焊接过程中焊剂应埋住焊丝,焊剂层高度一般为 30 ~ 40 mm。

问题2:如何避免产生夹渣缺陷?

答案:对前一层焊缝仔细清渣,特别是死角处的焊渣更要清理干净。

问题3:如何避免产生咬边缺陷?

答案:选择合适的焊接电流、电弧电压及焊接速度;操作应熟练、平稳。

六、任务实施

1. 焊前准备

(1)试件准备

试件材料为 Q355R,用砂轮机打光待焊处,直至露出金属光泽,坡口形式如图 8-88 所示。

（2）焊接材料

选用 H10Mn2 焊丝，焊丝直径为 4.0 mm；焊剂型号为 CHF101（SJ101），焊前经 350 ℃ ~ 400 ℃ 烘干，保温 2 h，放入保温筒内待用。

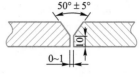

图 8-88　坡口形式

（3）设备准备

采用 MZ-1000 型焊机。

（4）装配定位

试件组配尺寸见表 8-39。

表 8-39　试件组配尺寸

材料厚度/ mm	根部间隙/mm		坡口角度/ (°)	钝边高度/ mm	反变形角度/ (°)	错边量/ mm
	始焊端	终焊端				
20	0	1.0	50±5	5 ~ 6	3	≤0.5

（5）埋弧焊焊接参数（表 8-40）

表 8-40　埋弧焊焊接参数

焊缝位置	焊丝牌号	焊剂	焊丝直径/mm	焊接电流/A	焊接电压/V	焊接速度/（mm/mim）
背面	H10Mn2	CHF101	ϕ4.0	540 ~ 580	30 ~ 36	41 ~ 51
正面				600 ~ 650	31 ~ 38	41 ~ 50

2. 焊接过程

（1）正面焊

① 正面碳弧气刨清根。焊接正面前，采用碳弧气刨方式清根，碳弧气刨碳棒直径为 10 mm，清根后另一面坡口深度接近钢板厚度的一半，形成 U 形坡口，用砂轮机将碳刨部位打磨至露出金属光泽。

② 正面埋弧焊。将试件翻面，焊接背面焊道，其方法和步骤与正面焊道完全相同，但需要注意加大焊接电流或者减缓焊接速度。要求背面焊道的熔深达 60% ~ 70%，确保焊缝内部质量。

（2）背面焊

① 焊背面焊道时，必须先垫好焊剂垫，以防熔渣和熔池金属流失；然后按启动按钮，此时焊丝上抽，接着焊丝自动变为下送与工件接触摩擦并引燃电弧，以保证电弧正常燃烧，焊接工作正常进行。

② 焊接过程中，必须随时观察电流表和电压表，并及时调整有关调节器（或按钮），使其符合所要求的焊接规范。在发现网路电压过低时，应立刻暂停焊接工作，以免严重影响熔透质量，等网路电压恢复正常后再进行焊接。

③ 焊接过程中还应随时注意焊缝的熔透程度和表面成形是否良好。熔透程度可通过观察工件反面电弧燃烧处的红热程度来判断，若表面成形，即可在焊接一小段后，就去焊渣观察；若发现熔透程度和表面成形不良，应及时调节焊接规范，以减少损失。

④ 注意观察焊丝是否对准焊缝中心，以防止焊偏。焊工的观察位置应与引弧调整焊丝

时的位置一致,以减小视线误差。焊接小直径筒体的内焊缝时,可根据焊缝背面的红热情况来判断此电弧的走向是否偏斜,进而进行调整。

⑤ 经常注意焊剂漏斗中的焊剂量并随时添加,当焊剂下流不顺时,应及时疏通通道,排除大块障碍物。

⑥ 关闭焊剂漏斗的闸门,停送焊剂,轻按(即按下一半,不要按到底)停止按钮,使焊丝停止送进,但电弧仍然燃烧,以填满金属熔池。然后再将停止按钮按到底,切断焊接电流,按焊丝向上按钮,上抽焊丝,焊枪上升,回收焊剂,供下次使用。

 师傅点拨

> 埋弧焊时,主要焊剂层堆积高度的参考值为埋弧焊焊丝直径的 10 倍且不超过 40 mm。如果焊剂层太薄,则容易露出焊接电弧,电弧保护不好,容易产生气孔或裂纹;焊剂层太厚时,焊缝变窄,成形系数减小。

3. 焊接过程中的注意事项

① 坡口形状。当其他焊接参数不变,增加坡口的深度和宽度时,焊缝熔深增加,焊缝余高和熔合比显著减小,但焊缝厚度大致保持不变。

② 根部间隙。在对接焊缝中,焊件的根部间隙增加,熔深也随之增加。

③ 焊件厚度和焊件散热条件。当焊件厚度较厚和散热条件较好时,焊缝宽度减小,余高增加。

4. 焊接质量检验(以产品验收标准为依据)

① 焊缝表面没有气孔、裂纹等缺陷,局部咬边深度不大于 0.5 mm。

② 焊缝几何形状符合质量要求。

③ 对焊缝进行 X 射线检测,按国家标准 GB/T 3323.1—2019 规定达到三级标准。

任务十七 不锈钢板对接平焊埋弧焊

一、任务描述

某不锈钢发酵罐(如图 8-89 所示)材料为 06Cr19Ni10,壁厚为 10 mm;筒体直径为 2 400 mm,工作压力为 0.25 MPa,工作温度为 145 ℃。在众多焊接罐体的方法中,埋弧焊工艺运用得较多,它具有焊缝外观成形美观、焊接质量可靠、稳定高效的特点。

二、任务分析

1. 任务图样(图 8-90)

技术要求如下:

① 不锈钢板双面埋弧焊。

② 根部间隙为 0~1 mm。

③ 焊件坡口两端安装引弧板。

④ 焊件一经施焊不得任意更换和改变焊接位置。

图 8-89 不锈钢发酵罐产品图

2. 岗位能力要求

该任务技能要求符合《特殊焊接技术职业技能等级标准》中的中级技能,在企业中,该岗位工人需要达到以下能力要求:

① 了解焊工职业认知并具备焊工职业素养,遵守焊工职业守则,了解相关的劳动保护和生产安全规程。

② 掌握不锈钢板对接埋弧平焊焊接操作方法。

③ 掌握不锈钢板对接埋弧平焊接头表面的清理方法。

④ 能对不锈钢板对接埋弧平焊接头的外观质量进行自检。

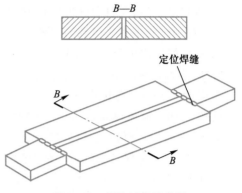

图 8-90　焊接试件示意图

3. 现场作业要求

① 掌握焊接工艺规范。

② 掌握正确的焊接操作方法。

③ 能正确地对焊缝外观进行检查。

④ 能针对作业环境正确执行安全技术操作规程。

⑤ 能够按照企业有关文明生产的规定,做到工作地整洁,工件、工具摆放整齐。

三、工艺规范

① 不锈钢发酵罐应按照船级社认可的焊接参数进行焊接。

② 坡口的加工采用机械加工方式,应避免焊前所使用的工具对钢板表面造成碳元素污染,对焊接区域进行严格的清洁。

③ 通常情况下,焊接热输入应控制在 0.5 ~ 2.5 kJ/mm 的范围内,引弧的位置应避免处于焊接区域,修补焊缝时禁止点补,应按照相应的焊接工艺施工。

④ 由于不锈钢材料的电阻较大、导热性差,焊接电流应比同直径低碳钢焊丝减小 20%或提高焊接速度,以避免产生晶间腐蚀。

⑤ 为避免焊接过程中产生晶间腐蚀,每道焊后必须采取降温措施。

⑥ 采用多层多道焊,要等前一道焊缝冷却后再焊下一道焊缝,层间温度不应超过60 ℃。

四、焊接操作规范

① 凡是参与焊接工作的焊工必须持锅炉压力容器考核委员会颁发的合格证上岗,并只能从事其考试相应等级范围内焊缝的焊接。

② 当质量检验员要求查阅焊工合格证时,均应出示证件。

③ 焊接现场必须有灭火设备或防火砂箱,保证足够的照明和良好的通风。

④ 检查劳防用品,如口罩、耳塞、眼镜、工作服等是否穿戴整齐。

⑤ 焊机接电时应戴好绝缘手套,穿干燥的衣服,用扳手将电缆接头拧紧。

⑥ 坡口的切割应采用机械加工方式,并用砂轮机将坡口面打磨光顺。

⑦ 焊前调试好焊接电流、焊接电压、焊接速度等参数。

⑧ 焊接完成后检查焊缝表面,应无漏焊、咬边、气孔、未熔合等缺陷;焊缝应均匀整齐、光顺饱满;焊缝表面应打磨到位。

⑨ 焊接结束后,及时做好现场 6S 工作。

五、焊接过程中容易出现的问题

问题 1:如何避免产生气孔缺陷?

答案:焊剂按要求烘焙、保温;除去坡口两边的锈及污物;焊接运条过程中焊剂堆积高度应控制在 35~40 mm 范围内。

问题 2:如何避免焊缝内部产生未熔合缺陷?

答案:埋弧焊背面焊接时,焊丝应对准焊缝中心,采用适当增大焊接电流或者适当减缓焊接速度的方法,确保背面焊道的熔深达到 60%~70%,以防止焊缝产生未熔合缺陷。

六、任务实施

1. 焊前准备

(1)试件准备

用砂轮机打光待焊处,直至露出金属光泽,坡口形式如图 8-91 所示。

(2)焊接材料

试件材料为 06Cr19Ni10,焊接材料选用 H0Cr21Ni10 焊丝,焊丝直径为 4.0 mm;焊剂选用 HJ260,焊前经 250 ℃烘干,保温 2 h,放入焊剂筒内随取使用。

(3)设备准备

采用 ZZ1-1000 型焊机。

(4)装配定位

试件组配尺寸见表 8-41。

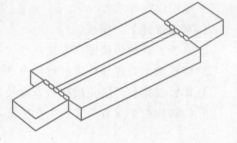

图 8-91 坡口形式

表 8-41 试件组配尺寸

材料厚度/mm	根部间隙/mm		坡口形式	钝边高度/mm	反变形角度/(°)	错边量/mm
	始焊端	终焊端				
10	0	1	I 形坡口	5~6	3	≤0.5

(5)焊接参数(表 8-42)

表 8-42 不锈钢板对接埋弧平焊焊接参数

焊缝位置	焊丝牌号	焊剂	焊丝直径/mm	焊接电流/A	电弧电压/V	焊接速度/(cm/mim)
正面	H0Cr21Ni10	HJ260	φ4.0	550	29	70
背面				600	30	60

2. 焊接过程

(1)正面焊

① 焊正面焊道时,背面焊缝位置必须先垫好焊剂垫,如图 8-92 所示,以防熔渣和熔池金属流失;然后按启动按钮,此时焊丝上抽,接着焊丝自动变为下送,与工件接触摩擦并引起电弧,以保证电弧正常燃烧,焊接工作正常进行。

② 焊接过程中必须随时观察电流表和电压表,并及时调整有关调节器(或按钮),使其

符合所要求的焊接规范。在发现网路电压过低时,应立刻暂停焊接工作,以免严重影响熔透质量,等网路电压恢复正常后再进行焊接。

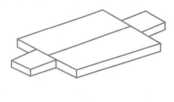

③ 焊接过程中还应随时注意焊缝的熔透程度和表面成形是否良好。熔透程度可通过观察工件反面电弧燃烧处的红热程度来判断,若表面成形,即可在焊接一小段后,就去焊渣观察。若发现熔透程度和表面成形不良,应及时调节焊接规范,以减少损失。

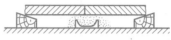

图 8-92　背面焊缝位置焊剂垫

④ 注意观察焊丝是否对准焊缝中心,以防止焊偏。焊工的观察位置应与引弧调整焊丝时的位置一致,以减小视线误差,发现电弧走向偏斜时,应及时进行调整。

⑤ 经常注意焊剂漏斗中的焊剂量并随时添加,当焊剂下流不顺时,应及时疏通通道,排除大块的障碍物。

⑥ 关闭焊剂漏斗的闸门,停送焊剂,轻按(即按下一半,不要按到底)停止按钮,使焊丝停止送进,但电弧仍然燃烧,以填满金属熔池。然后再将停止按钮按到底,切断焊接电流,按焊丝向上按钮,上抽焊丝,焊枪上升,回收焊剂,供下次使用。

⑦ 为防止 475 ℃脆化及 σ 脆性相析出,焊接过程中应采取反面吹风及正面及时水冷等措施,快速冷却焊缝。

（2）背面埋弧焊

将试件翻面,焊接背面焊道,其方法和步骤与正面焊道完全相同,但需要适当加大焊接电流或者适当减缓焊接速度。要求背面焊道的熔深达 60% ~ 70%,以确保焊缝内部质量。

🔧 **师傅点拨**

正面焊缝焊后应立即通过水冷或风冷的方式将焊缝温度降低到 60 ℃以下,以避免产生晶间腐蚀;背面焊缝焊接完成后,同样应采用上述方式及时对焊缝进行降温处理。

---

3. 焊接质量检验(以产品验收标准为依据)

① 焊缝表面没有气孔、裂纹,局部咬边深度不大于 0.5 mm。

② 焊缝几何形状符合质量要求。

③ 抽查焊缝全长的 20% 进行 X 射线检测,按国家标准 GB/T 3323.1—2019 规定达到三级标准。

参考文献

［1］中国机械工程学会焊接学会.焊接手册:第二卷 材料的焊接［M］.北京:机械工业出版社,2013.

［2］中国机械工程学会焊接学会.焊接手册:第一卷 焊接方法及设备［M］.北京:机械工业出版社,2013.

［3］邱葭菲.焊接技能实训与考证［M］.北京:化学工业出版社,2015.

［4］邓洪军.焊接实训［M］.北京:机械工业出版社,2014.

［5］雷昌祥.焊工基本技能实训［M］.北京:高等教育出版社,2018.

［6］邱葭菲,李继三.焊工:初级,中级,高级［M］.北京:中国劳动社会保障出版社,2014.

［7］中国就业培训技术指导中心.焊工［M］.2 版.北京:中国劳动社会保障出版社.2012.

［8］邱葭菲.焊工工艺学［M］.北京:中国劳动社会保障出版社,2019.

［9］杨跃.典型焊接接头电弧焊实作［M］.2 版.北京:机械工业出版社,2019.

［10］赵丽玲.焊接方法与工艺［M］.北京:机械工业出版社,2014.

［11］王博.焊接技能强化训练［M］.北京:机械工业出版社,2019.

［12］王新民.焊接技能实训［M］.北京:机械工业出版社,2005.

［13］邱葭菲,蔡建刚.熔焊过程控制与焊接工艺［M］.长沙:中南大学出版社,2010.

［14］邱葭菲.焊工实训［M］.北京:中国劳动社会保障出版社,2019.

［15］劳动和社会保障部教材办公室.焊工工艺与技能训练［M］.北京:中国劳动社会保障出版社,2007.

［16］曹朝霞.焊接方法与设备［M］.北京:机械工业出版社,2014.

［17］朱小兵,张祥生.焊接结构制造工艺及实施［M］.北京:机械工业出版社,2011.

［18］陈祝年.焊接工程师手册［M］.北京:机械工业出版社,2002.

［19］邱葭菲,蔡郴英.实用焊接技术:焊接方法工艺、质量控制、技能技巧与考证竞赛［M］.长沙:湖南科学技术出版社,2010.

［20］邱葭菲.焊接方法设备［M］.北京:化学工业出版社,2015.

［21］王洪光.特种焊接技术［M］.北京:化学工业出版社,2009.